U0012063

貓頭鷹書房

有些書套著嚴肅的學術外衣，但內容平易近人，非常好讀；有些書討論近乎冷僻的主題，其實意蘊深遠，充滿閱讀的樂趣；還有些書大家時時掛在嘴邊，但我們卻從未看過……

如果沒有人推薦、提醒、出版，這些散發著智慧光芒的傑作，就會在我們的生命中錯失——因此我們有了**貓頭鷹書房**，作為這些書安身立命的家，也作為我們智性活動的主題樂園。

貓頭鷹書房——智者在此垂釣

貓頭鷹書房 242

關於夜空的362個問題

從天文觀測、太陽系的組成到宇宙的奧祕，了解天文學的入門書

The Sky at Night

摩爾、諾斯◎著

鍾沛君◎譯

貓頭鷹

好評推薦

終於，中文版的天文學「一百個為什麼」出現了！分門別類的內容，讓你可以直接跳到宇宙、黑洞、外星生命等主題，就像是一本好用的天文百科。精闢而豐富的解說，讓入門者打底，也讓已經接觸過天文的人能更新資訊，難怪這個節目可以在英國連續播出這麼久。畢竟所在的地區與民情不同，少數的名詞與幽默有些陌生感，但是當愈來愈多人從這本書得到天文知識以後，也許就離台灣版的「仰望夜空」開播時間不遠了。

——吳昌任、林詩怡，《追星族的天空奇緣》作者／台北市高中地球科學教師

當您冬日曬著暖陽、夏夜映著涼月時，您會不會想問：太陽、月亮距離我們有多遠？當您驚呼滿天星斗、星光閃爍的同時，您會不會想問，星星為什麼會發光？對著天上的星空發問，是人類好奇心極致的表現。我們到達不了、觸摸不到日月星辰，自然會對著星空發問，問問日月星辰到底是什麼？那，誰來回答呢？於是，您就該翻開這本書了。

——呂其潤，星星工廠網站站長

老節目新創意，BBC總是能製作精美的節目，在驚奇於迷幻的夜空時，腦中想的是什麼？要解答，不如只是恰當的解釋。本書解釋了一般人的疑惑，深入淺出極易吸收。

——林子端，高雄市天文會常務理事／高雄天文幫指導老師

摩爾爵士一生推廣天文不遺餘力，這書蒐集了他的長壽電視節目觀眾所提五花八門的問題，饒有趣味。摩爾爵士與諾斯博士闡述功力超強，把一些複雜而且需要很多背景知識的專業問題做適度簡化，深入淺出的解說，使得就算沒有受過專業訓練的人也能明白所以然。提問與自學是現代人必備的素養，喜歡天文卻不知道如何發問嗎？這本書可提供不少靈感！

——高仲明，中央大學天文研究所教授

我們仰望夜空，除了欣賞讚嘆，對廣漠無垠的宇宙，心中也會產生許多問題，從天體天象的本質，到我們自己從何而來，都是人們好奇而渴望知道答案的問題，摩爾爵士在他的長青節目中娓娓道來，提供了無數觀眾宇宙奧祕的簡易說明，輕鬆溫馨，但意義深遠，累積成書，值得一讀！

——孫維新，國立自然科學博物館館長／台大物理系及天文所教授

對摩爾一點都不陌生，書架上有好幾本由他主編，寫給業餘天文學家的天文書籍，這些書並非教科書，也不是一般科普書，而都稍有技術深度。《仰望夜空：全世界最想知道的362個宇宙奧祕》以問答方式，整理宇宙天文的知識。題目來自全世界觀眾與讀者，內容深廣兼具，不流於瑣碎，也不致抽

象懸疑，摩爾與諾斯清晰而生動的回答令人佩服。這本書去年初在英國出版，很高興看到中文版同步發行，讓國人也有機會親近這樣的好東西。

——陳文屏，國立中央大學特聘教授

由英國國家廣播公司（ＢＢＣ）出版的這本《關於夜空的362個問題》搜集了362則關於天文及宇宙的問題，由史上延續最久的電視科普節目自始（一九五七）至今的長青主持人派崔克摩爾爵士及其搭檔克里斯諾斯博士共同執筆，回覆各國觀眾與天文愛好者的問題。問題的範圍從最淺顯、最實際的（天文如何入門、如何選擇望遠鏡等）到最深奧、最抽象的（夜空為什麼是黑的、宇宙有沒有邊等）；從最近的（如地球、月球與潮汐的關係、太陽系）到最遙遠、最早的（如宇宙的起源及成份），甚至最新的發展（如宇宙的暗物質與暗能量），無所不包。但更重要的是，作者一概帶著謙虛的態度及英國人貫有的幽默作答。這是一本易讀並且趣味無窮的天文參考書。英國在經濟、軍事上雖然已非超級大國，但是它在科學上的創造力仍然名列世界前茅。原因除了自牛頓以來的科學傳統之外，還有它獨特的、強調創造性思考的教育方式。從ＢＢＣ這個歷久不衰的天文節目及其主持人的人格特質就可以見證。

——陳丕燊，國立台灣大學物理系及天文物理所教授／台大梁次震宇宙學與粒子天文物理學中心主任及講座教授／美國史丹福大學卡福立中心終身研究員仰望星空是摩爾爵士主持，在ＢＢＣ播出超過半世紀，以天文學為主的科學普及節目。這半個世紀是人類科學與天文學發展最快速的時期，所以從七百多集的節目中蒐集、篩選出來的問題與回答，可以說是人類最關心的問題。而這些問題來自科普節目，所以回答不會有艱深的內容，當然也不會有繁瑣的數學公式與深奧難懂的理論。是本很適合對天文學有興趣，卻不知如何上手的人的入門讀物。由於天文學上不斷的有新發現，所以本書中的數據如果有問題，不見得是錯誤，只是來不及更新。

——陶蕃麟，台北市天文協會理事長

本書內容極佳，很適合業餘天文學家或對夜空感興趣的人。書中內容採問答的形式，並為許多題目提供廣泛的解釋。讀者可從中發現他們想知道的主題及許多有趣的問題。我認為本書非常迷人且具啟發性，並含有豐富的訊息，會引發你回頭去看ＢＢＣ節目的興趣！它傳遞了這樣的訊息：「科學是為了每個人、夜空也是屬於每個人」。我們身處一個奇妙的時代，可以解答一些最有意思的問題並持續學習。本書也提到現今天文學最奧妙的發現，以及天文學持續研究的課題。夜空是我們看向宇宙的窗。打從一開始人類初次看到太陽和月亮時，這令人驚嘆的宇宙探索之旅便已開始。如今我們在地球上就可獲悉我們在宇宙中所處的位置並看到這宇宙的邊際。

——賀曾樸，中央研究院天文及天文物理研究所所長

《關於夜空的362個問題》是一本很有趣的天文入門書，全書362個問題都是英國ＢＢＣ電視節目觀眾提問的，問題五花八門，分為觀測、月球、太陽系等，當然也包括熱門的相對論與黑洞、多重宇宙

等內容。為了慶祝開播五十五年，主持人摩爾爵士與新生代天文學家諾斯博士將這些問答收錄成本書。繁星點點的夜空，一直是迷人的，也常使人迷惘。作者以簡潔的詞句，盡可能的解說太陽系天體、恆星演化、星系與宇宙、大爆炸、暗能量等奧祕，近乎涵蓋了整個天文領域，值得一睹為快。

——傅學海，國立台灣師範大學地球科學系副教授／國立台灣師範大學科學教育中心推廣服務組組長

摩爾爵士是世界著名的業餘天文學家，主持英國國家廣播公司的《仰望夜空》節目超過五十年。這本同名書如同天文的 千零一問，以極淺顯的話，回答了各個年齡一般民眾所最想知道的362個天文問題，是一本能夠解答我們多數人心中長久以來，想問又不敢問之疑惑且容易閱讀的好書。

——管一政，中華民國天文學會理事長

這本書中用最簡單的方式回答了你能想到的所有天文相關問題，仔細的分類涵蓋了整個宇宙，絕對是想了解及探索宇宙星空必看的一本書。

——蔡元生，天文攝影及天體搜尋愛好者

關於夜空的362個問題

目次

恆星和星系 ……193

宇宙學……247

其他的世界……323

人類的太空探索 351

太空任務……387

重力

黑洞 436

未解現象 445

派崔克·摩爾與《仰望夜空》

編輯弁言

本書編譯期間承蒙中央大學天文研究所教授高仲明、國立台灣大學物理系及天文物理所教授陳丕燊、台北市天文協會理事長陶蕃麟、國立台灣師範大學地球科學系副教授傅學海，以及中央大學天文研究所博士後研究員蔡安理協助，針對本書名詞與概念予以指教，謹此致謝。

序

芙萊契／《仰望夜空》節目製作人

《仰望夜空》（*The Sky at Night*）是全世界維持同一主持人的節目中，播出最久的一個，而且摩爾爵士持續在延長這個獨一無二的紀錄，我很懷疑有任何人能夠打敗他。《仰望夜空》節目的成功當然要歸功於摩爾爵士本人，以及他以滿腔熱情探討的迷人主題。

這個節目於一九五七年四月二十四日首播，迎接了太空競賽的時代到來。從那時候開始，節目中的主題五花八門，從彗星到類星體等天文學的各個層面都被涵蓋。而摩爾爵士也用他絕妙的幽默感去討論一些不尋常的故事，例如不明飛行物體和小綠人等等。摩爾爵士一直堅稱，如果外星人到他家的花園，他會邀請他進入他的書房，請他坐下來，再拿杯琴湯尼請他喝；我從來不排除這件事發生的可能性。

過去十年，摩爾爵士都邀請ＢＢＣ到他家拍攝《仰望夜空》節目。每個月把他的書房，變成你在電視上看到的節目場景，是相當令人緊張的任務。他家裡有成堆的珍貴文獻與手稿，別忘了還有各式各樣的遙控器與望遠鏡，一切都維持著有秩序的混亂，而不幸的是，我的工作就是要讓一切都回到

「正確」的位置。

用這麼豐富的資產製作這麼長壽的節目，代表我們經常會達到某個里程碑。為《仰望夜空》的五十周年慶製播「時間旅行」特別節目，彷彿只是昨天的事：我們回到過去，造訪了最早的節目場景以及與克勞蕭扮演的年輕摩爾碰面；我們也前進未來，到皇后合唱團的吉他手兼天文學博士梅伊在火星奧林帕斯山上的天文台，另一位主持人，同時也是優秀的天文學家林托特則在一旁穿著太空衣打板球。我記得那時候，林托特還怪火星稀薄的大氣層影響了他的旋球。

《仰望夜空》在二〇〇一年又到達另一里程碑：第七百集的播出。這次的特別節目在我心中留下兩個深刻的印象：第一個是梅伊和皇家天文學家瑞斯在鏡頭之外擦肩而過，而且瑞斯說他覺得梅伊長得很像牛頓；另外就是摩爾爵士與由克勞蕭扮演的一九八二年的「自己」話當年的場面。當時我真不知道該看哪一個摩爾才對。

現在我們要慶祝《仰望夜空》播出五十五周年，也是我製作本節目的第十年。我很高興，也很榮幸得以和這麼優秀的主持人合作這樣一個無與倫比的節目。我從中得到了許多美好的回憶，並期待能收集更多。

前言

這本書起源於《仰望夜空》節目的第七百集——從一九五七年開播的第一集至今，這個節目已經播放了超過半個世紀。我們開放觀眾提出他們特別想知道答案的各式問題，反應相當熱烈。我們收到了數以百計的問題，於是我們想：若是把這些問題集結成冊，將會是一本很棒的書。

發問者從嚴肅的天文學家、觀星的初學者，到對於宇宙廣泛問題感興趣的人都有。一如往常，一些很棒的問題是由年輕的觀眾提出的。這些問題來自英國各地，跨越歐洲各國——愛爾蘭、法國、荷蘭、希臘等等，還有來自加拿大、美國，甚至澳洲的。還好大部分到我們桌上的問題都是用英文寫的！

至於回答問題呢，有些事我們得先記得。我們其中一位主持人（諾斯）是專業的天文學家與宇宙學家。而另一位（摩爾）則是業餘人士，他的專長在月球和那些離我們較近的！至少這代表我們的觀點是有點不同的。所以第一步是先把問題分門別類，這部分是諾斯做的。接下來就是分工，看看誰要回答哪些問題！顯然所有和宇宙學有關及技術性的問題都交給諾斯，而摩爾則回答關於太陽系與月球的那些較不艱深的問題。我們希望達成正確的平衡，至少讓你有很多選擇。

既然這些問題都有廣泛的背景，答案自然也涵蓋相當範圍的背景知識。相對於每一個詳細且複雜的問題，背後都有另一個看起來比較基本的問題。但有一件事是肯定的：愈基本的問題，事實上可能會出現最複雜的答案。我們已經避開了數學公式，那是在本書不需要涉足的領域。我們希望這是一本大家都能拿起來、開開心心閱讀的書。

我們在寫這本書的過程中，了解到我們正在創作還滿新的事物，我們試著盡可能更新最新的結果，但我們也承認天文學是一個進步非常快速的領域。我們希望你們會喜歡我們的成果。如果不是這樣，請讓我們知道，我們會再次嘗試！

祝福各位

摩爾與諾斯

這本書裡用到了幾種不同的單位來表示距離，這些也是天文學中常見的單位。下面簡單列出換算公式：

一公里＝〇．六二一英里

一英里＝一．六一公里

一天文單位＝一億五千萬公里（九千三百萬英里，相當於地球到太陽的距離）

一光年＝九兆四千六百億公里（五兆八千八百億英里，相當於光前進一年的距離）

最後當我們使用「十億」（billion）這個單位時，等值於現在的一千個百萬，而不是過去英式英文中指的「一百萬個百萬」。

摩爾和他十五英寸反射望遠鏡的合照，他用這架望遠鏡完成了月球地圖。

觀測

肉眼觀測

Q001 對於比《仰望夜空》節目年輕許多的人，你會建議他們怎麼開始從事業餘天文觀測？

席格（伍斯特郡）

我（摩爾）是從看一些很初級的書開始的，先讓我的腦袋有些基本概念。接著我就在一個晴朗的夜晚到戶外去看星星。天上看起來有好多星星，我不知道怎麼開始將它們分門別類。我總是記得星星都太遠了，所以它們彼此之間的相對移動，也慢到過了好幾輩子的時間都無法注意到。想想看形成大熊星座的著名的北斗七星（美洲則將這七顆星的排列稱為「長柄杓」），這幾顆星星的排列方式看起來好像一直都維持一樣的相對位置，所以排列的圖形都沒改變。另外，從英國這裡的緯度來看，大熊星座也永遠不會沉下去。

我的下一步是拿出基本的星座圖，開始把大熊星座當作「指標」。例如，這七顆星的最後面兩顆往上延伸就是天空的北極，位置非常接近小熊星座裡的北極星。而另外一端的三顆星往下對過去，有一顆很明亮的橘色星星，那就是牧夫座裡的大角星，這樣你就明白我是怎麼做的了：利用星座裡的星星排列，辨識出天空裡的方向。冬天的夜空裡還有另外一個很容易找到的星座，就是獵戶座，這也是能當作指標的重要星座。

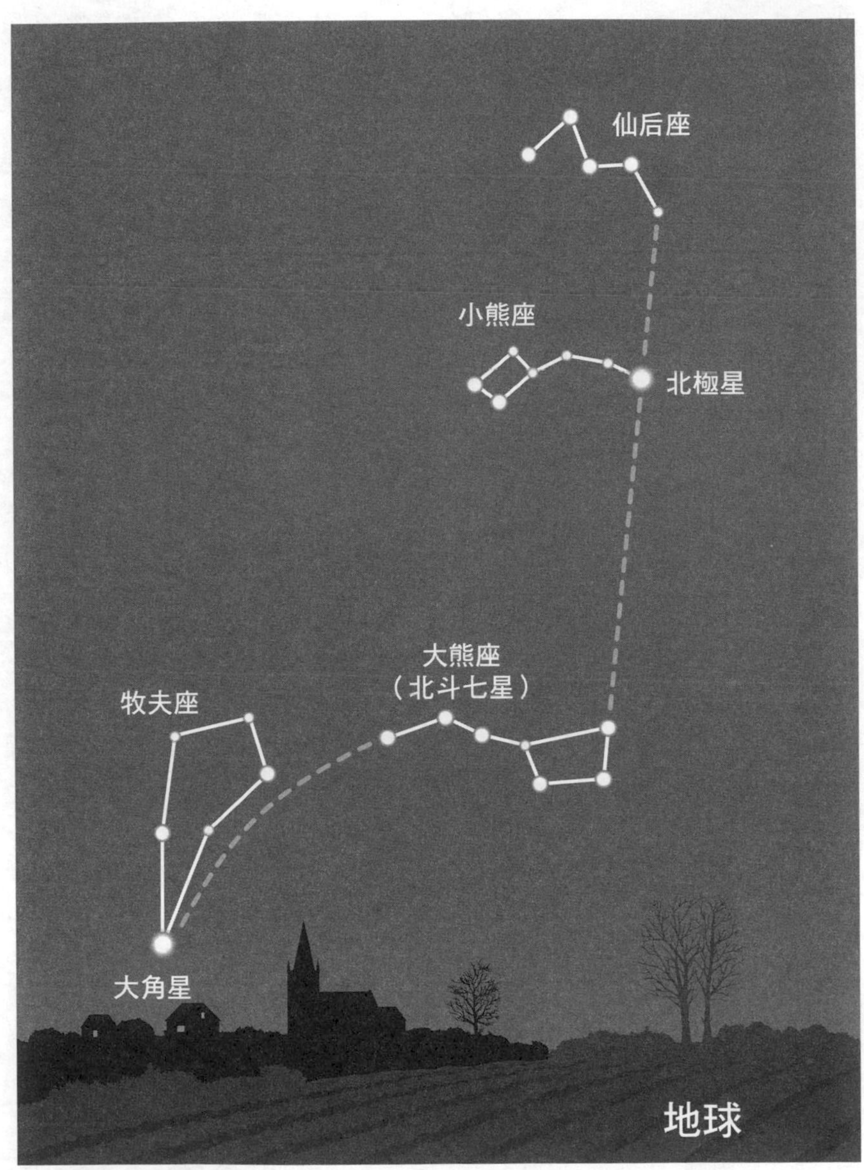

在英國，全年都可以用北斗七星來找到夜空裡其他的星星與星座。

但是不久後，熱中於觀星的人就得使用比自己的兩眼還要強大的工具了。我建議可以買一架雙筒望遠鏡，價格不會太高，對天文觀測的好處也說不盡。雙筒望遠鏡能讓你看到月球上的坑洞、雙星、有特殊顏色的星星、星團，還有很多夜空裡的特徵。

當你真的熟悉了透過雙筒望遠鏡看見的夜空後，你也許可以開始考慮買天文望遠鏡。不過我覺得在那之前，還有一件重要的事得做：加入一個天文學協會。除了全國性的英國天文協會之外，很多城鎮或城市都有自己的天文協會。例如在西索塞克斯這邊就有「南方丘陵天文學會」，服務範圍涵蓋契赤斯特以及波格諾雷吉斯周邊所有區域。透過參加天文學會，你不只能交到很多新朋友，還能與和你志同道合的人交換想法與觀測結果。

另外在契赤斯特這裡還有「南方丘陵天文台」，這座天文館有大型圓頂與特殊投影設備，可以模擬驚人寫實的星空畫面。除此之外，這座天文館還能做到一些本來要等待很久的事，比方說如果你希望在英格蘭看到完整的日食，原本得等上八十年左右，但是在天文館裡隨時都能讓你看到！英國各地有許多的天文館，我推薦你找一間去拜訪。

Q 002 太陽很亮，可是太空本身又很暗。為什麼會這樣？

艾登絲（默西塞德郡，南港）

東西要看起來亮，只能靠它自己發光，或是讓它反射光線。虛無的太空裡沒有東西能如此，所以我們看到的太空是暗的——基本上來說，就是沒有光。相反的，天空在白天的時候很亮，只是因為大氣對太陽光的散射作用。

太空是黑的，就是宇宙並非永遠不變的第一個證據。如果宇宙真的永遠不變，那麼不管我們從哪一個方向看，都應該能看到一顆星星。往旁邊一點看，就可以看到另外一顆可能更遠一點的星星。雖然光前進的速度有限（假設非常快），但如果宇宙是無窮大的，而且在無窮的時間範圍內都維持相同的狀態，那麼我們應該就能看到無窮遠的星星。這表示整個天空都應該被遙遠星星的光照亮。所以夜空是黑色的，就表示有些光點的位置，是遠到還來不及到達我們這裡的。

這種看法經常被稱為「歐伯斯佯謬」，一般認為是德國天文學家歐伯斯在一八二三年所提出的，不過他絕對不是第一個，也不會是最後一個提出這個問題的人。隨著大爆炸理論在二十世紀的出現，這個問題也有了答案。大爆炸理論為宇宙定出了年齡，因此解釋了為什麼我們無法在每個方向都看得無窮遠。

Q003 我站在英國面對太陽的時候，太陽像是從我的左邊移到右邊。如果我站在澳大利亞，太陽移動的方向會改變嗎？

蔻沃德（希臘，雅典）

會的，不過這只是因為你在澳洲必須面向北方，而不是南方才看得到太陽。事實上，從遙遠的南半球觀察天空挺讓人不知所措的，因為很多星座的移動方向感覺起來都錯了。事實上，我們其中一個人（諾斯）曾經和一群天文學家在法屬幾內亞開了一個半小時的車，但完全開錯方向，因為我們忘記了太陽在那裡是在北方而不是南方。我想應該會有一個笑話，是關於在南半球需要多少個天文學家，才能正確地靠太陽找到方向！

Q 004 從北極、南極，還有赤道上某一點觀察到的夜空有沒有任何不同呢？

韋德（諾丁漢郡，曼菲德）

如果你從北極觀測夜空，由北極星標示出天空中的北天極，天極赤道就會落在地平線的位置。從南極來看，天空中的南天極就會在你正上方。不管在南極或北極，雖然天空會圓圈式的轉動，但都只能看到一半的天空。當然，夜晚在極地也會比較長，延續好幾個月，所以你一定要讓自己夠保暖！有好幾個望遠鏡都利用南極的地理位置，觀測某些特定區域。而在赤道上，原則上是可以看見整個天空的，只要你等得夠久。

從不同的緯度觀察星星，會發現它們的移動似乎有所不同。例如從赤道看獵戶座，就會覺得它是從東方垂直升起，直接從頭頂通過，然後在西方落下。我（摩爾）記得當我站在很接近赤道的新加坡時，在天空的這一半看見大熊星座，而在另一半看見了南十字星。

Q005

為什麼沒有真的很亮的星星？在晴朗的夜晚外出時可以看到很多星星，但是它們看起來亮度都差不多。照邏輯來說，應該有一些真的特別亮的星星才對啊。它們可能非常大或非常近，以致於我們在白天都看得到它們。

施漢（倫敦）

眼睛是很厲害的工具，特別是在充分適應了黑暗的時候。最黯淡的恆星大約比最明亮的星星黯淡一千倍，但是它們都非常遙遠。除了太陽之外，肉眼所看見最近的星星是南門二（半人馬座的α星），這顆恆星大約距離我們四光年，但它不是天空中最明亮的星星。「最明亮」的這項殊榮由天狼星獲得，而它和我們的距離是南門二的兩倍多。還有其他星星本身發的光更亮，但是距離我們數百光年，所以從地球上看起來並不是特別亮。所有的星星都很遙遠，以致於就算用世界上所有的、最大的望遠鏡來看，它們看起來還是像小小的光點一樣。畢竟太空非常大，一光年大約有十兆公里遠（約六兆英里）。

我們用「星等」的級別來代表星星的亮度，有點像高爾夫球的「差點」，所以愈亮的星星，它的星等值愈低。明亮的星星稱為一等星，暗一些的星星則是二等星，以此類推。大部分的人用肉眼都還能看到六等星，而世界上最厲害的望遠鏡能看到大約三十等星；最明亮的星星可以達到零等，甚至可以有負值出現。比方說，天狼星的星等就是負一．五。太陽系裡有一些行星會比這顆星更亮上許多，但那是因為它們離我們比較近，而且它們其實只是反射太陽的光而已。最亮的行星是金星，星等大約是負四，在地平線之上能和太陽一起被看見，接近凌晨與黃昏的時候特別明顯。為了讓你有比較的基準，在這個級別上，太陽的星等是負二十七！

Q 006 在獵戶座左下方有一顆很大的星星，總是明亮地一閃一閃。從雙筒望遠鏡看出去，會看到萬花筒般的顏色：紅色、藍色、綠色、黃色。你能告訴我這個美妙的景色是什麼嗎？

湯菩森（蘭開夏，班來）

那是大犬星座的天狼星。其實那是一顆白色星星，但是從英國看過去，它的位置總是很低，所以它的光是穿透厚厚的大氣層而來。光線經過大氣層會被扭曲，使得它看起來會閃爍著不同顏色的光芒。從比較南一點的地方看天狼星，就會是明亮的白色。

關於這顆星還有個小小的謎：數千年前很多天文學家都描述天狼星是一顆紅色的星星，但現在卻變得一點也不紅。我確定這應該是某種錯誤或是誤譯，因為星星的顏色不會那麼快地改變。

Q 007 我過去經常用肉眼看到國際太空站飛過夜空。有時候看起來很壯觀，但我要怎麼用更高倍數的望遠鏡觀察？它移動的速度那麼快，可以追蹤它的移動嗎？

坎寧（劍橋）

國際太空站是夜空中最明亮的人造衛星，而且在太陽能板的排列恰到好處的時候，會比金星還要亮。不過它移動的速度的確相當快速，所以要用雙筒望遠鏡或天文望遠鏡看到它是很困難的。

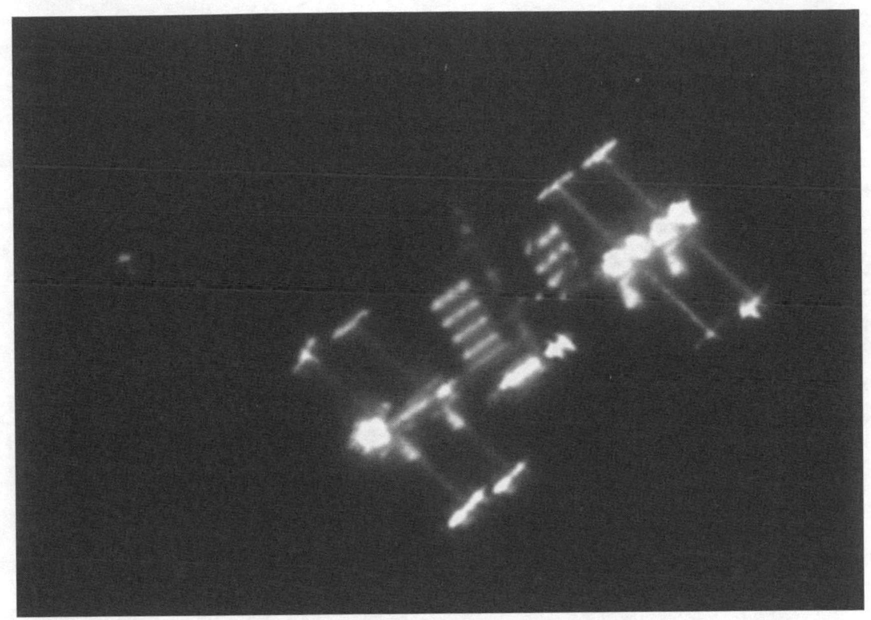

業餘天文愛好者從地面看見日本的HTV補給船接近國際太空站的景象。這位名叫凡登堡的天文愛好者用的是十英寸口徑的天文望遠鏡，加上非常熟練的技巧。

一架大型雙筒望遠鏡也許能讓你看到不太規則的形狀，而天文望遠鏡顯然能讓你看得更清楚。不過關鍵還是在於移動望遠鏡的速度要夠快，才能追上它在空中的移動，望遠鏡的視野範圍也最好夠廣。天文望遠鏡沒有預設追蹤太空站的模式，據我了解，大多數拍到太空站影像的業餘愛好者是自己手動追蹤，而不是利用自動追蹤太空站位置。業餘愛好者拍到的太空站影像可能會有驚人清楚的細節，甚至有人拍到太空梭對接的畫面！

Q 008 我父親觀察到在北極星不遠的地方，發生像星星爆炸的現象。肉眼看起來像有一顆星星爆炸後，就完全消失了，這是經常發生的事嗎？

泰樂代替魏曼發問（漢普夏，海斯菲德）

我幾乎可以確定那是一顆直直朝你過來，然後爆炸的流星，發生的地點也一定是在我們的太陽系內，而不是一顆星星。這種情況有時候會發生，我也同意這是非常令人困惑的。

唯一一個別的可能是，那是某種人造衛星。有一種衛星是銥衛星，表面很平，反射力很強。它們在旋轉的時候會反射太陽的光線，光束能射到地球，投射到好幾公里寬的範圍。雖然這些衛星一般來說看起來都比較黯淡，但在反射的光線恰好對準你的所在地時，這些衛星可能會有幾秒鐘的時間，看起來比任何恆星或行星都還要亮，因為這些衛星都在繞極軌道上，所以它們看起來會很靠近北極星，而且這種「銥閃光」的確有機會在接近地球的位置發生。

Q 009 有一個綠色圓柱體很快速地移動，不是直線也不是水平的，速度比隕石慢，看起來也比較大。那是什麼呢？

庫伯（謝菲爾德）

這聽起來很像一顆火球，或可能是一顆重回地球大氣層的衛星。這種事件很少見，不過也不是沒聽過，現在每幾個月就會有火球的新聞。近地軌道現在愈來愈熱鬧，也有愈來愈多正在衰減軌道的衛星會回到大氣層，然後燃燒殆盡。

大部分的衛星在這個過程中都會被摧毀，不過也可能有某些部分會回到地表。因為地球大部分的面積都被海洋覆蓋，所以這些太空殘骸的碎片大部分會掉進海裡。如果太空船或衛星有能力控制自己的運動軌道，那麼重新進入大氣層的設計會盡可能不要讓殘骸撞上地面。

火球的顏色可能會依照燃燒的化學成分而定，例如綠色可能就是銅的成分造成的。這類的事件很少見，通常都很壯觀，你應該覺得自己很幸運！

天文望遠鏡

Q 010 初學者剛開始最好使用哪一種天文望遠鏡？用這種望遠鏡能看到什麼？

艾爾斯（布里斯托）、史蜜絲（艾色克斯，巴休敦）、卓斯（多塞特）、德金（多塞特，三腳交叉）、芮德（斯羅普郡）、貝佛德（索美塞特，巴斯）、卡瓦納（利物浦）、威斯卡特（蘇佛克，伊普斯威治）、克立德（索立，康伯利）、克拉肯（盧頓）、瑣羅威（德比）、海塞登（威爾特郡）、梅瑞德斯（泰恩威爾，巽德蘭）、達威斯（克魯）

首先我假設各位初學者都是**貨真價實**的初學者，對於天文學一無所知。我要重複先前的建議，先去看點書，用你自己的方法開始去了解天空。在這方面最佳的工具是平面天體圖（也就是星座圖），上面會畫出夜空中在一年的什麼時候，以及夜晚的什麼時候可以看到什麼星星。另外也有許多很棒的軟體可以使用。我也強烈建議在考慮買天文望遠鏡之前，天文觀測的入門者應該投資的是雙筒望遠鏡。我有一架非常好的「七乘五十」的雙筒望遠鏡，「七」是放大倍數，「五十」則表示這個雙筒望遠鏡的兩個小筒口徑各是五十毫米——我記得這個望遠鏡是我在失物招領處買的，才四英鎊左右！當然雙筒望遠鏡也有許多種類，口徑與放大倍率比較大的可以收集更多光線，也能看到更多細節。

不過發問者問的是天文望遠鏡。天文望遠鏡主要分成兩類：折射式和反射式。折射式利用形狀特殊的玻璃鏡片收集光線，稱為「物鏡」或是「接物透鏡」。光會穿透物鏡，各種光線會「變成一束」，讓光集中在焦點上。影像會在焦點形成，由第二片鏡片一也就是「目鏡」一放大。目鏡是可以替換的，所有的天文望遠鏡都有好幾個：一個是在低倍率觀看時使用，一個用來看得更清楚一點，可能還有一個更高倍率的，可用在天氣特別好的夜晚觀測特殊物體。

我的第一架天文望遠鏡是三英寸（約七十五毫米）的折射式望遠鏡，意思是折射透鏡的物鏡直徑是三英寸。不管在當時或現在，這對我來說都很夠用了。當然底座也很重要，因為底座如果不穩，你看到的物體就會一直動來動去，這樣一來望遠鏡就沒什麼用了。簡單的三腳架搭配我的三英寸望遠鏡就很令人滿意了。

我曾經說過，物鏡直徑小於三英寸的折射透鏡並不實用，我也不建議購買價格低於一百英鎊的天文望遠鏡。不過現在情況有點不同了，用低於一百英鎊的價格也是很有可能買到實用的小折射式望遠鏡，這種望遠鏡能讓你看到月球的許多細節，也能讓你看到木星的四個主要衛星，甚至連土星那些可愛的環都能看得清楚。至於其他行星，金星會有盈虧，也就是說它的形狀會像月球那樣改變，不過觀察金星看不太到什麼，因為金星真正的表面其實都被厚重的大氣層蓋住了。

用天文望遠鏡看星星，會看到各式各樣的奇景。特別是尋找紅色的星星、星團，還有星雲的特徵。有些星雲是會在裡面形成星星的氣體雲，也有些星雲是由恆星所組成的，本身就是恆星系統，或者稱為星系，就像我們的銀河系。你要花很長的時間才能用你新買的天文望遠鏡大致看過一遍夜空，因為有太多東西可以看了！你當然可以買物鏡更大的、倍率更高的折射式望遠鏡，不過這就脫離了徹

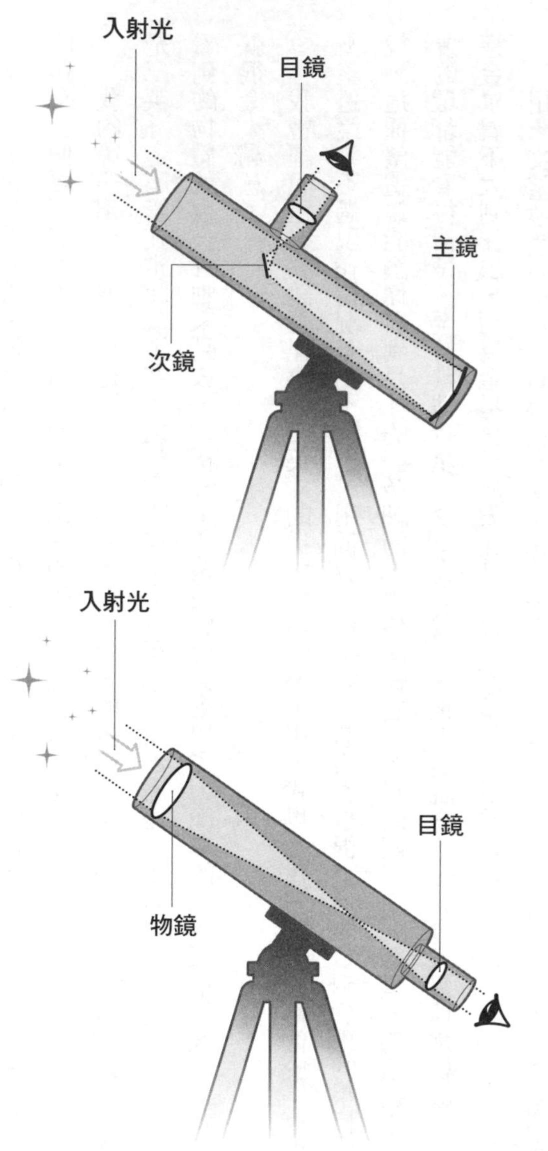

反射式望遠鏡（上圖）利用鏡子讓光聚焦，而折射式望遠鏡（下圖）則使用透鏡。這兩大類都各自有許多變化類型。

頭徹尾的新手角色了。物鏡愈大，進入望遠鏡的光就愈多，而能看到愈黯淡的物體；使用這種望遠鏡需要較多的經驗，最好先從比較普通的類型開始。

你也可以考慮購買反射式望遠鏡。反射鏡用拋物面鏡收集光，最常見的配置是牛頓式望遠鏡，最早在一六六八年由牛頓製作成功。光會往下進入開放式的管子，碰到下面的鏡子，這面拋物面鏡會把光反射回管子並聚焦，照到一面放置角度為四十五度的較小平面鏡。這面平面鏡會把光線導向管子的側邊，然後目鏡會將形成的影像放大。在牛頓式的反射式望遠鏡裡，你是從望遠鏡的側面「看進去」，而不是鏡筒的後面，反射式望遠鏡有很多種，不過牛頓式是最簡單的。比方說，經驗豐富的天文觀測者也很常用的是施密特－卡塞格林式望遠鏡，它比牛頓式望遠鏡小巧，價格也貴很多。

現在我們來比較這兩種類型的優缺點。折射式的好處是不太需要特別維護，只要適當地照顧，這種望遠鏡可以用一輩子。相較之下，反射式就比較難伺候了。一般來說，反射式裡面的鏡子是玻璃製的，表面還會鍍上薄薄一層反射力很強的物質，例如銀或鋁。這些鏡子必須定期重鍍，這可不是你以為的簡單小事。除此之外，一般來說以相同倍率而言，反射式一開始的價格會比折射式便宜。現在全世界最大型的望遠鏡都是反射式，不過這主要是因為，比起製作超大的透鏡，製作超大的鏡子比較容易（有些望遠鏡內的鏡子直徑超過八公尺）！

四英寸（約一〇〇毫米）或六英寸（約一五〇毫米）的反射式望遠鏡就能讓人很開心了，很多業餘天文愛好者都很喜歡這種大小。不過你當然不需要花一大筆錢來買這些精密的設備，因為小型的反射式或折射式望遠鏡就能讓你有很好的開始。如果你確實需要額外的協助，可以聯絡當地的天文協會。因為在協會裡，幾乎可以確定你一定找得到願意並且能夠幫忙你的人。

Q011 我要怎麼最清楚地看到梅西爾天體，特別是那些星系？

布洛斯特（諾威治）

有些梅西爾天體幾乎是看不見的，它們的形狀也很難確認。這類天體是在一七七〇年代由法國天文學家梅西爾登錄的，他當時其實是在找彗星，而大部分透過天文望遠鏡觀測到的彗星，看起來就像是一團團模糊的東西！梅西爾目錄中包括一系列不是彗星的天體，大部分是星團、星雲或是星系。

當然如果你的望遠鏡愈大、倍率愈高，你就愈容易發現這些星體。當你確認了目標的位置，但仍看不見時，就是練習「側像視覺」的好機會，也就是不正眼看物體，而使用眼睛最敏感的部位看——不把物體放在眼睛的正中間。有些梅西爾天體滿驚人的，例如渦狀星系（梅西爾天體第五十一號），但其他就沒那麼震撼。要百分之百確定你的辨識是正確的，如果你有良好的拍攝設備，那就拍一張長時間曝光的照片。

Q012 你能不能解釋「貶眼星雲」的異常現象？我知道這是某種視覺幻象，但眼睛為何會被「欺騙」呢？

羅賓森（列斯特）

「貶眼星雲」是一個行星狀星雲，是瀕死的恆星外層崩離後產生的現象。中央的恆星還是能看得見，而且比周圍的星雲狀物質更明亮。但是小型天文望遠鏡很難看穿星雲狀物質，因為星星的亮度低於眼睛能感受的，眼睛無法看清楚擴散的區域。

要清楚看見這樣的星雲，觀測者必須使用「側像視覺」，也就是不正眼看那顆星星，利用視覺周邊的餘光看。這樣一來，中央的星星就不會壓過眼睛的反應，星雲狀物質也會重現。當眼睛自然的在望遠鏡的視野範圍中移動時，星雲狀物質就會像在眨眼般閃爍，這就是其名由來。

使用側像視覺的觀測技巧在很多情況下都很有用，因為周邊的視覺比較適合用來看比較黯淡的物體。眼睛的中央看東西的影像解析度雖然比較高，但其實比較不敏銳。

Q013 看宇宙是用雙筒望遠鏡、兩眼一起看比較好？還是用天文望遠鏡、一隻眼睛看比較好？市面上有專業的雙目天文望遠鏡嗎？

豪爾（東約克郡）

市面上有很多觀測者能使用雙眼觀測的天文望遠鏡可以選購，不過這其實就是一架雙筒望遠鏡。雙筒望遠鏡包含兩面連接在一起的小折射鏡，可以一起或分開對焦。兩隻眼睛都張開比較容易觀測，但是要把兩個大天文望遠鏡放在一起，還用兩隻眼睛觀測比較困難。

當然也有些很大型的專業望遠鏡，比方說大雙筒望遠鏡，這種望遠鏡的解析度相當於兩倍口徑的天文望遠鏡，而價格比兩倍大的主鏡低，不過製作這種望遠鏡的技術性細節變得非常複雜。而且因為每面主鏡的直徑是八．四公尺，當然就不是業餘人士的領域了！

Q014 我有一個三英寸（七十五毫米）的反射式望遠鏡，還有幾個目鏡，從二十毫米到四毫米都有。我可以用這麼低階的設備看到什麼呢？

包斯威（東索塞克斯，紐海芬）

這樣的設備一點都不低階，而且是很多天文學家一開始使用的設備——本書的兩位作者其實一開始使用的也差不多是這樣的設備！七十五毫米的天文望遠鏡已經足以看到月球上的很多細節，還能看見木星四大衛星以及土星環。這些設備也足以看到一些最亮的星團，像是在巨蟹座裡的蜂巢星團、英仙座裡的雙重星團或是武仙座裡的梅西爾十三號天體。透過尋星鏡大概找到這些天體的位置後，主望遠鏡就能很容易的找到它們。當然我們不能忘記美妙的昴宿星團，又稱為「七姊妹」。透過小型望遠鏡，肉眼所見的這幾顆星星，會變成數十顆，真的是非常美好的經驗。

至於其他的黯星體，用這樣的設備，應該有機會看到較亮的星雲，比方說獵戶座星雲，甚至還能看到一些星系，例如梅西爾八十一和八十二號天體，還有梅西爾三十一號的仙女座星系。

觀測這些星體最好的方法，就是先用最低倍率，也就是焦距最長的目鏡；以提問者的例子來說，就是二十毫米的目鏡。這樣看到的視野會比較廣，在尋找物體的時候特別實用，也比較容易觀測。當你找到目標之後，再換成低倍率的目鏡，大約焦距十毫米的那種，這樣就能更清楚看到你的目標。在更換目鏡的時候要小心，因為更換的過程裡很容易動到望遠鏡，這樣就必須重新對焦。四毫米的目鏡就已經很強大了，你只有在觀測條件最佳的狀況下才需要使用這一個，因為在大部分的夜晚，它根本無法讓你看得更清楚——其實有時候你可能還覺得用它觀測變得更模糊了。

位在亞利桑納州格雷厄姆山的大雙筒望遠鏡，帶有兩面口徑八·四公尺的主鏡。

Q 015 不同的目鏡各有什麼功能呢？比方說二十五毫米的廣角目鏡？

賀瑞（西米德蘭茲郡，科芬特里）

目鏡是天文望遠鏡裡最重要的部分。如果你用一架好的望遠鏡搭配不好的目鏡，就會像是在一台唱針品質不佳的唱機上播唱片，或是透過牛奶瓶的底部看電影一樣！目鏡的強度由焦距所決定，也就是和目鏡一起的那個數字，通常是以毫米計算。放大倍率是由主透鏡或主鏡的焦距（小型望遠鏡的範圍大約落在一公尺內，但還是要依照設計而定）除以你使用的目鏡焦距而決定。重點是你不能在太小的望遠鏡上使用太強大的目鏡。比方說，我有一個非常好的三英寸（約七十五毫米）折射式望遠鏡，這是我小時候就有的，而且我也還在使用。用這個望遠鏡搭配倍率最高達到一百的目鏡，觀測的結果非常好。但是如果我嘗試用比方說倍率三百的目鏡，那看到的結果就會非常模糊，反而沒有用。一般來說，望遠鏡最好的最大倍率大約是每一英寸口徑乘以五十，使用較低的倍率通常會帶來比較愉快的觀測結果。

Q 016 附馬達的望遠鏡對新手有用嗎？

基斯（東索塞克斯，布來頓）

裝馬達的望遠鏡當然有用，但絕對不是新手必需的。

有些馬達只會讓望遠鏡的其中一個軸移動，這樣一來，當天空轉動的時候，望遠鏡也還能持續對

摩爾使用的十二又二分之一英寸反射式望遠鏡，是適合觀測月球與行星的理想望遠鏡。

準同樣的物體（但它必須裝有赤道儀，而且設定正確）。雖然這對所有望遠鏡來說都是一個很有用的附加設備，但卻完全不是初學者的重要設備。其實根本就沒有必要為了開始觀測天空，就購買昂貴或精密的設備。

更昂貴的電腦化馬達還能讓望遠鏡對準資料庫裡的任何一個目標，可是我總是推薦你先瀏覽整個天空，否則你會發現自己很難辨識出星體。我的比喻是，這就像從小用計算機長大的人，就不知道如何用手算乘法和除法了！

Q017 在二十一世紀，隨著業餘人士能使用的天文攝影技術愈來愈進步，素描還有用嗎？業餘的素描畫家還能有所貢獻嗎？

梅勒（薩德爾沃思沼澤區）

答案是加強語氣的「絕對有」！這些素描畫家有時候還是會畫出攝影師會錯過的不尋常特徵。特別因為眼睛的適應力很強，能夠妥善地利用大氣層的條件；相反的，長時間曝光的相片會因為大氣層的變動造成模糊的影像。很多天文攝影師都會使用不同的濾鏡拍攝黑白照片，最後組成一張彩色的照片。相反的，眼睛可以立刻看出較明亮物體的顏色。

更重要的是，素描是開始觀測並習慣夜空的一個好方法。眼睛需要時間與耐心，才能適應透過目鏡看到的景象，這是經由望遠鏡熟悉夜空的絕妙良方。我建議你試試看！

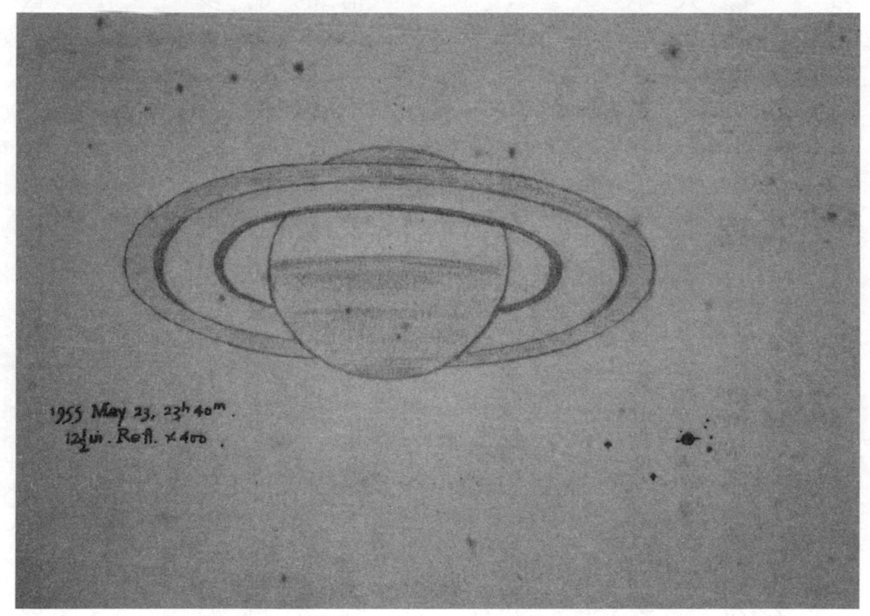

摩爾在一九五五年使用他的十二又二分之一英寸望遠鏡所完成的土星素描。

Q 018 我透過天文望遠鏡看到的影像都是黑白的，為什麼哈柏太空望遠鏡的影像總是有鮮明的顏色？

布朗（蘇格蘭，韋斯特羅斯）

這個問題有很多答案，首先，哈柏太空望遠鏡的影像會使用色彩處理，大部分的天文影像都是這樣。再來就是眼睛的敏感度問題，或者說是缺乏敏感度。從天文望遠鏡看到的物體通常很黯淡，所以眼睛只能看到模糊的黑白影像。讓我提醒你，天空中有一些色彩相當美麗的物體，我自己最喜歡的是雙星輦道增七，又稱為天鵝座β，主星是金黃色，伴星是藍色。當然囉，火星一定是紅色，土星就是黃色。

Q 019 我是薩根迷，我想知道有沒有可能從地球看見第二七〇九號小行星薩根？

柏林特錢斯（貝德福郡）

第二七〇九號小行星薩根繞著太陽公轉，和太陽的距離大約是地球和太陽距離的兩倍，位在主小行星帶。它的星等大約是十三．三，所以需要用大型望遠鏡才能看到。這顆小行星在一九八二年被發現，但發現者不是薩根，而是亞利桑納州旗竿市附近羅威爾天文台的包威爾。它的正式名稱是1982 FH，但是為了紀念二十世紀最頂尖的天文學家之一薩根，而以他的名字命名。

天文攝影

Q 020 星星在夜空中會移動，我要怎麼拍星星的照片？

布拉德（倫敦）

只要有長時間曝光功能的普通照相機就能做到這件事。當然，拍出來的星星會像是畫過夜空的長條軌跡，但這樣的結果也很壯觀，星星的顏色也通常能呈現得很理想。不然你會需要馬達，讓你的望遠鏡維持對準同樣的位置，可能還需要導星鏡，以確定星體維持在影像裡相同的位置。這需要練習，但要開始拍到漂亮的結果也不會太難。大部分的專業知識是在處理影像這一塊。

Q 021 《仰望夜空》節目如果再播七百集，我們在五十三年過後應該能看到什麼照片或影像？而它們的清晰度會如何？

艾多維斯（曼徹斯特）

要預測半世紀以後的事還滿困難的。到時候可能很多業餘天文望遠鏡也都會裝上自調光學功能，和現在最好的專業影像相匹敵。我們也許能從專業的天文望遠鏡，得到類似地球的行星繞著其他星星移動的影像，或者能看到宇宙最早誕生的星星。當然不要忘記，我們也可以期待電磁光譜的每個部分都會出現新進展。

天文攝影家渥特在瑟索城堡拍攝過程八十三分鐘的星跡照片。

光害

Q022 對付光害最好的方法是什麼？有沒有什麼技巧呢？

卡露奇（倫敦）、佛斯特（倫敦，克萊普漢）、詹姆士摩根（密德瑟斯，亨克漢姆）

光害是個愈來愈嚴重的問題。一種想當然的解決方法，就是把你的望遠鏡拿到真的很黑的地方，盡可能遠離人造光線。可是這也沒有過去那麼容易了，而且這也代表你的望遠鏡必須是可搬運的。如果你只能在鄉鎮或城市中觀測，那真的就只能看比較明亮的天體了。你也可以在望遠鏡上加一些濾鏡，除去不想要的光線，或是只讓你想要的波長通過。如果你家花園旁邊的路燈就很亮了，那最好的解決方法可能就是用空氣槍把燈泡打破。不過可惜這是犯法的，我們不可能鼓勵或是原諒你們這麼做！

不過我（摩爾）本人認識一位住在本國的天文學家，他的住家籬笆旁邊有一盞超亮的路燈。有一天晚上，他走出家門，把路燈漆成綠色，從此它幾乎就不亮了。就我所知，當地的議會還沒發現這盞路燈幾乎沒有在亮！

Q023 英國哪些地方是遠離光害，最適合觀測星空的？

羅利（利物浦）與史東（南約克郡，羅賽罕）

有很多地方都特別黑，例如在諾森伯蘭的基德公園，或是蘇格蘭的加洛韋。另外也有一些與世隔絕的地區，因為人很少，所以光害也不大，比方說海峽群島之一的薩克島。不過整體而言，大部分的人要解決光害的實際做法，就是去偏遠一點的地方，在那裡看不到城市的燈光，而且也代表一定要用可攜帶的望遠鏡。也許你不必去太遠的地方，只要有幾棵樹或是一座小山丘，就可能足以遮蔽來自城鎮的嚴重光害。

Q024 我住在一個光害非常嚴重，只看得見最亮的恆星和行星的地方。如果我知道自己的地點，還有天空中天體的位置，有沒有讓我能辨識出這個天體的方法呢？

阿姆斯壯（默西塞德）

以那些在天空中不會移動的天體來說，平面天體圖可以提供你想要的資訊，不過要花一點時間才能上手。在大部分的情況下，你在英國的地點不太會影響你看得見的天體。比較簡單的解決方法就是在眾多的天文軟體中挑選一個。比方說觀星軟體「星的元素」（*Stellarium*）可以完全免費下載使用，操作介面也非常簡單。

Q 025 我們在夜間觀測時是位在地球的陰暗面，但是太陽光還是直接照著我們觀測方向的天空。為什麼這樣不會對夜空造成任何干擾？

布希（謝菲爾德）

主要的原因是沒有東西會散射或是反射太陽光，所以我們看不見那個光。不過，太陽光也會以另一種方式造成干擾，而且是一種絕對值得一看的現象，叫做「黃道光」。它是黯淡的圓錐狀光線，從太陽的位置往上照，此時太陽已經落在地平線以下。日落後或是日出前是觀測這種光的最佳時機，但是也要配合很好的條件才能看到，因為這種光非常黯淡。這種現象是太陽光照亮了太陽系主黃道面上分布非常稀薄的微塵粒子所造成的。

更難得一見的是「反暉」，或稱為「對日照」，是在夜空中正對著太陽的位置出現一片非常黯淡的光。這是因為太陽光被面向太陽與地球那一側的塵埃顆粒背向散射。不過，我（摩爾）在英國也只清楚看過兩三次這樣的景象而已！

電波天文學

Q 026

聽說電波望遠鏡和光學望遠鏡不一樣，可以連續二十四小時觀測，為什麼呢？

龐得（索立）

電波望遠鏡不會受到地球大氣層的散射或反射影響，也不會受到雲霧影響。畢竟光學望遠鏡無法在白天觀測的原因，是因為大氣層會散射太陽光，使得光線會從四面八方而來（另外一個原因當然是白天有時候會是陰天）。但電波望遠鏡也有自己的問題，例如受地面發射的電波干擾。舉例來說，很多電波望遠鏡都會受到手機發出的訊號所干擾。

Q 027

過去五十年裡，有愈來愈多人開始學習天文學，還有很多公司在製造與銷售天文望遠鏡。你認為在未來的五十年裡，會不會有公司製造一般人可購買、放在後院的電波望遠鏡？

伍斯楠（北威爾斯）

在硬體製造方面，電波望遠鏡使用的很多技術都比光學望遠鏡還簡單，真正的問題在於尺寸。為了要發揮效果，就需要很大的電波碟。以相對較低的價格購買或是建造小型電波望遠鏡是可能的，當然製造商在未來也會找到方法解決尺寸的問題。也許以後會有由業餘電波望遠鏡觀測者組成的網絡，一同作業，就像是現在專業的電波望遠鏡觀測單位那樣。

業餘科學家

Q 028 哪些領域的科學是業餘天文愛好者能參與的?

豪斯(蘭開夏)、英格瑞(索立,吉爾福德)、布魯克(謝菲爾德)、波爾特(安特里姆郡,拉恩)

非常多!舉例來說,業餘觀測者最適合觀測變星,因為這種星星實在太多了,專業天文學家根本無法一直對它們進行全面觀測。業餘者也可以觀測小行星的運動與行星的表面,像木星和土星的雲就一直在變化,業餘觀測者在這方面的貢獻也相當寶貴。甚至有業餘觀測者曾發現其他星系裡的超新星。

澳洲業餘天文愛好者衛斯理,是在二〇〇九年七月第一位發現木星上新的黑斑的人,而且他正確判斷出那是撞擊後的痕跡。很多業餘愛好者都追蹤了那個斑點持續好幾天到好幾周。而幾座世界上最大型的望遠鏡觀測結果,也幾乎可以確認那個斑點是小行星撞上木星的結果。

衛斯理拍攝的木星行星撞擊痕跡。

Q029 在《仰望夜空》播出的歷史中，業餘天文愛好者的角色有什麼樣的改變？你覺得在接下來的五十年裡，他們的角色又會有怎樣的發展？

葛拉罕（法國，巴黎）、霍普金斯（劍橋郡，彼得波羅）

業餘天文愛好者在這五十年裡的重要性，就如同他們在一九五〇年代時一樣重要。多虧了快速發展的科技，這些業餘人士現在的能力，已經足以和許多專業天文學家十多年前獲得的能力相提並論。業餘天文愛好者使用的天文望遠鏡尺寸已經增加，我也認為這個趨勢會持續下去。業餘人士將能看到更黯淡、亮度更微弱的天體，尤其搭配上未來的各種照相技術，就更不會有問題了。

再過五十年，也許業餘人士會從事嚴謹的光譜學研究，偵測宇宙中的化合物與元素。雖然無法和專業的天文望遠鏡相比，但也許未來光譜照片的解析度會變得和現在的一般照相機一樣好。

不過整體來說，業餘天文愛好者也許會繼續做他們一直以來都在做的事：讚嘆天空中的奇觀並且繼續觀測。

Q030 我們很期待在福克蘭群島建造天文台。既然這個天文台位在南大西洋，你認為它對於天文學的專家和業餘愛好者有什麼用途？

洛南姊弟（格拉斯哥）

以專業的天文台而言，福克蘭群島難以和幾公里之外的智利國內豐富的設施競爭，畢竟有幾座世界上最大的望遠鏡就裝設在智利。福克蘭群島的地勢並不特別高，而且因為是群島，可能也沒有非常適合專業級設施的觀測條件。天文台最好的位置是在海拔高度至少兩千五百公尺（約八千英尺）的地方，因為這樣能讓它們脫離惡劣的氣候範圍。

但是以業餘天文台而言，福克蘭群島對於業餘望遠鏡的世界網絡來說會是非常有用的生力軍。在世界各地設立天文台主要有兩大好處：首先，簡單來說，地球上沒有一個地方可以清楚看到整個天空。在英國，我們一整年裡都能看到整個北半球的天空，但只能看到一小部分的南半球天空。我們永遠看不到南緯三十九度以下的天空，就算到了南方海岸也沒辦法。天球赤道下方的東西，永遠也不會從我們的地平線升起。

福克蘭群島位在地球南端，大約是英國在北半球的相對位置，那裡的情況會和英國恰好相反，很容易就能觀測到南方的天空。除了南極的少數專業天文台，在南半球的天文台很少。福克蘭群島的好處是它接近南美洲的經度位置。除了南美洲的最南端，南半球較遠的南邊只有南非、澳洲和紐西蘭，以及在大西洋與太平洋上零星的幾個小島。因此，在那裡設立天文台，有助於觀測在幾小時內發生變化的瞬間事件。如果這種事件發生在南方的天空，那麼必須在這個經度範圍內有望遠鏡才能進行持續觀測。這類事件可能包括木星或土星大氣層的奇特現象，及近地小行星通過等等。

Q031 古代文明怎麼能那麼準確測量星星的運動，包括地球自轉軸的歲差？

唐寧（倫敦）、史卡特（赫特福夏，艾瑟罕）

巴比倫人和蘇美人是世界上最古老的天文學家，他們在三千多年前居住於現在的阿拉伯地區。太陽、月球和星星的移動，在古代就已經為人所知，此外黃道帶上的那些星座也是最早被發現的。當時的人可能已經知道，在不同的時間會看到不同的星星排列，但他們應該還不知道這是為什麼。這些文明是最早注意到天象變化的文明。他們可能注意到有些行星好像會在星星之間移動，特別是最亮的那顆：金星。當時也已經知道在夜晚或早上都看得到金星，蘇美人還發現了它的周期性。當然，他們並沒有因此思考到其他行星，而是聯想到神祇的活動。

巴比倫人知道各種不同的周期，主宰月相改變的周期就是其一；不過更重要的是日食和月食的周期。這些周期也流傳下來，到了在天文學方面非常有條理、邏輯的古希臘人手中。最令人震撼的天文事件自然是日食與月食。事實上，許多古代文明都對這種現象感到害怕。雖然因為太陽與月球在天空中的運動方式不同，日月食發生的時間間隔似乎並不規律，但其實大約是每十八年發生一次。這段時間被稱為沙羅周期，是太陽、地球、月球三者形成的幾何系統回到相同配置的時間。再加上地球的自轉，就必須使用三個沙羅周期來計算，所以是大約五十四年發生一次。這表示，如果你觀察到一次日食或月食，那麼在一萬九千七百五十六天（或是五十四年又一個月）之後，在地球上同一個地點就能再看到一次幾乎一模一樣的日食或月食。

古代天文學留下令人著迷的遺產之一，就是安提基瑟拉儀，大約是西元前一世紀或二世紀左右建造的。銅製的安提基瑟拉儀是一九〇〇年在希臘的安提基瑟拉島發現的，經過深入研究後，學界發現這是由大約三十個細心配置的鑲齒排列而成的儀器，用來預測太陽、月球、行星在任何一天的方位。製造者想必不知道太陽系的配置，因為這個儀器的設計是以地球為中心的模型為基礎，可是它對位置預測的準確度卻讓人驚訝。過去從來沒發現過類似的儀器；本質上而言，這是目前已知最古老的科學計算機。

至於星星本身的運動，在古代來說，是無法在某人的有生之年內測量出來的。古人很精細地測量了太陽在天空中的位置，所以能確定像是冬至、夏至這樣的至點以及春分、秋分的二分點時間。二分點出現在太陽通過天球赤道的時候，而有非常多的古代天文學家都會觀測太陽在天空中的位置。西元前二世紀的希臘天文學家希巴克斯（Hipparchus）指出，和前人觀測到的結果相比，太陽在二分點的位置出現了相對性的改變，這個發現被稱為「分點歲差」。現在我們知道這是因為地軸相對於星星的移動所造成的，而這個發現成為了精密天文學的轉捩點。歐洲太空總署（ＥＳＡ）的衛星伊巴谷（*Hipparcos*）就是利用這位天文學家姓名的發音，但是字母的拼法不同，因為其實這是「高度精密視差測量衛星」的縮寫。

伊巴谷是最早踏出第一步，排除地球是所有運動的中心的人。他觀察到太陽在全年中移動的速度會變化，而且計算出太陽中心的運動，一定會輕微地偏離地球。大約兩千年後，科學家才真的拋棄成見，推翻地球中心論，建立出地球以橢圓形軌道環繞太陽轉動的理論。

巴比倫人和希臘人都是最早在天文學上跨出一大步的民族，他們會測量太陽、月球和行星的移動。兩千多年後，哥白尼、第谷，還有克卜勒才又往前邁了一大步，拋棄地球是宇宙中心的理論。我（諾斯）認為，我們現在即將跨出在天文學與宇宙學方面重大的第三步，開始了解宇宙的真實規模。

Q 032 英國最適合看極光的地方是哪裡？

卡洛（北安普頓郡，頂利）

唯一一個算得上看得清楚的地方是蘇格蘭。一旦越過北方的邊界，極光就沒那麼少見了，不過也沒有像挪威北部或阿拉斯加那麼頻繁。重點是要到一個真的很暗的地方，而蘇格蘭有些地方還能滿足這個條件。

所以定期觀測是值得的，不過也得準備好可能要等好一段時間。如果你去到挪威北部像是特浪索這樣的地方，那麼你在一整年裡，除了永晝的日子以外，幾乎每個晚上都能看到極光。

Q033 在《仰望夜空》播出的期間裡，天空有些什麼改變？夜空中有沒有新的天體出現，或者有沒有星星或其他天體的位置、外觀發生了改變？

克里斯順森（林肯郡，阿普頓）

很顯然，就算是在比《仰望夜空》節目播出時間更長的期間裡，星星和行星都不會改變。我們的確有看到幾顆彗星，一、兩顆明亮的新星。除此之外，情況都沒什麼改變。我在主持《仰望夜空》的期間看過最壯觀的景象，應該是海爾波普彗星，那真的很壯麗，而且有超過一年的時間都能用肉眼看到它。我想當它離開我們時，我們都很傷心。別難過，它四千年後還會回來！

當然有些行星總是在改變，尤其是木星和土星。木星的雲帶在過去幾年中一直出現強烈的變動，而土星上則發生了劇烈的風暴。相當值得持續關注。

Q034 未來的觀星者會看到如我們現在所看到的北斗七星、獵戶座腰帶、老鷹星雲等這些星星的排列嗎？

凱夫（斯坦福德郡）

根據我們目前的預測，未來不會有可偵測到的改變，但是當然如果是一萬年或是更久之後，這些星座一定會有改變。舉例來說，大熊座會扭曲，因為它的兩顆星（瑤光與天樞）在太空中是以與其他五顆相反的方向移動，遠離對方的。但是這些星星在太空中的移動實在太慢了，所以很難用肉眼看出來。提醒你，一百萬年之後再回來，天空就會變得很不一樣。隨著時間過去，星座會因為星星的移動而變形，新的排列也會變得明顯。就連星雲也會隨著它們的中心出現氣體與塵埃生成的星星而改變，不過這個過程會需要幾百萬年的時間。

Q035 如果我們可以把時間快轉十億年，那時候的天空會是什麼樣子？會有多少星星不再存在？

安德魯斯（蘭開夏，利鎮）

如果快轉那麼長的時間，所有星座都會有非常大的改變，到時候我們已經認不出來那片天空了。除此之外，我們也無法辨識一些我們熟悉的星星，例如獵戶座的參宿七，到了那時候一定已經經歷了紅巨星的階段，也許在超新星的爆炸中死去。同樣的事也會發生在我們鄰近星系中的很多大質量的恆星上，不過也會有更多的恆星在天空中的其他位置出現。

Q036 如果把太陽系從銀河中拔出來，然後完整地放在太空中另外一個空曠的區域，我們會變好還是變糟？

伍德（赤爾滕納母）

這個嘛，我們會悲慘很多，因為我們只能看到自己太陽系的天體，對於星星會一無所知。事實上，我們的知識會被局限在很小的範圍內，有點像是去倫敦但只參觀維多利亞車站而已。一定要記得，天文學是最古老的科學之一，是古代文明不斷地重寫，增進我們對宇宙的了解的成果。

月球

觀測

Q 037 我記得一九七〇年代晚期，在我還小的時候參加了一個朋友的生日派對，那天的月球在天空中看起來好大。我記得很多人都在說，那個月球大得有多麼地不尋常。要怎麼解釋這種視覺上的錯覺？

沃林（北威爾斯）

事實上，位置較低的月球看起來不會比高掛的月球大，但當然大家會這樣以為。「月球錯覺」在很久以前就為人所知了，而且這個現象曾經由托勒密這位古代最偉大的觀測家之一加以描述。這種現象的成因其實不如想像中容易解釋。托勒密的解釋是，當月球位置較低時，我們會透過「擁擠的空間」看到它，因此可以拿月球和樹木、山丘之類的物體相比較。當月球高掛在天空中，就沒有東西可以和它相比，所以看起來就沒那麼大。

我們其中一人（摩爾）曾經針對這個題目做過一集《仰望夜空》，同樣在節目上的還有已故的葛瑞格教授。在滿月的晚上，我們到塞爾西海邊，帶了一面可以反射月球影像的鏡子，因為鏡子可以配合月球的高度傾斜，我們想知道位置較低的月球看起來是不是真的特別大。我們發現，雖然實際的大小是一模一樣的，但「看起來」的確比較大。我們也徵求了海灘上許多度假的遊客幫忙，請他們選一粒石頭，代表他們估計的滿月大小，藉此比較大家眼中的月球大小到底和實際的大小差多少。大家都錯得非常離譜。所以下次滿月的時候，你可以自己試試看，你就會懂我的意思了。

總而言之，托勒密的解釋好像是對的。月球錯覺非常明顯，但這也就只是個錯覺罷了。

杜夫（倫敦）

Q038 「藍月」到底是什麼？*

這個問題有兩個答案，兩個都很容易理解。如果在一個月份裡出現過兩次滿月，那麼第二次滿月就稱做「藍月」。這還滿常見的，一個月相的周期（也就是兩次滿月之間的時間長度）是二十九・五天。如果有一次的滿月發生在二月以外的某月一日，那麼在二十九天後的月底一定會再出現一次滿月。而因為我們曆法的特性，藍月只會出現在二月以外的其他月份裡。

至於為什麼是「藍」？看起來根本不是藍色的啊！這個名字是一九三七年一份美國期刊《緬因州農民曆》的誤植，但為什麼那麼冷門的期刊裡的一篇文章會傳遍世界倒是沒人清楚，不過這篇文章廣

＊藍月這個名詞最早是在一五二八年出現於一位對英國猛烈抨擊的英國僧侶的小冊子中：「如果我說衛星是藍色的，我們必須相信它是真實的。」另一個可供選擇的意義與復活節有關。教會有責任經由複雜的計算確定復活節的滿月，而在古老英文中的「belewe」，其意義為「藍色」或是「賣國賊」。

為流傳，也因此這個名字被沿用至今。*

不過你也能看見真正的「藍」月。在一九五〇年九月二十六日晚上，我們其中一人（摩爾）在索塞克斯的東格林斯特觀測，寫下紀錄：「月光從有薄霧的天空灑下，那帶有輕微的美麗藍光——像是電光，絕對不同於我曾看過的任何景象。」這種景色不只在東格林斯特能看見，在接下來的四十八小時裡，世界各地都有人回報看見了藍月，甚至還有藍太陽！原來是當時加拿大發生猛烈的森林大火，使大量塵埃盤旋在高空的大氣層，造成那種奇異的效果，持續時間大約為一周。

Q 039 地球和太陽之間的距離是否會依照月相有所改變？

克瑞芬（英格蘭，洛契斯特）

月相和距離沒有直接的關係，但是當然在新月的時候，月球位在地球面向太陽的那一面，比地球略靠近太陽一些些；在滿月的時候，地球位在月球和太陽的中間，所以比月球稍微靠近太陽一些。不過別忘了，月球距離地球最多只有四十幾萬公里，所以這些影響其實不是很大。

為了將月相與其他現象——例如氣候——聯繫起來，人們做過各式各樣的努力。我（摩爾）曾經進行長期的研究，試圖了解我的家鄉塞爾西的氣候是否和月相有任何關連，結果我什麼也沒有發現。我想我們可以說，這種影響都是微乎其微的。

Q040 我們總是看到月球的同一面，從來看不到背向地球的陰暗面。如果這是真的，月球怎麼能維持這個中性的狀態數百萬年？這是巧合或是有原因的？

克瑞芬（英格蘭，洛契斯特）

這當然是有原因的。說說月球的「陰暗面」也很重要。月球繞地球一圈要二十七．三天，或者更精確地說，這是繞所謂地月系統的「重力中心」一圈的時間，不過因為這個重力中心就在地球裡面，所以簡化成「月球繞著地球轉」，大致上是沒問題的。而月球繞著自己的軸自轉一圈的時間也相同，月球上的一天，就是地球的二十七．三天。月球一直都用同一面面對地球，但面對太陽就不是這樣了。

造成這種現象的原因是潮汐摩擦力。而在太陽系形成的初期，月球比現在更接近地球，但也因為潮汐摩擦力的影響，使月球慢慢往後退，之後維持現在的狀態達很長的時間。在太空時代之前，我們對月球總是背對我們的那一面一無所知，等到終於可以把火箭送上月球，我們得以取得另一面的相關資訊——結果是，那裡和我們熟悉的這一面一樣多山、多坑洞，而且沒有生命。

＊誤植發生在一九四六年，對一九三七年《緬因州農民曆》的誤解。原本是一季三個月中出現四次滿月中的第三個滿月，不是對藍色誤解。藍色是因為在歌曲中以藍月形容罕見的現象。在一九八〇年一月三十一日在「Stardate」的通俗廣播節目中引用藍月是一個月中的第二個滿月的說法之後，這樣的定義才被廣泛的使用。

其他行星的所有主要衛星也都是這樣轉的，稱為「擄獲轉動」或「同步自轉」。目前我們完成的月球地圖不只有靠近我們的這一面，還有背向我們的那一面。

軌道與潮

Q041 為什麼月球比太陽小四百倍，和我們的距離也比太陽近四百倍，結果在天空裡看起來兩個剛好一樣大？

亞伯（多塞特，波恩茅斯）

這只是巧合，只是這樣而已！我們非常幸運，因為如果不是這樣，我們就看不到完整的日食或月食了。大家經常會懷疑為什麼會這樣，但就是這樣。很有趣的是，這種情況在太陽系裡是絕無僅有的。如果你能去木星（但是你不行！），木衛一看起來會比太陽還大；因為兩者的大小看起來不完全一樣，日食的現象也就沒那麼壯觀。

事實上，就算你能去任何行星，都無法看到像地球上一樣的情形。舉例來說，火星有兩個衛星，火衛一和火衛二，但是如果你能上火星去看，這兩顆衛星看起來都比太陽小。當它們通過火星和太陽的中間時，看起來會像是飛過太陽的小圓盤，二〇〇四年的火星車「機會號」就曾拍到這樣的影像。

Q042 如果我們有兩個月球，地球會是什麼樣子？

瑪麗李（東索塞克斯，布來頓）

這會依照第二個月球的大小而定，而且這個月球可能會比現在的月球距離地球更遠。當然它還是會讓我們感覺到它的存在。比方說如果兩個月球同時是滿月，那我們的夜晚會變得更亮。更重要的是，第二個月球可能也會像現在的月球一樣造成潮汐，那麼整個情況就會變得超級複雜了！

當然也有的行星有好幾個衛星。火星就有兩個，火衛一和火衛二，但是它們的直徑都不超過三十二公里。巨大的行星會有一整個家族的衛星。木星有四個大衛星還有一整堆的小衛星，土星有一個很大的衛星，土衛六（又稱泰坦），還有好幾個大小適中的衛星，以及五十多個非常小的衛星。天王星有五個主要的衛星，海王星有一個，不過這兩顆行星也都有很多小衛星。

庫伯拍到的滿月照片。

Q043 月食對地震有影響嗎？其他的行星排成一直線的話，會不會有影響呢？

阿金斯頓（北約克郡，諾塔勒頓）

不，月食對地震一點影響都沒有。曾經有說法是，各行星可能會排成一直線，並且對地球造成影響，但是這些影響就實際層面而言都太輕微了，我們根本可以置之不理。

當然日本的確在○一一年十二月的月食後發生了大地震，但那只是巧合。

Q044 「地月系統」是雙行星系統嗎？如果不是，為什麼呢？

史東尼（伍斯特郡，馬爾文）

這是一個非常有意思的問題。地球和月球環繞著同一個重力的中心移動，稱為「重力中心」；但是地球的質量是月球的八十一倍，重力中心就在地球的中間。最常見的雙行星系統定義是，質量中心必須位在這兩個天體的表面之外，而根據這個定義，地球和月球並不是雙星系統。

真正的雙星系統在太陽系裡的例子屈指可數，因為太陽系裡大部分都是小行星。最大也最出名的雙星系統，是冥王星和它最大的衛星冥衛一（又稱凱倫星）。冥衛一的直徑大約是冥王星的一半，質量是它的十分之一，它們的重力中心位在冥王星的地表外。

在太陽系八大行星的衛星當中，我們的月球是相對於主星最大的衛星。雖然有一些衛星都比月球大（木星系統裡的三個，土星系統裡的一個），但它們都環繞著質量更大的行星。所以地月系統是很特殊的，我（摩爾）認為這是雙行星而非行星與衛星系統。

Q 045 為什麼月球每二十四個小時才完成一圈公轉，但我們在二十四小時內卻有兩次潮？

奈吉爾（威爾斯，康威）

潮汐的理論非常複雜。太陽和月球都會在地球上造成明顯的潮汐，但是月球的力量比太陽強多了。想像整個地球都布滿一片淺淺的海洋，而地球和月球都靜止不動，此時月球的重力，會讓海水累積在重力最強的那一邊。到這裡都沒有問題，但是乍看之下，人很難理解在地球的另外一邊怎麼會有第二次的漲潮。很多書的解釋都有點讓人難以理解：它們說固態的地球只是被拉離了海水，所以我們暫時假設宇宙裡只有地球和月球，而且因為彼此的重力拉扯，使兩者互相往對方的方向墜落。再進一步，讓我們想像月球是靜止不動的，但是地球被拉往月球的方向。最接近月球的那一點就是加速力大於平均值的地方，所以水都會聚集在那裡，這樣的結果就是漲潮。而另外一頭的情況就正好相反，加速的力量會比平均還小，所以相對於被月球拉過去的地球表面，這個區域的水就會被「留下來」，而有水隆起的現象，造成類似的漲潮。當然地球並沒有朝月球墜落，而是因為兩者都繞著相同的重力中心轉動，所以兩者維持著適當的距離，每二十七．三天完成一圈公轉。除此之外，地球又會每二十四小時自轉一圈。顯然，堆高的水——也就是漲潮——不會跟著轉，而是會保持在「月球下面」。因此，二十四小時裡，每次的海水上漲好像都會席捲整個地球，而每天每一個區域就會有兩次的漲潮和兩次的退潮。

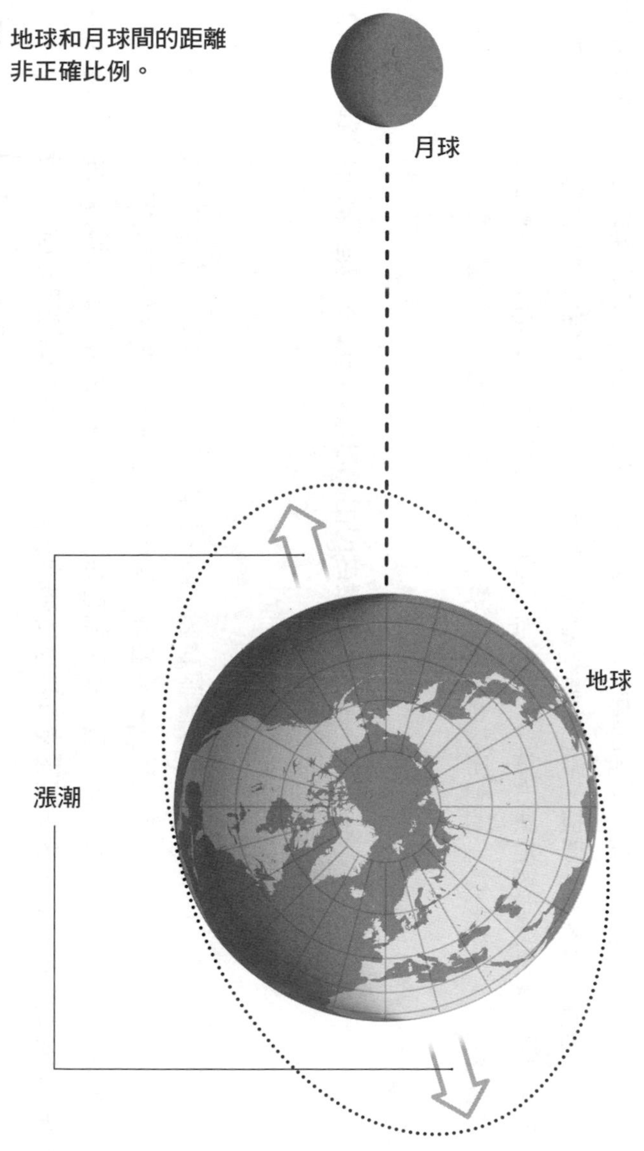

在月球的重力拉扯下，在地球的兩邊都會造成漲潮。

還有很多複雜的原因，不過大致上就是我們剛剛描述的情況。舉例來說，如果你在漲潮的時候看月球的位置，你會發現它其實不是在正上方，而可能是非常接近地平線。這是因為水的黏度會讓它被推到超過月球正下方的那個點。

另外也有太陽造成的潮汐，雖然這些太陽的潮汐都比月球的潮汐弱，但還是會有影響。太陽和月球在滿月和新月的時候會「攜手」產生拉力，我們稱之為大潮，英文是「春潮」，但其實和春天一點關係也沒有。而在弦月的時候，太陽和月球的潮汐會朝著不同的方向，我們稱為小潮。

陸地其實也有潮汐，但是通常會被置之不理，因為陸地是固態而非液態，而且陸地的潮汐真的非常弱。

Q 046 月球在遠離地球，但是什麼力量把它拉離軌道的？

克拉克（倫敦，泰晤士米德鎮）

我怕講起來會太複雜，不過我們儘量簡單一點。關鍵在於所謂的「角動量」。一個物體繞著一個點或軸移動的角動量，是計算它的轉動或旋轉程度而來的。計算方法是物體的質量、物體和移動中心距離的平方，以及角運動速率（也就是軸的轉動速率）三者相乘。根據一項著名的原則，角動量永遠無法被摧毀，只會被轉換。如果軸轉動的速度慢下來，就像是地月系統因為潮汐力造成的情況，那麼其他的東西就必須要增加，而這所謂「其他的東西」就是兩個星體之間的距離。

就算到了現在，這個過程都尚未完成，因為月球對地球的潮汐力依舊在幫我們的轉動踩煞車。每一天大約都比前一天長了〇．〇〇〇〇〇〇二秒，不過還是有和月球無關的一些不規則變動。另外，月球還是在遠離我們。但月球與地球的距離每年大約只增加三公分，所以我們也不用擔心它即將消失在我們眼前，而急著研究它！

事實上，月球不會無止盡地一直後退。如果它退後到五十六萬多公里以外的地方，它就會再度往前，這是太陽的潮汐效應造成的，而且最後它會破碎成一堆粒子——但這不會發生，因為在那個關鍵階段發生之前，地球和月球都會先因為太陽膨脹成一顆紅巨星而被毀滅。目前為止，我們應該可以確定月球有好一陣子不會發生這麼戲劇性的事。

Q047 月球在四億年前（泥盆紀初期）和地球的距離是多遠？當時的潮汐和現在相比有多高？

利澤（西約克郡，伊爾克利）

目前月球與地球的平均距離約三十八萬四千公里（軌道當然是些微的偏心圓）。今天，大部分的天文學家都相信月球是原始的地球受到巨大撞擊後所形成的，一開始月球和地球也非常接近。潮汐摩擦力已經造成了月球以每年約四公分的速率後退。「泥盆紀」（Devonian）這個名字和英文裡的「德文郡」（Devonshire）這個地方有關，因為這個時期的岩石在德文郡很常見。泥盆紀大約是四億零八百萬年前開始的，而隨後的志留紀則是生命開始發展的時期。在泥盆紀初期，只有早期的陸生植物、兩棲類動物、昆蟲，以及蜘蛛。泥盆紀是一段溫暖的時期，現在的格陵蘭、蘇格蘭西北部，以及北美洲可能在當時都是同一塊陸地。

月球當時已經後退了大約三十二萬公里，繞重力中心一圈的時間大約是十八小時，所以那時候月球的一天比現在短很多。因為月球當時比較近，所以潮汐大約比現在的高一半。過一段時間後潮汐才比較緩和；在接下來的石炭紀，潮汐的確變得比較緩和，這是煤系地層形成以及最早的爬蟲類出現的時候。

Q 048 為什麼我們有時會在天空的同一區域看見月球和太陽？

湯馬施（約克）

好的解釋方法就是讓你想像太陽在天空中靜止不動，而月球一個月（其實是二十七．三天）會繞著地球一圈。如果是這樣，在每一次的公轉過程中，地球上的任何人都會看到一次月球和太陽很接近的現象。如果月球直接通過太陽前面，那就會造成日食。

當然，這三個星體其實都在移動，但我們在地球上，會覺得在天空的同一個地方看到月球和太陽。當月球接近太陽時，是很難看得見的，但是當兩者距離較遠時，我們就能清楚地看見月球。當月球在軌道上移動，我們會看見它的亮面範圍改變，我們稱之為「月相」。

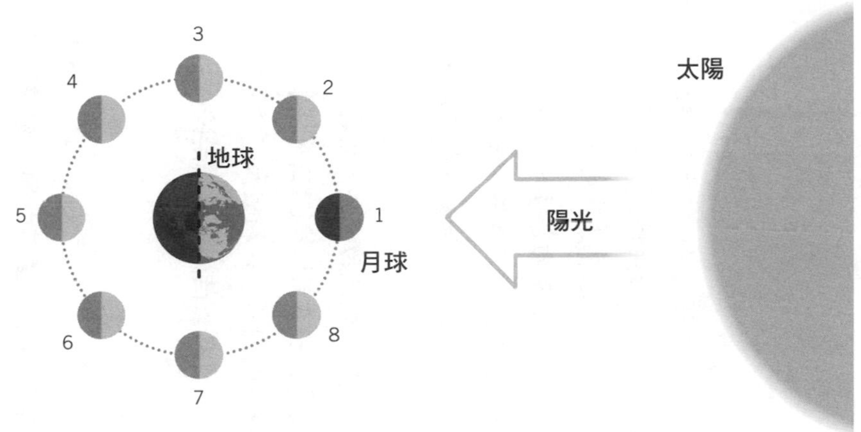

注：非正確比例

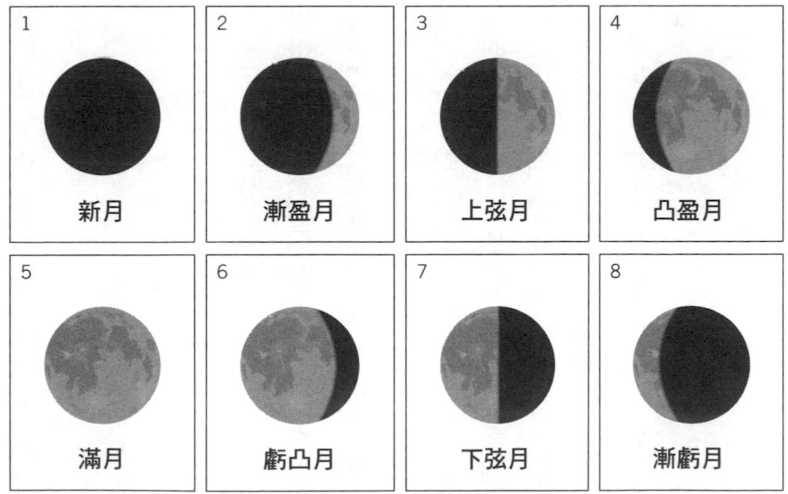

隨著月球繞行地球，面向地球的這一面被太陽照亮的範圍會隨著時間改變，而造成各種月相。

Q049 火山爆發、隕石撞擊、核子爆炸、火箭發射等等，會不會影響行星或衛星運行的軌道或速度？

沃爾得（列斯特）

我們先考慮地震。如果地震很劇烈，例如日本在二〇一一年的大地震，那麼可能會稍微影響地球的自轉周期，但因為影響太小，所以實際上是可以被忽略的。舉例來說，日本二〇一一年的大地震讓一天的時間縮短了百萬分之二秒不到的時間，所以根本不需要調整你的手錶！火山也可能造成很輕微的影響，核子爆炸、火箭發射等等則因為太過微弱，對於繞太陽的公轉或轉速，根本沒有任何測量得到的影響。

隕石是在地球大氣層中未燃燒殆盡而墜落在地面的流星體。它相對於地球根本只有芝麻大小，完全不會有任何影響。不過，過去地球曾經被比較大的物體撞擊，大部分的天文學家都相信，月球就是地球被火星大小的天體撞擊後所形成的。如果這種事再次發生，就我們的觀點而言，結果會很嚴重；可是現在看起來發生的機率是微乎其微。在近代，曾經有大型的天體撞上地球，比方說一九〇八年的西伯利亞撞擊，不過就算是那一次，也不足以將地球撞離軌道。這種撞擊的效果，就像是對一隻暴衝的河馬丟一粒烘過的豆子，想阻止牠繼續奔跑一樣！

Q050 我們很少聽見關於在一九八六年發現的，地球的第二個「月球」克魯特尼的事。它和地球間的路線關係，是不是依舊不規則？為什麼人類沒有探索這顆衛星的計畫？

海曼（倫敦）

三七五三號小行星克魯特尼是一九八六年時，由沃壯發現的一顆再平常不過的小行星，它只是剛好有著滿不平常的軌道。這顆小行星非常小，直徑大約五公里，大約每二十七小時自轉一周。它的最高星等亮度是十五，也就是說比冥王星還黯淡。我（摩爾）曾經用十五英寸（約三八〇毫米）的望遠鏡看過它，但也花了一番功夫。

就某些方面來說，它的軌道奇怪之處在於和地球很像。它和太陽的平均距離與地球和太陽的距離幾乎一樣，就是一個天文單位，而且它傾斜的角度也是大約二十度，但是它的軌道比地球奇怪多了。它和太陽的距離最遠有一．三個天文單位，最近是〇．六個天文單位。這表示它似乎是陪著地球繞太陽轉，而且會定期靠近地球，只是對我們沒有危險。曾經有人說克魯特尼走的路線，相對於地球來看就像是一粒碗豆的形狀，不過它在公轉時也會一度非常接近火星。

雖然它的軌道看起來和地球有關，但這個模式並不會永遠不變。安排探索任務目前看起來沒有什麼實質意義，因為我們對它的了解已經足夠，除了它目前的軌道之外，這顆衛星也沒有什麼不一樣。

另外還有一至兩顆這樣的小行星，比如說小行星五四五〇九號的約普以及八五七七〇號的 1998 UP1。不過我們說清楚吧：克魯特尼是一顆有個不平常軌道的平凡小行星，不是地球的第二顆衛星。一九〇年發現冥王星的湯博曾經仔細地尋找地球的其他小衛星。但他一顆都找不到，而且現在應該也可以安全地說，我們沒有第二顆直徑大於三十到六十公分的衛星。火星有四顆共同軌道的小行星，最大的一顆是尤里卡。目前就我們所知，金星沒有任何的共軌小行星。

日食月食

Q051 月食是地球將影子完美地落在月球上嗎？

法蘭克林（里茲）

月食指的是月球通過地球投射的影子這個過程。地球的影子分成兩個部分：「本影」（又稱「暗影」）是地球阻擋整個太陽的光線所造成，「半影」是地球只遮住部分的太陽圓平面。地球的本影在月球上的邊緣輪廓很明顯，在月全食的時候，整個月球都會被陰影遮住。並非每次月圓都會發生月食，因為月球的軌道和地球軌道並不在相同的平面上。

在月全食的情況下，陽光會直接被阻擋，不會照到月球上。但是月球（通常）不會完全消失，因為地球的大氣層還是會讓光彎曲，或是折射到月球表面。因為藍光比較容易被地球的大氣層散射，所以月球表面看起來會是紅色的。法國天文學家丹容曾經為月食建立了一個從〇（非常暗）到四（銅色或橘紅色，帶有明亮的藍邊）的量表。當然在月食時，所有到達月球的光都必須通過地球的大氣層，而且一切都依照當時的大氣狀況而定。比方說，火山爆發後大量的塵埃會被送到地球的高空，若此時發生月食，就會阻擋光照到月球上，所以這時的月食就是「暗」的。

月食不像日食那麼耀眼，而且老實說，它們也不太重要。不過還是值得一看，而且也有它們自己的美。

Q 052 為什麼月食只會在滿月時出現？

帕克（里茲）

這只是因為在那個時候，地球、太陽、月球會排成一直線，而地球位在兩者中間。這表示只有在這個時候，地球的影子才會落在月球上。月球軌道的輕微傾斜代表了月食不會每次月圓時都發生。

Q 053 上次的日全食可以從英國看到，我當時在天空中還看到一個漂亮的行星。我絕不會忘記那個景象，真是太驚人了！為什麼我們沒有聽過人家說在日食時看見其他行星的事？

帕克爾（多塞特，基督城）

日全食的時候當然有可能看見其他明亮的行星和恆星，但是在日全食的時候，為什麼還要浪費時間去看其他的星體呢？日全食是非常特別的事件，你可以看見太陽的日冕還有日珥，這也許是自然界最壯觀的景象了，而且也不會經常發生。如果你在前幾次的日全食時住在英國，那時候是一九二七年和一九九九年（不過在一九五四年，日全食曾經短暫發生在北蘇格蘭），下一次英國看得見的日全食會是〇八一年九月三日，而且在海峽群島才能看見；二〇九〇年要在南愛爾蘭與康瓦耳，才看得見。所以如果你想早點看到下一次，那麼應該需要買張飛機票了。

如果你想在日全食的時候找其他恆星和行星，也沒有什麼不行；不過要記得，日全食會突然結束，一旦太陽明亮的表面重新出現，這樣的太陽就和沒有日食的時候一樣危險。我們的建議是：別管那些恆星和行星了，把時間花在讚嘆太陽吧。

日全食的照片，由克里斯羅於二〇〇六年在土耳其所拍攝，當時正在錄製《仰望夜空》。太陽的光全部被遮蔽了，可以看到結構完整的日冕。

Q054 地球的軌道不是圓形的，和太陽的距離也會改變。如果在我們最接近太陽時發生日食會怎麼樣？

史賓賽（東索塞克斯，窩辛）

地球環繞太陽的軌道的確不是正圓形，如同地球與太陽之間距離會改變，從地球看太陽的視直徑也會改變。同樣的，月球也繞著地球轉（或者更精確地說，繞著地月系統的重力中心轉），但是也不是正圓形的軌道，所以它的視直徑也會不一樣。

最重要的一點是，月球與地球的距離是可變的，從四十幾萬公里到三十六萬公里左右都有可能。如果日食在地球最接近太陽、月球最遠離地球的時候發生，那麼月球的影子就不足以完全遮住太陽。如果排列得非常正確，那麼太陽光的環就會出現在月球的圓黑影周遭。這就是日環食（eclipse），英文裡的 annular 就是拉丁文「環」的意思。這種日食也是很迷人的景象，但不如日全食那樣壯觀，因為這時候你看不到日冕也看不到日珥。一定要記住的重點是，在日環食的時候，不要直接用任何望遠鏡看太陽，因為沒有被遮蔽的日光環讓太陽和沒有日食的時候一樣危險。

Q055 太陽系裡有沒有其他地方可以看到「食」的現象？

葛瑞（索立，吉爾福德）

有，但是沒有其他例子是觀察者位在行星的表面，看見一顆衛星的大小剛好足以遮住太陽。舉例來說，想像一個人站在土星的「表面」（這當然不可能，因為土星的表面都是氣體），而土星所有的主要衛星，最遠的例如泰坦星，從土星看起來好像都比太陽大，所以當它們從太陽前面通過，就會完全遮住太陽，而不會有日冕或日珥。相反的，如果在火星的表面觀察，最大的火星衛星——火衛一看起來就太小了，不足以遮住整個太陽。所以沒有其他地方是可以剛好看到像在地球看到的這種全食，也因此地球是唯一可以用肉眼看到日珥的地方。

形成與撞擊

Q056 為什麼地球的月球是圓的，但其他行星的衛星是不規則的形狀？這是怎麼形成的？

沃德（索色蘭，布洛拉）

地球的月球太大了，並且有「分化」——換句話說，它有核心也有外殼。星體必須夠大、密度夠高，才能發展成這樣的球型，其他行星的一些衛星是沒有這些條件的。一般來說，橫向寬度超過三百二十二公里的物體才有成為球體的能力。而這麼大的物體的表面重力，會強到足以把任何大型的不規則夷平。

唯一形狀完全不規則的主要衛星，是土星的土衛七。它的最大直徑超過三百二十二公里，但是密度非常低。這顆衛星似乎是由水結成的冰以及少數岩石所組成的，所以密度不足以讓它分化。有人認為土衛七原本是現在的兩倍大，只是碎裂成一半了。這也不是不可能，不過如果是這樣，那另外一半呢？

而關於月球的形成，月球從何而來的爭論一直都沒停過，就算是現在，我們也不能假裝自己已經很確定了。

最早廣為接受的理論是在一八七八年，由G．H．達爾文（提出演化論的達爾文的兒子）所提出的。他認為地球和月球一開始是一體的，但因為自轉得太快，以致於這個球體裂開了一部分，變成了月球。後來有些權威人士，尤其是費雪，相信月球脫離地球時留下的盆地現在已經被太平洋覆蓋。這些聽起來都很合理，但卻在數學上有些關鍵的反對意見：被甩出去的物質不會形成月球這種大小的球體，而且月球的直徑是地球的三分之一，而太平洋的深度和地球的直徑相比，根本就微不足道。因此，現在全世界都否定了達爾文的理論。

尤瑞後來提出了「捕捉理論」：月球和地球一樣是從太陽星雲中生成的，原本是一顆獨立的行星，過了一陣子，兩者因為重力產生連結。然而這個理論需要一組很特別的條件才能成立，而且也不能解釋月球的密度為什麼會比地球小那麼多。所以尤瑞的理論也被否定了。

一九八四年，哈特曼和戴維斯都提出「大撞擊理論」。這個理論認為地球大約四十億年前，和一個約為火星大小的星體發生撞擊。這兩個星體的核心融合在一起，而四處飛散的碎粒後來就結合成了月球。撞擊的當時因為釋放太多的能量，所以剛形成的月球外殼被融化，變成很深的球體岩漿海。在接下來的一億年裡，年輕的月球中密度較高的元素漸漸往下沉，形成月球的核，較輕的元素則往上浮，形成月球表——這個過程就是「分化」。接下來則是「大轟炸」的階段，地球和月球被太陽周圍較小的物體東敲西撞，使兩者都布滿坑洞。我們現在還是看得到月球上的坑洞，但地球上大部分的坑洞已經被風力、水力，以及地殼板塊的移動給侵蝕或消除了。這是目前一般所接受的理論，不過要全盤接受還是有些困難，而且有些權威人士對此保持懷疑態度。尤瑞曾經表示，既然所有關於月球起源的理論都不足以讓人滿意，那麼科學就已經證明月球根本不存在了！

Q 057 月球的公轉方向是不是從形成以來，就和地球自轉的方向一樣？

阿特金斯（美國奧勒岡州，波特蘭）

也許是，不過就如我們在其他問題中看到的，我們沒有辦法確定月球是怎麼形成的。如果「大撞擊」理論是對的，那麼一切都以同樣的方向轉動，但當然我們很難知道在大撞擊出現時，到底發生了什麼事。

除了海王星最大的衛星海衛一之外。在太陽系裡沒有其他主要衛星轉動的方向和它們的主行星相反。似乎可以肯定海衛一是古柏帶中一個獨立的星體，只是被海王星捕捉了，因此這是一個特例。老實說，我們目前的了解也只有這樣而已。

Q 058 如果月球上布滿小行星撞擊的證據，為什麼我們現在沒看到小行星撞擊它？

吉林罕（北安普頓郡，克特陵）

我們要記得，月球上所有的坑洞以地球的標準來說都已經很古老了。在過去十億年裡，大轟炸式的撞擊已經很少發生，不過月球沒有大氣層，所以這些衝擊造成的坑洞都還是很明顯；相反的，當時在地球上所造成的坑洞大部分都已經被侵蝕磨平了。

如果現在還有撞擊，就算是小型的撞擊，望遠鏡和現代的記錄儀器應該都觀察得到它們。月球上有一些閃光出現的紀錄，有些是觀察者親眼所見，甚至還拍到了照片，不過我們從來沒在閃光發生的地點發現坑洞。此外，你可能會預期大型的撞擊會造成一段時間可見的塵埃雲，接著才會落在月球表面，但這種現象也從來沒有被觀察到。

大家經常說，流星雨會讓月球上出現可見的撞擊。但這個說法滿值得爭議的。我們其中一人（摩爾）抱持的意見是，流星雨的隕石只有沙粒般大小，太小了，根本不可能造成地球上看得見的閃光；其他觀察者相信，我們看到的確實是微小天體撞擊月球的現象。現在還是公說公有理，婆說婆有理。

Q 059 曾經有人觀察到月球坑洞的形成嗎？如果有，最後一次是什麼時候發生的？

巴頓（南艾色克斯，鐸丁賀斯特）

我們從來沒有觀察到任何大型坑洞的形成，因為如同我們先前說過的，所有月球上的大型坑洞都已經很古老了。不過，我們曾經製造過我們自己的坑洞。登月探測船「史邁特一號」和「月坑觀測與感測衛星」（LCROSS）是刻意飛到月球裡面的，世界各地的望遠鏡以及在月球軌道上的衛星都拍攝到了當時的撞擊。

在太空中會有小塊的岩石飛過，有些會撞上月球，而因為月球沒有大氣層，所以應該隨時都有小坑洞形成。不過，關於月球的改變還有一些很有意思的歷史資料，其中一項是有人在一一七八年目擊的一起事件。中古世紀在坎特柏立的傑里瓦西，撰寫過一本編年史，裡面就對這起事件有所描述。而根據一九七六年的哈頓，這段從原本的拉丁文敘述翻譯過來的文字如下：

在今年的聖約翰主保日之前的周日，日落後，月球剛開始出現的時候，有五、六個面對月球坐著的人看見了驚人的現象：在月球的角通常是往東方傾斜的這個時候，上方的角突然裂成兩半。從分裂的中心點冒出了燃燒的火炬，泉湧而出到相當遠的距離，有火焰、熱煤炭，還有火光。此時，月球的主體痛苦地翻滾，彷彿焦躁不安。用那些目擊此事並告訴我的人的話來說，月球像是一條受傷的蛇般抽動。後來它又回到正常的狀態了。這個現象重複了十幾次，甚至更多次。火焰不穩定地呈現各種扭曲的形狀，接著又回歸正常。在這些轉變之後，月球從上方的角到下方的角，也就是沿著整個的長度，外表呈現出黑色。親眼看到這些現象的人前來告訴筆者，他們願意用自己的名譽發誓，對上述的描述沒有任何加油添醋。

他們所謂的「角」就是新月的端點，而他們描述的現象，似乎很符合月球接受相當大的衝擊時應該會發生的事。哈頓在調查後的結論是，這些人可能完整地看到了布魯諾坑形成的過程。這個坑就位在描述中所指出的地點（接近漸盈月的上方頂端），而且似乎是月球上較年輕的坑洞之一，估計約存在八百年左右。從它相對明亮的外表以及依舊散發出輻射紋的特徵，可以判斷出它存在的歷史較短；因為輻射紋會被後續的撞擊侵蝕。

對於這段描述的解釋是，那些人可能是，也可能不是見多識廣的天文學家，他們看到了衝擊的物質被日光照亮所形成的閃光，而把這解釋成火焰與火光。整個新月變得黯淡則可能是因為塵埃暫時覆蓋了整個月球，不過這個現象發生得這麼快會讓人感到驚訝，因此也可能只是地球大氣層的雲遮住月球而已。

當然，這些觀察可能都是無法證明的。坑洞的形成應該會在地球大氣層中創造出明亮的流星雨，這在當時應該也會被記錄下來，而因為缺乏這種流星雨的證據，上述的假設就比較站不住腳，但想像我們可能有一份關於這種重大事件的書面紀錄，是讓人無法抗拒的誘惑。

Q 060 如果有小行星撞上我們的月球而不是地球，會發生什麼事？

達克沃斯（泰恩威爾，華盛頓）

如果有大型的小行星撞上月球，會造成非常大的坑洞！這在過去當然曾經發生：比方說，範圍廣大的「雨海」就是衝擊造成的。但是「大轟炸」的時代已經結束了，雖然我們沒有理由假設未來還會發生重大的撞擊，不過地球其實比月球更有可能被撞上，因為地球的重力比較強。

我們不可能預測這樣的撞擊什麼時候會發生——如果真的會發生的話；不過也絕對不能抹殺這個可能性。

Q 061 月球背面會形成坑洞，是因為地球保護了月球面對我們的這一面嗎？

庫克（布里斯托，亞特）

月球面對地球與背對地球面的坑洞差異是許多原因所造成的。當然，地球保護了月球面對我們的這一面是其中一個原因。在地月系統形成後的長久以來，月球就一直以同一面面對地球。此外，在遙遠的那些日子裡，月球必定曾經有過某種大氣層，但可能很快就消失了。月球的內部過去也很活躍，到處都有火山爆發，最後造成兩側很大的不同。在比較遠的那一側，沒有像面對地球這邊的「雨海」一樣那麼大的海。針對月球內部的研究已經顯示，遠離地球那一面的月球外殼比面對地球這面的還要厚上許多。對此有很多可能的解釋：比方說，兩面所經歷的潮汐差異造成了結構上的差別——可是目前還不清楚這是不是真的。

最近的電腦模擬顯示，在月球較遠處的外殼較厚，可能是因為第二月球的撞擊所形成的。第二月球可能只是在形成現在的月球的相同撞擊中形成的，而且最後可能在同樣的軌道上停留了數千萬年。不過最後，這個軌道可能變得不穩定，因此假設比較小的第二月球有可能從後方（以我們的角度來說）撞上了月球。如果衝擊發生的時候，月球還在冷卻的過程中，那麼它的表面下還會有小型熔融地函。這個模擬顯示，第二月球的撞擊可能讓背對地球那一側的月球覆蓋了某種相同的物質，而在外殼中被觀察到。並且把地函移到了面對地球這一面。

雖然這個理論可以解釋這些觀察，但還是很難證明。來自第二個、較小的月球的物質會比較快速冷卻，因此會表現得較為古老。也許當「重力回溯及內部結構實驗室」（GRAIL）的雙衛星在二〇一二年初進入月球軌道後，會得到證實或是推翻這個理論的證據。

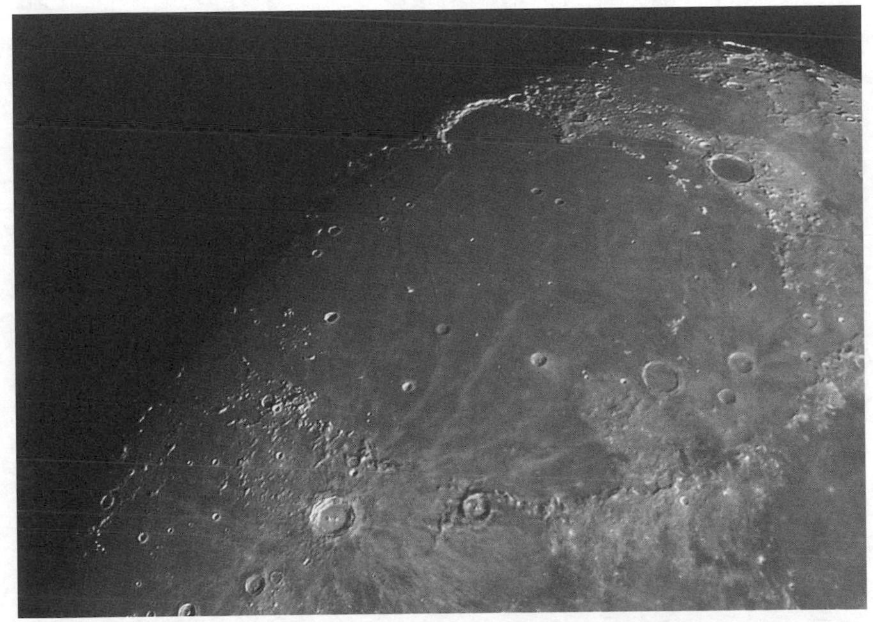

雨海是「月海」之一，是數十億年前的重大衝擊所形成的，後來被熔岩填滿。從庫珀的照片可以清楚地看到這種火山物質比周遭的地帶顏色更深。

神祕現象

Q 062

月球上有「月渦」，通常就位在大型撞擊盆地正對面。為什麼這些撞擊盆地是數十億年前形成的，但現在還看得到月渦？

羅能（倫敦，愛犬島）

這些特徵完全就是個謎團，我們對此還無法有完整的解釋。這種渦狀並不多，而且看來它們和月球核心還是熔融狀時的撞擊有關。目前還不確定這和磁力有沒有關係，月球現在沒有可偵測到的全面磁場，但很有可能在過去核心還是熔融狀的時候是有磁場的。不過核心維持熔融狀的時間並不久，月球的小尺寸代表它冷卻的速度會比地球快很多。

Q 063

陰謀論者告訴我們登陸月球是一場戲。如果登陸月球是真的，想必現在地球上的望遠鏡還是可以看到登月小艇與發射台吧？

塔格特（倫敦）

當我們聽到這些陰謀論時，直覺反應就是看看周遭有沒有坐在白色休旅車裡的人！老實說，要假裝登陸可能比真的登陸還要困難。我們可以對相信人類從未登陸月球的人說什麼呢？如果無知是一種福氣，那他們一定非常幸福。

其實在地球上的望遠鏡無法看到登月艇還有其他人類活動的跡象，是因為它們都太小了，可是月球勘查軌道號可以從月球軌道拍攝到它們。它們幾乎不太可能被認錯。這些照片可以讓那些陰謀論者真的完全閉嘴嗎？總是有人永遠都不會相信的，而且跟他們爭辯就好像試著用叉子喝番茄湯一樣！

Q 064 在關於月球觀測的問題當中，你最想知道答案的是哪一個？這麼多年來，有什麼問題是你抓破腦袋也想不通的？

亞斯伯瑞（坦沃斯）

我（摩爾）的答案是，難以理解的一種爆發現象，也就是所謂月球暫現現象（ＴＬＰ）。長久以來這些觀察結果都被視為是錯誤的，可能因為這是業餘天文愛好者所觀測到的。但是這些現象也曾經被關注月球的專業天文學家觀測到。說月球暫現現象是因為火山活動所造成的，幾乎可以肯定是錯誤的。然而，我很確定月球暫現現象是真的，而且著名的法國天文學家多佛斯也真的拍攝到這些現象。我自己的理論是，升起的太陽加熱了月球表面的塵埃並且讓它們上升，這就是產生這種現象的主要原因。

有一些地區特別容易受到月球暫現現象影響，最出名的就是壯麗的阿里斯塔克坑，這也就是為什麼我希望未來會有前往那個地方的任務。

Q065 在月球背對地球那一面建造望遠鏡有沒有可能？這樣會有什麼好處？

伯坦蕭（列斯特夏，阿士比佐希）

在月球表面的望遠鏡可以帶來很多好處。那裡沒有光害，也沒有大氣的干擾。如果眾世界領袖能順利同意一起合作，那在未來的十到二十年之間，也許就能實現。（不過到底會不會實現也是一大爭議。）

在背對地球那一面建造望遠鏡還有其他好處。在那裡完全不會有任何我們在地球看到的干擾或其他東西，而且更重要的是，背對地球的那面可能是設置電波望遠鏡的理想地點。在地球上，電波望遠鏡受到愈來愈多的商業與私人傳輸干擾，過去皇家天文學家曾說：「除非（人類）採取什麼行動，否則地球上的電波天文學將只限於在二十世紀中的發展。」雖然並不是這樣，但顯然如果有一個完全「無電波干擾」的地點，會讓電波天文學家大大鬆一口氣。

而且看起來也沒有什麼壓倒性的理由說這是辦不到的。在月球背對地球的那一面設置電波望遠鏡應該不是一件比登陸近地這一面的月球更困難的大任務。當然，這需要國際通力合作，我們也只能希望未來可以實現。如果可以，那麼我們也許可以期待在可預見的未來裡，架設在月球背對地球那一面的電波望遠鏡會帶來各種的新發現。（順道一提，還有哪裡是更適合聆聽來自數光年以外遙遠世界訊號的地方呢？聽起來好像很脫離現實，但過去還發生過更奇怪的事呢！）

太陽系

Q066 你可以描述太陽系中，行星與太陽的相對大小及距離嗎？

威廉森（諾森伯蘭）

好的，這絕對沒有問題。我們必須記住，在我們的太陽系裡，每個行星的大小和質量都天差地遠：木星是最大的行星，質量比其他所有行星加在一起都還要大。為了深入了解各行星的大小與距離，讓我們以倫敦為基準來比較。如果我們把太陽放在西敏寺的國會大廈外面，假設它是直徑一百八十二公尺（略低於國會大廈的長度，大約是台北市總統府中央塔樓的三倍高）左右的球體，接著就能把太陽系裡的行星，放在相同的比例尺中來看。在這個比例尺裡，首先水星的直徑是〇・六公尺，大約是一顆沙灘球的大小，距離西敏寺大約是七・六公里，以倫敦來看大約是從西敏寺到漢普斯特公園或是溫布頓的位置，以台北來看是從總統府開車到台北捷運市政府站的距離，這樣你大概就知道行星與太陽的相對距離與尺寸了。金星的直徑約一・六公尺，距離太陽約十四・五公里，差不多是西敏寺到克洛敦或是米爾希爾，也相當於從總統府開車到木柵動物園的距離。地球只稍微大一些，直徑大約是一・六七公尺，距離太陽（也就是國會大廈）十九・七公里，以倫敦而言是巴內特附近，以台灣而言大約是從總統府開車到土城與三峽中間點的距離。火星的直徑是〇・九公尺，離太陽約三十公里，以倫敦而言是從國會大廈到聖奧班斯，已經離開了M25環狀道路，以台灣而言大約是從總統府開車到桃園市的距離，已經離開了大台北地區。「小行星」的大小在這個比例尺中，從一粒沙那麼大到直〇・一三公尺都有，平均距離在四十八公里遠的地方，以倫敦而言是在斯勞或盧頓附近，以台灣而言大約是從總統府開車到桃園縣八德市附近。

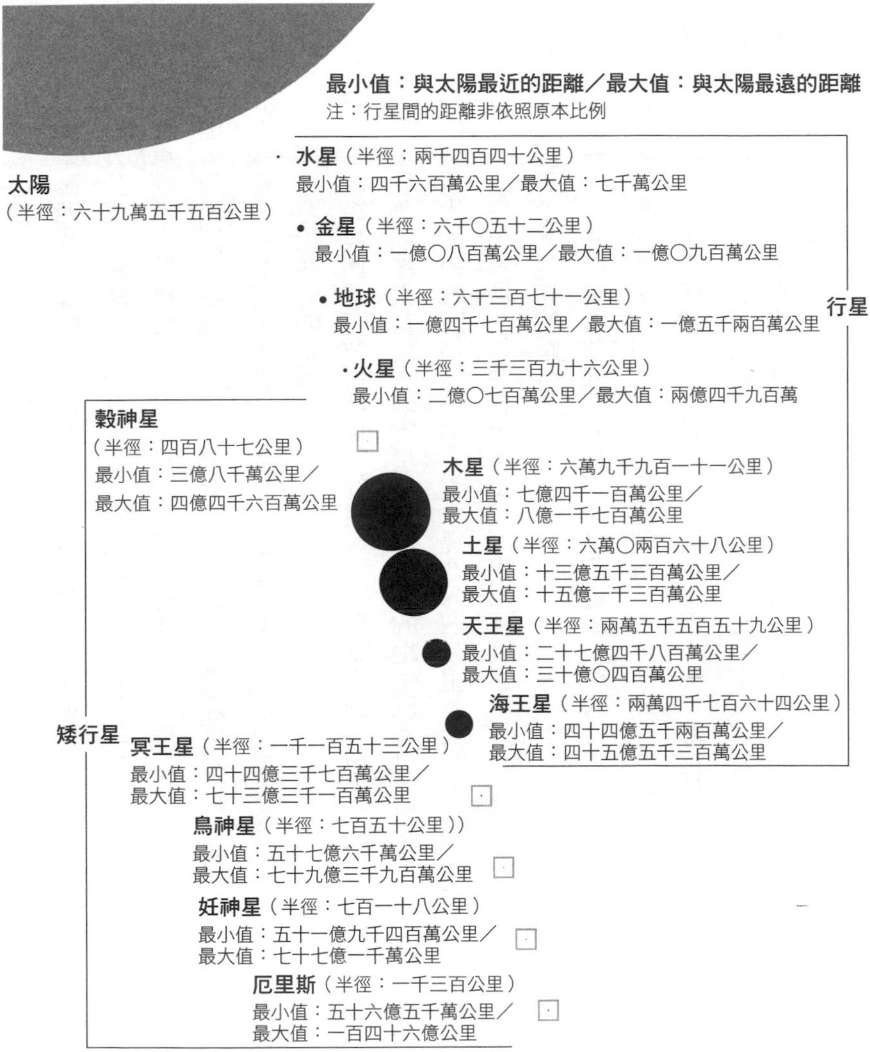

我們的太陽系（非正確比例！），圖上有八大行星和五顆矮行星。

木星是太陽系裡的巨人，比一間直徑十八公尺的房子還要大，位在一〇二公里遠的地方，大約是從國會大廈到塞爾西或諾森頓，以台灣而言約是從總統府開車到苗栗造橋附近。有許多環圍繞的土星直徑約十五．五公尺，距離大約一百八十八公里遠，已經是從國會大廈到布里斯或林肯的距離，大約是從總統府開車到台中烏日附近。天王星的直徑在這個比例尺裡是六．七公尺左右，距離國會大廈約三百八十公里，到了湖區附近，約是從總統府開車到高雄鹽埕區附近；海王星的直徑大約六公尺，距離太陽所在的國會大廈超過五百九十五公里，接近在愛丁堡的蘇格蘭邊界，相當於從台北的總統府開車到恆春後再開往台東鹿野的距離。

過了海王星之後我們還有數百個更小的星體，它們當中最亮但不是最大的就是冥王星。在二〇〇六年之前，冥王星普遍被視為是一顆行星，但現在它的地位已經變成了矮行星。在我們的這個比例尺上，冥王星的位置大約距離我們當作中心的太陽八〇四公里，大約是從國會大廈到蘇格蘭最北的盡頭村莊「天涯——或往另一邊，從國會大廈到法國南部那麼遠，以台灣而言就是從總統府開車出發，經過恆春再往北開到南澳這樣的距離。

我們要記得，這些行星大部分周圍都有衛星環繞。地球的月球、木星的四個衛星，及土星的其中一個衛星都屬於大型的衛星，剩下的衛星都比較小。土星系統裡的木衛三，其實比水星和另外兩個衛星都要大，木星的衛星木衛四和土星唯一的大衛星泰坦，大小都很接近水星。木星和土星都有非常多的小衛星。太陽系裡其他大部分的衛星都非常迷你，伴隨著火星的兩顆衛星就是這樣。火星的衛星之一火衛二，直徑不到十六公里，換算到我們使用的這個比例尺中，它的直徑大約才一．五毫米左右。

Q 067 為什麼沒有小尺寸的行星呢？比方說像足球大小的行星？

昆尼（魯格比）

太陽系裡有很多非常小的物體，但我們不會稱之為行星，而是稱它們為「小行星」。最大的小行星直徑大約有好幾百公里，但也有很多比這個尺寸小非常多的小行星。它們可能是鵝卵石大小，或者真的就像足球那麼大。太陽系裡其實不乏這種微塵，你可以想像的體積愈小，通常符合這個尺寸的物體就會愈多。

Q 068 行星有沒有可能和太陽一樣大呢？

艾德華茲，十二歲（肯特，貝肯罕）

行星是由附著或是吸引來白氣體雲的物質，與環繞著恆星的塵埃而形成。一個物體是有可能會持續附著其他東西，使得中心變得夠熱、密度夠高，而足以讓核融合在核心發生。核融合是太陽的能量來源，提供了我們所看見的光。如果一個天體成長得夠大，足以產生核融合，那麼我們就會稱之為「恆星」，而不是「行星」，這樣的系統就會是聚星系統。棕矮星就是處於恆星和行星之間的狀態。

Q069 為什麼行星是球體的？

姆尼（伯明罕）與羅伯茲（西索塞克斯，雪爾漢濱海）

主要是因為重力。行星的質量大到足以讓一切被往下拉，達到最接近中心的程度。而在所有可能的形狀中，最結實就是球體，任何直徑超過幾百公里的東西都會是球體的。當然，就算是地球也不是完全的球體，因為地球表面上有山脈與山谷。原因可能是推起這些結構的力量強大到足以克服重力的拉力，但這種力量通常只是暫時性的。舉例來說，喜馬拉雅山脈是在印度板塊撞上亞洲板塊時出現的，迫使物質升起，成為地球上最高的山脈。這些板塊的相對運動現在已經暫停了。隨著時間過去，重力會在風力與氣候的巧妙幫助之下，漸漸把山脈往下拉。

比較小的物體重力也比較小，山脈因此可以被推高一點。太陽系裡最高的山脈是火星上的奧林帕斯山，高度約二十五公里，是聖母峰的三倍。

Q070 如果太陽系裡所有的行星都是從相同的物質雲、透過類似的機制所形成的，為什麼它們彼此間這麼不同？特別是土星？

湯金斯（蘭開夏，斯科梅達）

我們可以把太陽系裡的八顆行星分成兩個集團。首先是固體的、岩石型態的行星，包括水星、金星、地球和火星，另外一組是土星、木星、天王星和海王星這類巨行星，這可以說是行星從太陽周邊的物質盤形成時候的遺跡。

太陽也在同樣的時間形成，而在它的生命中，太陽經歷了能量非常強大的階段，天文學家稱之為金牛T型變星階段（以第一次被觀測到展現這種行為的星星為名，也就是金牛座T型）。太陽釋放出的能量會把氣體從內太陽系吹走，因此岩石型的行星在內太陽系中，由剩餘的較重元素形成。這些行星可以抓住部分由火山形成的稀薄大氣層。

外行星是在有很多氣體的區域形成的，所以可以長得比較大。

公轉與自轉

Q071 為什麼行星繞著恆星的軌道是橢圓形的，而不是圓形？

蓋（赫爾）

首先必須澄清的是，圓只是橢圓的一個特殊案例，只是這個例子沒有任何奇怪的地方。克卜勒發現所有天體都以橢圓形，而非完美的圓形軌道運行，這個發現有助於更精確地解釋行星的運動。不過其實公轉軌道還是很接近圓形，如果你用粉筆畫一個直徑一公尺的圓，地球的軌道偏離這個完美圓形的程度，其實還不到粉筆痕跡的寬度那麼多。

就算你發現自己有神賜給你的神奇力量，可以把星球放在完美的圓裡，這種情況也無法長久。雖然地球的軌道是由太陽重力所主宰，但來自其他天體的小小拉力還是會在周遭稍微發揮作用。最大的影響來自木星和土星，但除了它們之外，一些比較大的小行星也會有相當的影響。

Q072 每次我們在銀幕上或是書裡看到太陽系時，太陽系看起來都是扁的。這樣表現出來的精確性如何？怎樣的觀測引導出這樣的想法呢？

拉維特（南約克郡，謝菲爾德）、萊特（蘭開夏，斯科梅達）

太陽在天空中的路徑稱為「黃道」，而數千年來人類已經知道，行星大約也循著類似的路徑在天空中移動。就算在知道太陽系的中心是太陽而非地球之前，人類也知道行星是在同一個平面繞行的。八大行星的軌道大致上就在這個「黃道面」上。相對於地球的軌道，其他行星的公轉軌道最多只傾斜幾度而已。這樣的排列源自於它們形成之始，行星就是從環繞著太陽的物質盤中形成的。不過，行星本身相對於它們的軌道也可能會有某個角度範圍內的傾斜，比方說地球就傾斜了二十三度，這就是造成四季的原因。天王星傾斜的角度讓它幾乎是平躺著的，而金星則是傾斜了將近一百八十度，讓它看起來是上下翻轉的。這些行星大部分的衛星幾乎是沿著它們的赤道排列，不過這部分又比行星環繞太陽的軌道有更多的例外。舉例來說，我們的月球軌道和地球的赤道傾斜角度大約是二十度，傾斜黃道面約五度，所以我們不會每個月都發生月食和日食。

太陽系裡的小型天體軌道都不一樣。雖然大多數在主小行星帶裡的小行星都躺在相同的平面上，但很多小型外星體就不是這樣了。一個很經典的例子是在古柏帶的矮行星冥王星，古柏帶是由遠遠繞著海王星的許多相對小的、結冰的岩石星體所形成。冥王星的軌道相對地球軌道的傾斜角度大約是十七度，不過很多其他天體的傾斜角度更大。舉例來說，我們認為大部分的彗星都在歐特雲，這是大約呈現球體的雲，距離太陽非常遙遠（不過它們可能是在比較近的地方形成，接著因為與巨大行星間的互動而移到遠處）。我們從地球看到的很多彗星都來自歐特雲，所以它們相對於行星的傾斜角度會很大。比方說，在一九九七年使我們的夜空增輝的海爾波普彗星，軌道傾斜角度大約就有九十度。

Q 073 這是我兒子提出的問題：行星自轉最開始的原因是什麼？

曼寧（漢普夏，弗利特）

這是一個很好的問題，換句話說就是：「世界轉動的原因是什麼？」答案並不是有些人想說服你的那種，並不是因為錢！行星會自轉是因為沒有東西阻止它們。它們從環繞著太陽的盤狀物質當中形成，隨著物質聚集形成星球，物質的自轉就被帶進行星的自轉中。

這樣的轉動很難擺脫，不過像造成潮汐之類的力會讓轉動逐漸變慢。地球在月球上造成的潮汐已經使得月球相對於地球幾乎不自轉，其他行星的大部分衛星也都是如此。只要時間夠長，地球相對於太陽的自轉也會停止，不過在那發生之前，太陽就會先膨脹成紅巨星然後死亡。

Q 074 有沒有任何行星看起來是轉錯邊了？

索依爾（伯克夏，里丁）

從太陽的北極往下看，太陽系裡幾乎所有的行星都是以逆時鐘方向旋轉。不過有兩個很有意思的例外。

先鋒金星軌道船在一九七九年繞行金星時，用紫外光拍到被雲層覆蓋的金星。

首先是金星，它自轉的方向剛好相反，不過也比其他行星轉得慢。金星繞太陽一圈是兩百二十四個地球日，但是自轉一周是兩百四十三個地球日，這代表太陽會從金星的西方升起，東方落下，而兩次升起的間隔大約是一百一十六個地球日。

造成這種現象的原因並不清楚，不過已經有一些滿有可信度的理論出現。一個說法認為，可能是因為太陽在金星上造成的潮汐所導致，這樣的潮汐試著讓金星自轉和公轉的周期相等，因此阻止了它自轉。不過金星上厚重、充滿氣體的大氣層，對於影響固體和液體的潮汐摩擦力不為所動，因此大氣層的轉動不會那麼快變慢。而因為金星大氣層的密度很高，所以它的質量足以避免這顆行星完全停止轉動。

金星的自轉在太陽系過去幾十億年的歷史中，可能曾發生劇烈的改變。一樣的事也可能發生在地球身上，只是因為我們離太陽更遠，所以太陽的影響比較弱，比月球對地球自轉的影響小得多。地球上的潮汐會在海洋發生，金星上的潮汐則是在那厚重的大氣層上發生。

第二個很有意思的例子是天王星，它傾斜大約九十度，幾乎是完全躺著轉的！它不是自頂端旋轉並同時繞著太陽轉，而是像一顆撞球一樣，一邊滾一邊繞著太陽轉動。造成這個現象的原因還不完全清楚，不過可能是因為另一個或數個天體的撞擊所造成。

Q 075 行星會漸漸漂離太陽、漂向太陽，還是維持原地不動？

史密斯（德比夏，奧斐頓）

行星相對來說是固定在它們目前的軌道上的，不過這也不是永遠不變。行星在將近五十億年前，從環繞著太陽的物質盤中形成；行星和這個物質盤間的交互作用會使得它們的軌道改變。加上塵埃的拉力幫忙，還有來自其他行星的強烈影響，與物質盤的作用會使得行星自己傾向往內移動。

一般認為行星所形成的位置，與我們現今看到它們的地點不同。內行星可能先在離太陽比較近的地方形成，接著才往外移。木星可能往內移了而非往外，而天王星和海王星可能互換了位置。這種重力上的交互作用可能對於較小的星體有嚴重的影響，甚至也許會讓它們完全飛出太陽系外。事實上，有些理論認為一開始應該有五個巨行星，但其中有一顆在太陽系形成的初期被其他四顆驅逐出境了。

我們知道在很多其他的太陽系裡，都有巨行星在很接近它們主星的地方公轉，這些巨行星可能像我們的木星，有時候甚至更大。而既然這些巨行星不可能一開始就是在那些地方形成，那麼它們一定是往內移了。如果我們的太陽系也發生過類似的現象，那麼地球以前很可能並不在它目前的位置。很重要的一個問題是：是什麼阻止了它往內移？既然我們認為這種移動可能是與原行星盤內的塵埃物質交互作用所造成的，可能的原因之一就是，一旦這些塵埃在形成行星、衛星與小行星的過程中被耗盡了，行星就會停止移動，但這樣的時機到底是不是巧合就不得而知了。另外一種可能是因為土星存在，使得木星無法再往內前進。

Q076 在我們的太陽系裡，我們繞著太陽轉，但我們的太陽是否也有公轉軌道？會不會影響地球呢？

海桑姆（索美塞特，坎善）

嚴格來說，地球並沒有繞著太陽轉，而是兩者繞著這個系統的「質量中心」在轉，而這個質量中心就是所謂的「重力中心」。因為太陽的質量將近是地球的一百萬倍，所以地球與太陽這個系統的質量中心，非常接近太陽的中心，因此提問裡所使用的說法也相當接近事實了。

不過，行星的質量愈大，特別像是木星，對於太陽的影響也就愈大。太陽和木星系統的質量中心其實很接近太陽的表面，所以可以想成太陽在太空中，每十二年就會繞著一個點滾一圈，同時每二十五到三十天又以自己的軸為中心轉一圈。這種運動使得我們得以透過行星對主星造成的「搖擺效應」，偵測到很多太陽系以外的行星。

當然我們的太陽系不只是有太陽、地球、木星而已，所以太陽的運動其實很複雜。太陽主要的運動是受木星影響所致，不過其他較大的行星，特別是土星，也會造成影響。

太陽本身有個繞著銀河系中心的軌道，繞一圈大約是兩億年。它也會稍微上下移動，所以大約每幾千萬年就會通過銀河盤面一次。盤面上的恆星與塵埃雲愈多，對地球愈可能產生一些影響。例如有一個理論認為，太陽通過銀河系平面可能會增加它接近其他恆星的機率，造成彗星從歐特雲飛過來。這些理論都很難測試，何況我們還無法直接觀測歐特雲。

太陽

Q077 是誰最早發現太陽只是在夜空中看見的成千上萬恆星中的一顆？

馮德普騰（荷蘭，阿姆斯特丹）

很有意思的問題，因為這牽涉到關於「我們自己的恆星是什麼」的心智上的躍進，但當初這個躍進的方向可能剛好相反，是人類發現恆星和我們的太陽很相似。很難知道最早是誰有這個念頭，不過自古以來就有很多關於太陽神祇的神話。在第七百集的《仰望夜空》中，葛林博士稍微研究了一下這個題目，結果追溯到了第六世紀的義大利僧侶、哲學家兼天文學家布魯諾。

布魯諾和哥白尼的看法相似，認為地球是繞著太陽轉的。但他更進一步地相信，宇宙是無邊無際的，天空中的星星其實都是太陽，只是離我們很遠，超過太陽的距離。他甚至提出一項理論，認為這些星星周圍都有行星環繞。儘管他的看法在當時被斥為無稽，但有些人相信他的貢獻使得我們對宇宙學的理解有很大的進步。

直到十九世紀光譜學出現後，才真正帶來星星和太陽一樣的實質證據。德國物理學家夫朗和斐發現，太陽和星星的光譜上都有黑線；到了一八五九年，基爾霍夫將這個發現，與「光會被某些元素吸收」這個現象連結在一起。太陽和星星看起來很像，代表它們有類似的化學組成。一八八〇年代時，皮克林編撰了一份光譜目錄，涵蓋超過一萬顆星星。

不是所有的恆星都一樣，所以在二十世紀初期。哈佛學院天文台的坎儂發展出了恆星的分類。通常使用的七種恆星類型分別是O、B、A、F、G、K、M，英文常用的記法是「喔，當一個好女孩，親我」（Oh Be A Fine Girl, Kiss Me）。這是從最熱的星排到最冷的星，太陽在中間，屬於G這一類。另外三個棕矮星的類別是L、T和Y，教天文學的老師都絞盡腦汁要想出更好記的口訣。如果你想到了請通知我們……

Q 078 太陽真的每秒都會減輕四百萬噸嗎？

庫蕭（倫敦）

的確是的，這單純是因為太陽的核心會進行核融合，每一秒鐘有六億噸的氫氣會轉換成五億九千六百噸的氦氣。這代表每秒會少掉四百萬噸，這個質量被轉換成能量，也就是我們的陽光。不過你不需要擔心太陽變瘦的問題。畢竟太陽的總質量有兩千兆兆噸，就算它每秒都變輕四百萬噸，還是有很多可以消耗的！

Q079 日珥到底多久發生一次？一分鐘？一小時？一天？

摩爾（劍橋郡，彼得波羅）

日珥是太陽，或者可能是太陽系裡最美麗的現象之一。它們可以延伸到好幾百、幾千公里那麼長，比地球大非常多倍。以它們巨大的尺寸來看，它們的形成速度快得驚人，有時候只要短短一天就會發生。日珥一旦形成，可能會維持在太陽的表面數小時或數周不等。只要注意熱氫氣所發散出來的氫α光，就最有機會觀測到日珥；我們還可以隨著太陽的自轉，從各種不同的角度觀測日珥。

不過日珥的爆發可能略有徵兆，也可能毫無預警，這與它們形成的原因有關：日珥是高溫、離子化的氫氣，受到太陽的磁場環影響，在半空中形成的巨大弧形。磁場會隨著時間改變、演化，一旦變得不穩定，就可能讓日珥突然變成新的形狀。在磁場環中的物質會繼續跟著磁場移動，有些會掉回太陽上，有些會被往上丟，拋離表面。物質會依照能量的釋放掉回太陽上，或是被噴射到太空中。

Q080 為什麼日冕比光球層熱那麼多？

芭瑞特（北安普頓郡，克特陵）

太陽的光球層通常被稱為是太陽的表面，因為那是我們能直接看到的部分。在太陽表面上方有一個很模糊的區域，稱為「冕」，可以看作是太陽的大氣層。光球層的溫度有好幾千度，而冕的地方溫度又更高。我們必須記得，溫度的科學意義和我們在日常生活中所謂的「熱」是不一樣的。在科學上

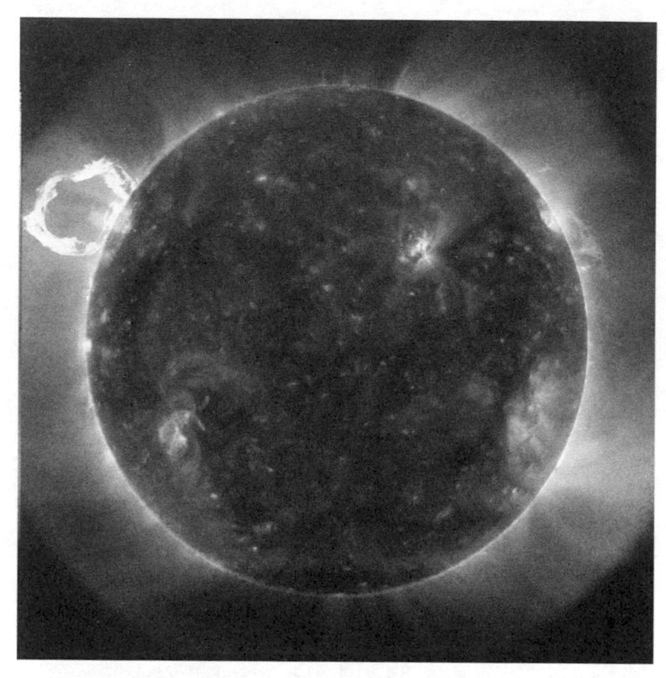

由太陽動力學天文台觀測到的巨大日珥。這個日珥比地球還要大很多倍。

來說，溫度會依照原子移動的速度改變，原子移動的速度愈快，溫度就愈高。但是散發出來的熱，會依照在那個溫度的東西有多少而決定，所以我們必須把密度也列入考慮。想想看英國煙火節時的煙火，每一發煙火的火花溫度都很高，但是每個火花的熱都很少，所以如果你的手碰到火花也不會受傷；相反的，火爐用的撥火鉗雖然溫度低很多，但是我們絕對不想握住一根發亮的撥火鉗。

太陽日冕裡的原子和分子移動的速度很快，所以溫度可以達到數百萬度。不過日冕很稀薄，密度比我們呼吸的空氣還要低上好幾十億倍，這表示日冕雖然溫度很高，但發出的熱其實很低。大部分能夠到達地球的能量都來自於光球層，而這樣的能量源自於太陽核心的核融合反應。

現在還是有很多解釋冕的溫度為什麼比太陽表面或是光球層高的理論，這似乎牽涉到磁力與太陽表面的爆炸，也就是所謂的「閃焰」，但我們還無法完全了解這個部分。

Q 081 如果我們能聽見太陽發出的聲音，那會是什麼聲音？

法藍區（艾色克斯）

我們聽不到任何來自太陽的聲音，原因很簡單，因為人類聽覺能聽見的聲音無法穿越太陽系近乎完全真空的太空。不過太空並非完全空無一物，所以聲波其實是可以前進的，因為那是密度的變化，只是頻率非常低。

在太陽裡的情況就不一樣了，因為那裡的密度比較高。當壓力波通過的時候，太陽的確會振動，影響太陽表面；透過觀測太陽表面接近或遠離我們的小區域移動速度時，這種現象會特別顯著。分析太陽表面的運動可以用來推論它的內部，這門學科稱為「日震學」，如同名稱所示，這和地球上的地震學家使用的方法類似：他們會利用地震所造成的震波增生，判斷地球內部的結構。

太陽內部主要的振動頻率大約是每五分鐘振動一次，這是聲波從太陽表面進入中心，再回到表面的時間。不過，因為太陽在不同深度的密度不同，所以聲波不會以直線前進。另外也有範圍比較小的影響，不過五分鐘一次的振動還是主要的聲音。

所以如果你有一組適當的耳機，以及可以聽見比我們一般聽覺範圍低上數千倍的聲音的耳朵，那你就能聽見來自太陽呆板的嗡嗡聲，而且這聲音會隨著太陽表面的翻滾，數小時改變一次。音調大約是從中音C往下十五個八度！

地球

Q082 為什麼最早的日落和最晚的日出不是最短的一天？

諾瑞普（索立，艾普孫）

如果地球繞行太陽的軌道是完美的圓形，就應該會如你所說的那樣。可是地球的軌道並不是正圓形，而且地球和太陽的距離會從一億四千七百萬公里到一億五千兩百萬公里不等，上下變動程度大約是百分之三。地球最接近太陽的時候稱為近日點，此時公轉的速度會比它在離太陽最遠的遠日點時稍微快一點點。

我們把地球沿著軸心轉一圈的時間當作二十四小時，但其實是二十三小時又五十六分鐘。一個太陽日指的是一個日出到下一個日出，又會稍微久一點點，因為地球同時在公轉，還需要再多自轉一點點，才能讓太陽從地平線升起。地球在近日點公轉的速度最快，所以相對於太陽要再多自轉一點點，才能讓太陽升起，也因此下一次的日出會延後一點點。而這也就是為什麼地球在一月初的近日點時，恰好會接近北半球白天最短的一天。

可是這樣的差異其實很小，而且在問題中提到的期間內，日出和日落時間的改變其實只有幾分鐘，會依照你所在的地點有所不同。舉例來說，從二〇一二年十二月到二〇一三年一月，最短的一天是十二月二十二日，這一天倫敦的日出是早上八點零四分，日落是下午三點五十四分；而倫敦最早的日落發生在一周之前，日落時間是下午三點五十一分，最晚的日出發生在一周之後，時間是早上八點零六分。而近日點是〇一三年一月五日。相同的效應會在六個月之後發生，北半球最長的一天恰好和地球到達離太陽最遠的遠日點的時候一致。我們當然不能忘記，這些日子對南半球的人來說是相反的，因為他們的季節和我們相反。

Q083 月球創造了地球上的潮汐，但其他的行星會不會造成類似的影響？

費雪（蘭開夏，夫利特塢）

其他星球的引力都比月球小。只有太陽所造成的潮汐是可測量的，而且規模大約只有月球造成的潮汐的一半。下一個最大的潮汐是金星造成的，但就算在金星最接近的地方，它的影響也比月球造成的潮汐弱五十萬倍。來自其他行星的影響又更小了。假設來自太陽和月球的潮汐有一公尺高，那麼金星在公轉到最接近我們時所造成的潮汐，只會造成大約五微米的增加，也就是千分之五毫米的差別。我想你會同意，這樣的潮汐根本是微不足道的，不論以什麼為目的，這都是完全可以忽略的差異！

Q 084 是誰決定我們現在看地球的方式，也就是澳洲在下方等等的？

提爾尼（愛爾蘭）

我想這恐怕和天文學沒什麼關係，主要是政治。大部分的世界地圖最早都是歐洲人畫的，他們把歐洲放在地圖的中央與上方。極地很容易定義為地球自轉的軸心，比較困難的是經度的參考點。現在我們的經度是以格林威治子午線為基準線，這條線也被稱為本初子午線。而且就連這個傳統也是有政治背景的，它打敗了通過巴黎和安特衛普的其他選項。

Q 085 地球一天自轉多遠？有人可能會認為是三百六十度，但是應該要加上地球一天繞太陽公轉的一小段距離吧？

維克斯（默西塞德，威拉爾）

地球在一天當中，會移動公轉軌道的三百六十五分之一的距離，大約相當於一度。這代表地球一定要自轉約三百六十一度，才能再度面向太陽。我們一天的長度是以太陽為基礎計算的，稱為「太陽日」。儘管連續兩次日出之間的時間在一年當中會有所變動（冬天比較長，夏天比較短），但平均來說還是二十四小時。這和一個「恆星日」不同。一個恆星日是二十三小時又五十六分鐘，就是地球相對於遙遠的恆星自轉一圈的時間。一年中的恆星日會比太陽日多一天。

Q086 先不管數學，如果地球有一顆姊妹星，恰好就在我們的正對面，只是中間被太陽擋住了，有沒有可能我們就錯過了這一顆星球？

馮迪肯（蘇格蘭，伐夫）

很多從地球出發的探測船，已經抵達了足以回頭看地球公轉軌道的地方。很多前往其他行星的任務，都曾回頭看過地球的位置，所以它們也可以看見太陽系的另外一邊。在一九九〇年代，航海家一號太空船在距離太陽六十億公里的絕佳位置，拍了一張六顆行星的「家族合照」，讓我們看到自己這顆「淡藍色的點」。卡西尼號也記錄了從土星環看地球的樣子，那是一張很驚人的影像。

但是如果想看地球的正對面，最好的畫面應該是由兩艘「日地關係觀測衛星太空船」（STEREO）提供的。它們原本就是設計來觀測太陽，同時也會觀測周遭的區域，追蹤日焰和日冕的大規模噴發。它們繞著太陽公轉的速度和地球相比略有不同，所以其中有一艘漸漸地被拉到前面，而另外一艘則落在軌道的後方。二〇〇六年發射的這兩艘太空船已經掃視過周遭，而現在兩艘的位置已是各在軌道的兩側。它們的日夜監視不只讓天文學家可以追蹤來自太陽的物質，也是找到並追蹤小行星與彗星的絕佳方法。如果地球的正對面有任何東西，它們一定早就看到了。

在地球對面的確有一個重力「甜點」，那是一個比較接近太陽而不是地球的點，稱為「拉格朗日點」。原則上，位在那裡的天體公轉一圈會剛好是一年，但是那裡也非常有可能受到其他物體的干擾，因此也不會有天體長時間維持在那個位置。

Q 087 地球是不是已知的最低溫紀錄保持者呢？

珊迪（蘇格蘭）

目前已知在太陽系裡最冷的自然溫度，出現在月球北極附近的赫米特隕石坑邊緣。那裡的溫度是冷到入骨的攝氏零下兩百四十八度，只比絕對零度高二十五度，比冥王星赤道宜人的攝氏零下一百八十九度還要冷很多。造成這種低溫的原因一部分是因為月球的這塊北部區域很少見到日光，而另一部分是因為上述隕石坑的屏障遮蔽了這個地點。

我們所知道太空中最冷的地方，是普朗克衛星的中心，那裡的偵測器被冷卻到比絕對零度只高〇．一度，是攝氏零下兩百七十三．〇五度。在地球上，某些超低溫物理設備的關鍵部分溫度甚至連比絕對零度高十億分之一度都不到！

Q 088 如果太陽在四月一號停止運作，地球上所有的生命多快會消失？

吉列斯比（東索塞克斯，布來頓）

如果太陽突然關掉這一定是超成功的愚人節玩笑 對地球顯然會有劇烈的影響。我們的溫暖和光最主要的來源就是太陽，所以地球當然會變得又冷又暗。黑暗會突然降臨，不過大地和大氣還會維持一些熱。想想看夏天的白晝結束後，夜晚降臨的情況就對了。英國的氣溫在此時可能只會降到攝氏十五度左右。氣溫會過一段時間才開始劇烈下降，不過地球的其他地方可能會有比較大的影響。

太陽對我們的氣候有強烈的影響，因為有陽光加熱空氣，才創造出了雲和氣候系統。如果突然將「太陽加熱」這個部分拿掉，會帶來非常極端的結果。不過因為我們還沒有完全了解太陽在正常情況下對於氣候的影響，所以我們也很難預測當它突然停止供應日光時，到底會發生什麼事。

以較長的時間來看，我們可以想想看南極大陸的樣子，那裡的氣溫在嚴冬時會降到攝氏零下八十度那麼低。當然，海水可能會結冰，另外因為大氣層中的水蒸氣會結凍，所以陸地也會被厚厚的冰層覆蓋。少了來自太陽或任何東西的加熱，氣溫可能會比那樣還要低很多。到時候地球會非常不宜人居，不過對肉眼觀測倒是一件不錯的事，因為天空將會非常清澈，但你最好要把自己包得暖一點！

冰冷的氣溫可能在幾天或更短的時間裡，就會殺死陸地上或是接近海面的幾乎所有生命。在建築物比較多的地方，可能會有少數的人類存活下來，但他們會躲在冰層深處。人造的加熱與照明設備短期內也許有用，不過要確保燃料來源可能就是個問題。

除了燃燒燃料之外，土地可能會成為唯一的能源來源。像是冰島之類的地方目前是以地熱為主要能源，這應該還能維持下去，但絕對不可能支撐目前的人口數，因此會發生類似「後啟示錄」的情況。

不是所有的生命都一定會死，因為有些生命是不需要日光的。海床上有「黑煙囪」，那裡住著各種形式的生命。太陽並不會直接到達在海底數公里深的海床，但是這些火山口可以供應巨大的能量，支撐進步程度驚人的生態系統，裡面有包括很像蝦子的各種生物，完全依靠地熱的能源生存；不過牠們的確還是要活在靠日光才會維持液態的海水中。這麼猜可能有點冒險，不過這樣的熱也許足以避免少量的水結冰，至少讓比較基礎的生命形式得以生存。

還有其他的生命形式完全不會直接依賴太陽，例如住在岩石深處的微生物。因為發現了這些隱居的微生物，才實驗證明了有生命形式可以在深處冬眠極長的時間。如果是這樣，那麼如果太陽會再度開機，到時候生命也許就會重新在地球上繁衍。

當然，如果這是個愚人節的玩笑，太陽應該會中午就開機了，那麼主要的影響應該是中央暖氣要比平常開得久一點囉！

Q089 地球和月球為什麼不會因為重力而相撞？

巴瑞克勞夫（南約克郡，謝菲爾德）

月球會持續繞著地球公轉是因為它的速度。如果它突然在太空中停下來，那麼重力就會使它往地球掉落，這可能會造成非常大的波瀾！你可以想像自己一邊公轉一邊往下掉，但是因為移動得太快了，以致於你每往下掉一公尺，往側邊的移動就超過一公尺，代表地球的彎曲面，也就是地面，就後退了一公尺。想像一個在數百公里高的地方繞地球轉的太空人比較容易，但其實月球也不過離我們幾十萬公里遠。

Q 090 有時候我們會觀察到水星和金星凌日。從火星上有沒有可能觀察到類似的地球凌日？

艾倫（西索塞克斯，東格林斯特）

是可以的，不過火星還沒有我們送過去的望遠鏡或照相機可以捕捉到這個畫面。火星軌道傾斜於地球的軌道大約不到兩度，相較之下，金星傾斜超過三度，水星是七度。所以從火星看地球凌日會比我們看到金星凌日更常發生，下次地球凌日的時間是二〇八四年，不知道有沒有人能看見呢？

水星、金星、火星

Q 091 水星會不會是早期太陽系「熱木星」剩餘的核呢？

瓊斯（斯坦福德郡）

水星是個怪胎。以這顆星球這麼小的尺寸而言，它包含了非常大量的鐵。多年來有許多理論試圖解釋這個事實，而近年來比較廣為接受的說法是，水星可能是一個更大行星的核。那一顆行星可能受到其他更大的星體撞擊，造成大部分的外層脫落，只留下內層。那麼原本的行星，可能不是像我們在其他太陽系看到的「熱木星」那種巨行星，可能是比較大的岩石型行星，類似地球。

可是根據繞行水星的信使號探測船的測量結果，這個理論最近又受到懷疑了。信使號發現，和受過重大撞擊的行星相比，水星表面存在的可揮發元素，比應該有的數量還要多。

在撞擊造成的高溫下，鉀、釷、鈾等元素應該會在形成其他化合物的化學反應中消失。然而這些新的測量結果，卻暗示水星可能是由金屬所形成的，成分和其他行星稍有不同，主因可能是它非常接近太陽。關於水星的生成還有其他謎團，不過像信使號這類的探測任務，已經開始提供一些解謎的線索了。

Q092 既然暴露在強烈太陽風之下的火星，已經失去了它的大氣層，那金星怎麼能維持它的大氣層？

安德魯（牛津）

其實，比較這兩顆行星最簡單的方法，就是把它們和地球扯上關係。首先我們來看火星，這顆行星幾乎已經失去了所有——但不是全部——的大氣層。地球和火星有兩個重大的差異：地球比較大，質量也比較重，而且熔融的核心造成了球狀的磁場。較大的質量使得地球能抓住比較多的氣體，否則在來自太陽的太陽風吹襲之下，這些氣體可能都會被吹散。磁場則代表這個行星和大氣層都受到了比較好的保護，免於受到太陽風的能量粒子影響。這樣我們就能了解火星的情況了：它比較小，又沒有磁場。太陽風大部分的粒子不會到達地球的表面，少數接近的那些就形成了極光。

不過金星就比較難理解了，我們還不確定我們真的了解它。這顆行星大約和地球差不多大，但比較接近太陽，所以強烈的太陽風應該會吹散它的大氣層。除此之外，金星沒有磁場，所以也沒有保護作用。那它怎麼能維持大氣層，而且還是很厚的大氣層呢？

我們相信原因就是它的大氣層太厚了，聽起來很奇怪吧？在金星面向太陽的那一面，來自太陽的紫外光會撞到金星大氣層頂端的分子，帶走它們的電子。這些不完整的原子會形成帶正電荷的離子層，地球上也有這種離子層，但差別在於，因為金星的大氣層太厚了，所以這個離子層創造出比地球還要堅固的屏障，使金星不需要磁場，就能使大氣層下方免於受到太陽輻射影響。不過這個結構並不完美，「金星特快車」太空船已經測量到有一束脫離並被推向太陽的大氣。但這也許並不表示金星會失去它的大氣，因為它有可能會再生。金星大氣層中二氧化硫的濃度改變，加上我們偵測到金星表面存在的熱區域，使我們得到金星表面可能有活火山的結論。這些火山散發出的氣體，可能會補充金星在太空中失去的氣體。

三顆大小和質量都很相似的行星，實際上卻有這麼多不同，這是件非常有意思的事。其他的太陽系裡像地球的行星會真的就像地球一樣嗎？或者其實會比較像金星？

提姆提（諾丁罕）

Q093 為什麼金星自轉的方向和其他行星相反？

金星自轉的方向和其他行星相反，不過它轉的速度非常慢。事實上，金星自轉一周的時間，比它繞太陽公轉一周還要久。背後原因我們並不完全清楚，不過有幾個可能。

第一個可能是，也許曾有一系列的撞擊，使這顆行星停止以順時鐘方向轉動，並開始以「逆行」的方式自轉。另外一個可能是，金星厚重的大氣層經歷太陽造成的強烈潮汐，使得它停止轉動。利用天文學家在一九〇年代的測量結果，加上金星特快車這類的公轉太空船更新的資料，我們認為金星大氣層的自轉速度應該是驚人地快，只要四個地球日就會轉完一圈，但金星本身卻要兩百四十三天才會完成自轉。

Q094 火星有火山嗎？

湯馬斯（漢普夏，貝辛斯托克）

火星上沒有活火山，不過有很多死火山，其中最有名的就是奧林帕斯山，這是太陽系裡最大的山，高度約二十五公里。另外火星的塔西斯地區也有火山，有時候普通的天文望遠鏡就可以看得見，因為看起來這些山頂像是有雲環繞的。

幾乎所有的火山都是該行星地函裡的熱點所形成的，熱點會使岩漿膨脹，衝破地表。在地球上也是這樣，不過我們的火山大部分是因為地殼板塊移動所造成的。地球上的熱點火山例子之一，就是在太平洋中間的夏威夷群島，那裡的板塊運動造成了一條火山鍊。

沒有證據顯示火星上有類似的板塊運動，而且以地質學角度來說，火星大致上是沒有活動的。不過，火星大氣層裡的甲烷，是那裡現在可能還有微弱的地質活動在進行的證據之一，不過這些活動沒有強大到足以創造火山。

Q095 有什麼證據顯示太陽風是火星失去大氣的原因？

麥基（史德林郡）

有很多太空船到過火星，並偵測到一束離子化的粒子脫離它的離子層。離子層是大氣的最上層，裡面的粒子因為太陽輻射而離子化。太陽風會將粒子從大氣抽離，遠離太陽。「火星特快車」太空船可以測量到這種粒子流，偵測的結果顯示火星的大氣頂層一直在失去粒子，速度高達每秒一公里，而且速度增加的情況和太陽風強度增加的情況相吻合。

Q096 如果火星再大一些，金星再小一些，我們的太陽系就會有三顆像地球一樣的行星了嗎？

克萊普曼（肯特）

如果火星更接近太陽一點，金星再遠離太陽一點，這兩顆行星當然有可能會變得更適合居住。但是和太陽的距離以及行星的質量不是決定一顆行星大氣層厚度的唯二因素。比較大的行星一般來說可以維持比較厚的大氣層，因為它的重力比較大；既然火星是金星質量的八分之一，這似乎是比較合理的解釋，但卻不能解釋土星的衛星泰坦的情況。泰坦只比火星小一點點，但卻有很厚的大氣層，顯然不只是單純的重力而已，還有其他的東西在作用。

太陽風是從太陽流出的一束帶電荷的粒子，它能帶走行星的大氣，顯然火星的情況就是這樣。地球的磁場會讓這些帶電粒子偏離地球，保護我們不受太陽風影響。可是金星沒有磁場，而且太陽風讓金星厚重大氣層離子化的程度極大，反而讓這顆行星的離子層成了保護屏障，避免了太陽風最負面的影響。

金星過去可能擁有過強力的磁場，所以它的大氣層才會變厚，不過這個磁場現在已經隨著時間而消失。來自小行星與彗星的撞擊可能也是原因之一，因為這會造成大氣被吹散。火星比較接近主小行星帶，所以在形成初期受到的撞擊可能比金星還要多。

如果金星和火星在太陽系歷史的早期調換了位置，那麼我們可能就會有三顆地球這樣的行星，但它們可能到最後還是無法居住。既然我們只有一個太陽系可以研究足夠的細節，我們只能等到我們了解得夠多的時候，才能進行正確的統計分析，研究各式各樣的影響。

木星

Q097 木星有時候被描述成一顆失敗的恆星，真的是這樣嗎？

庫蕭（倫敦）

我們不這麼覺得，我們相信恆星和行星的形成方式不同。恆星純粹是當氣體的壓力和密度高到某個程度，足以發生核融合後的產物。據我們的了解，木星的正中央可能有地球大小的岩石狀核心，後來才開始增生氣體。

此外，描述木星這類的星體為「失敗的恆星」是有點不公平的，這就像是叫灌木叢「失敗的樹」一樣！

Q098 其他天體的經度是怎麼畫定的？尤其如果它們的大氣層會移動，又怎麼辦？

摩頓（得文）

在其他天體上畫定經度的方法，其實就和在地球上的差不多，也就是選一個參考點，然後以它為基準。在地球上的共識是使用格林威治子午線，在月球上則是它面對地球這一面的中央。其他固態的天體也有自己一組類似的參考點，通常是特別顯著的隕石坑，或是某個不會移動的特徵。

像木星這種大氣層會快速改變的行星就比較難畫定地圖。透過測量木星的磁場自轉，我們得知它的主體自轉一圈是九小時又五十五分鐘。木星的雲自轉的速度有一點不同，接近赤道的雲自轉速度比高緯度的快一些。這樣的差別代表雲的樣子也會隨著自轉而有所改變，每個晚上的測量當然也會有不同。為了在觀測者間建立共識，木星有三套想像的座標，分別是系統一、系統二、系統三。系統一和木星赤道雲的特色有關，系統二則和接近木星兩極的雲有關，系統三則和星球本身的自轉有關（測量其磁場的自轉再加以判斷）。雖然這不是完美的解決方案，但的確讓天文學家可以互相交換意見而不至於出現太大的問題。困難的是，如果有人要畫出一份地圖，他就必須知道目前這個經度座標的位置和其他座標的相對關係。

Q 099 我知道木星的大氣層有帶電風暴，但這些風暴發生時會有聲音嗎？如果有，和我們在地球上聽見的一樣嗎？

索特爾（諾福克，大雅茅斯）

木星的大氣層的確會有帶電風暴，這是一九七九年航海家一號太空船發現的，它還同時偵測到由閃電所造成的無線電波，以及在木星的陰暗面拍到閃光的影像。卡西尼太空船在二〇〇〇年前往土星的途中飛經木星，也拍攝到了閃電風暴的照片，恰好符合風暴雲的位置。一道閃電加熱了一道圓柱形的空氣，讓空氣溫度在不到千分之一秒的時間內達到數千度，後續的震波則造成了打雷聲。聲音的頻率會根據震波的特質而有不同，而震波的特質則是依照大氣的壓力、密度，還有釋放的能量而決定。木星的大氣層會隨著高度出現而快速地改變，隨著壓力和密度的增加，產生的聲音頻率也會隨著高度而有所不同。和我們在地球上聽見的聲音相比，在大氣層較高層的地方產生的聲音頻率可能比較低。

打雷和閃電對大氣層的影響，可能不只是讓人跳起來或是讓電視爆炸而已。特別值得一提的是，閃電的能量可能會對化學組成有影響。從一九五〇年代起，人類就開始進行人工創造出生命的實驗，至今已經有數十年的歷史，而實驗方法就是在類似地球初期生命誕生前的水裡製造火花。雖然目前還沒能發現人工生命的出現，但這些實驗裡卻出現了種類驚人多樣的胺基酸，也就是我們蛋白質的成分。類似的實驗，是以近似在木星大氣層中找到的氣體進行，結果發現儘管釋放的能量較多，但大量的氫卻會壓抑化學演化。所以我不認為我們會在聆聽著木星低沉的雷電聲中，發現漂浮的氣體雲微生物。

Q100 《仰望夜空》開始播出時，有九大行星和少少的衛星（比方說，當時木星的衛星有十二個），你覺得再過五十年會變成什麼樣子？

強森（利物浦）

一九五七年的時候，木星有十二個衛星，土星有九個，天王星有五個，海王星有兩個。過了數十年，隨著望遠鏡愈來愈精良，觀測的次數愈來愈多，這些數字也逐漸上升。過去曾經有幾次的大進步，讓我們能更清楚看見這些系統，像是航海家太空船到達外行星時就是一個例子。

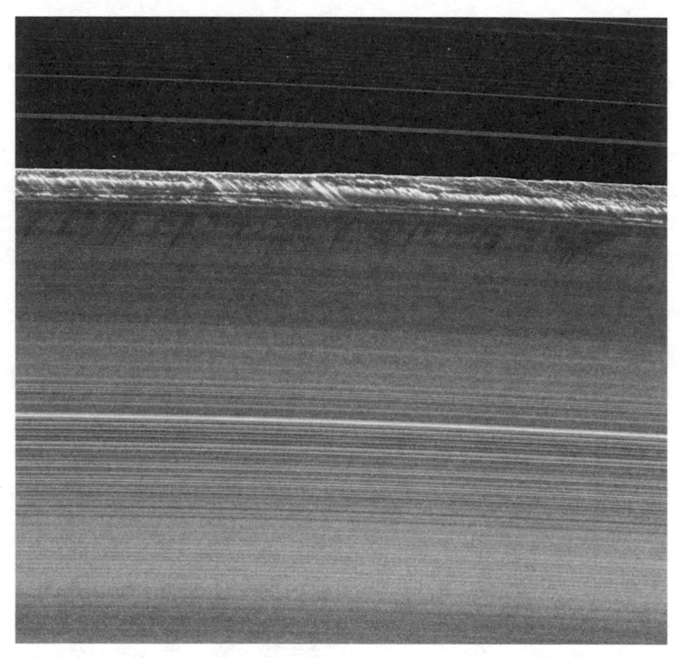

春季的土星環被太陽照亮的側視圖。陰影是環的粒子受到經過的衛星干擾所形成的。卡西尼探測船的觀測顯示這些土星環十分地細。

也許這會令人驚訝，不過比較近期的太空船旅程，並不如人所想像的那麼有實質貢獻。伽利略太空船並沒有發現木星有新的衛星，不過卡西尼探測船倒是發現了八個土星的衛星。發現外行星的衛星，最有效的方法就是調查這些行星周圍的天空區域。有好幾組人都有所斬獲，特別是由知名天文學家夏柏德領導的這組，在過去十多年裡的成果特別豐碩。新發現的這些衛星，主要是所謂的不規則衛星，通常都非常小，直徑才幾公里或更小，公轉軌道極度傾向赤道。

現在已知木星和土星的衛星都超過六十個，繞天王星公轉的衛星數量也接近三十個，海王星則有十幾個衛星。木星和土星的衛星很有可能都已經被發現了，不過針對天王星和海王星的觀測，對於較小的衛星都非常不敏感，原因很簡單：這些行星離地球實在太遠了。天王星和海王星可能都有相當數量的小衛星，但可能還是沒有木星和土星這些尺寸較大的氣體巨星那麼多。

要找到這些小型衛星比較簡單的方法，可能是使用紅外線望遠鏡，尋找它們的熱特徵，而不是反射的光線。紅外線天文學相對來說還是比較不成熟的領域，但是廣角紅外巡天探測衛星任務的成果，以及赫歇爾太空望遠鏡的觀測，都顯示這是很有未來的一個領域。我（諾斯）希望五十年後，會有大型的紅外線望遠鏡放在軌道上，如此一來，我們對天王星還有海王星衛星的知識，也能有長足的進展。

土星

Q101 為什麼土星的環幾乎完全由冰組成，而不是由岩石類的物質組成？

哈里斯（南威爾斯，昆布朗）

這只是反映了太陽系在離太陽這麼遠的地方，是以什麼樣的成分組成。外行星的「揮發化合物」比較豐富，這類物質包括甲烷（碳氫化合物）、氨（氮氫化合物）、一氧化碳（碳氧化合物），還有水（氫氧化合物）。

這些化合物在比較接近太陽的地方，會被年輕太陽的強烈光線分解，所以不會被壓縮到行星內部。所以內行星的組成元素與化合物的熔點比較高，例如金屬就是這一類的物質。而既然這些是比較重、比較稀有的元素，內行星也就比較小。事實上，內行星比外太陽系的天體更為少見。

可以開始結冰的臨界點稱為「冰線」，有時候也稱為霜線或雪線。在太陽系中，這條線和太陽的距離，是地球與太陽距離的三到四倍，大約是在火星和木星的軌道中間，落在小行星帶裡。最容易結冰的是水，甲烷和其他的冰只能在可以躲開太陽光的行星大氣層內形成。

組成土星環的物質可能來自一顆破碎的衛星，或者是無法形成衛星的物質，因此它們和土星的衛星組成的物質相同，主要是水生成的冰，還有少量的岩石物質。

Q102 為什麼土星環是這種扁的、圓形的形狀？

哈特梅札（荷蘭，阿姆斯特丹）

土星環可能是由下面兩個過程之一形成的：一個碎裂的衛星，或是因為潮汐力而無法形成衛星的物質。這些環的年紀一直都是眾說紛紜，最近的證據顯示，它們可能在太陽系形成不久後就存在了。

重力造成物質雲往內墜落，但是自轉造成的離心力使得物質雲在自轉面維持膨脹狀態，這也是星系和太陽系會形成盤狀的原因。而因為土星環裡的粒子很小，大部分都不到千分之一毫米，所以形成的過程就更快了。

我們是在二〇〇九年，土星最近一次的分點時，才發現土星環原來有多麼地薄。當時我們從地球側視土星環，而繞著土星公轉的卡西尼探測船收集到的影像裡，顯示出部分的環映照在其他環上的影子；這些影像也顯示一束束的土星環粒子被土星的一些衛星往上拉，讓我們知道土星環只有幾十公尺厚而已。

Q103 土星環是正圓形的嗎？還是其實是非常接近正圓的橢圓？

威廉斯（威爾斯，卡馬森夏）

在沒有外力的情況下，小型天體繞著行星或恆星公轉的軌道最後一定會是圓形的。但是大部分的天體都不是獨自公轉，土星環的粒子更一定不是。這些粒子的軌道會受到土星的衛星影響，而被拉成些微橢圓的軌道。來自比較接近的衛星，如土衛十六和土衛十七的力量會對這些環造成波紋及讓人嘆為觀止的輪輻狀結構。

Q 104 土星的衛星土衛十六是不是造成土星外環碎石扭曲的原因？

愛德華姿（肯特，貝肯罕）

有好幾顆土星衛星的公轉軌道都很接近土星環，通常被稱為「牧羊犬衛星」。土衛十六和另外一個小衛星土衛十七的公轉軌道，是在所有可清楚分辨的環當中，最窄的F環的兩邊。這些環的其他部分也有類似的牧羊犬衛星，比方說繞著A環外緣旋轉的土衛十五。其他衛星則造成這些環之間的空隙，如A環的恩克環縫裡的土衛十八。土星環的謎團和它們的美麗不相上下，所以它們才這麼迷人。我（諾斯）經常認為這些環的名字這麼無趣真是太可惜了，居然只是照著發現的順序用字母順序命名。

Q 105 為什麼接近土星北極的地方會有那種六角形的特徵？

艾希（英國）

土星北極的雲以六角形為明顯特徵，看起來規律得令人驚訝。一開始，造成這現象的源頭完全是個謎，不過現在我們發現，似乎是因為高緯度的風速造成的結果。如果有兩道雲以不同的速度移動，那麼就會形成像波浪的運動。這道波在繞這顆行星轉一圈的過程裡，恰巧經歷幾乎剛好六次的振盪，而形成了六角形的特徵。

這個特徵需要風速剛好以正確的方式改變，所以才顯得這個規則的圖形如此少見。實驗室中的測試已經顯示，在不同的情況下，可能會有不同的形狀出現，可能是七邊形或甚至是三角形。

Q106 泰坦上有沒有土星重力造成的潮汐？泰坦上流動的碳氫化合物，會產生哪一種沉澱物特徵？

史萊特爾（瓦立克郡，克萊爾頓）

泰坦衛星與土星以潮汐相繫，所以它永遠以同一面對著土星，就像我們的月球和地球一樣。不過泰坦上有季節，因此創造出液體循環的改變。卡西尼探測船曾經看過大氣層裡有雲，還有湖，這都是透過雷達反射所偵測到的。

湖裡填滿的不是水，因為水在這個溫度會結冰，湖裡是乙烷和甲烷的混合物。在雲散開後，這些湖曾經被發現是滿的，接著又再度變空，顯示地表有流動的液體。當液體乾涸，會留下沉積層，在潮濕的湖底也有交錯的渠道。在泰坦上，這些湖似乎有湖濱，不過朦朧的大氣層與冰冷的溫度使得這裡一點都不適合做日光浴！

Q107 為什麼氣態巨行星有很多的衛星，但像地球這樣的類地行星就沒有？

伊格納西亞克（密德瑟斯，恩菲）

氣態巨行星的衛星幾乎一定是下列兩個不同的種類之一，比較大的可能是和行星一起形成的，比方說木星比較大的幾個衛星：木衛一、木衛二、木衛三、木衛四。當木星的核心從環繞太陽的物質盤中形成之後，這些衛星可能也同時形成。土星比較大的衛星中，如泰坦和土衛五，幾乎可以肯定也是這樣的形成方式。木星和土星周遭的其他衛星，大部分都小很多，我們相信這些衛星可能多為小行星，但因為位置太接近行星，最後就被吸引到軌道上了。這些衛星有些的確非常獨特，很多公轉軌道的傾斜角度都相對比較大，有些甚至會倒著公轉。

當然，在最外圍的天王星與海王星現在一點都不靠近小行星帶，所以它們的衛星是哪裡來的？那些並非在原地形成的衛星，可能是從離海王星稍遠的古柏帶被吸引過來的，而冥王星也位在古柏帶。在古柏帶之外還有歐特雲，裡面有很多彗星，一些特別奇怪的衛星，可能就是從那裡經過內太陽系的途中被捕捉的彗星。比方說土衛七的表面就極端地凹凸不平，簡直就像海綿，顯然和土星其他的衛星都不一樣。問題是，為什麼？是因為它發生了什麼事嗎？或者是因為它其實來自太陽系很不一樣的區域？

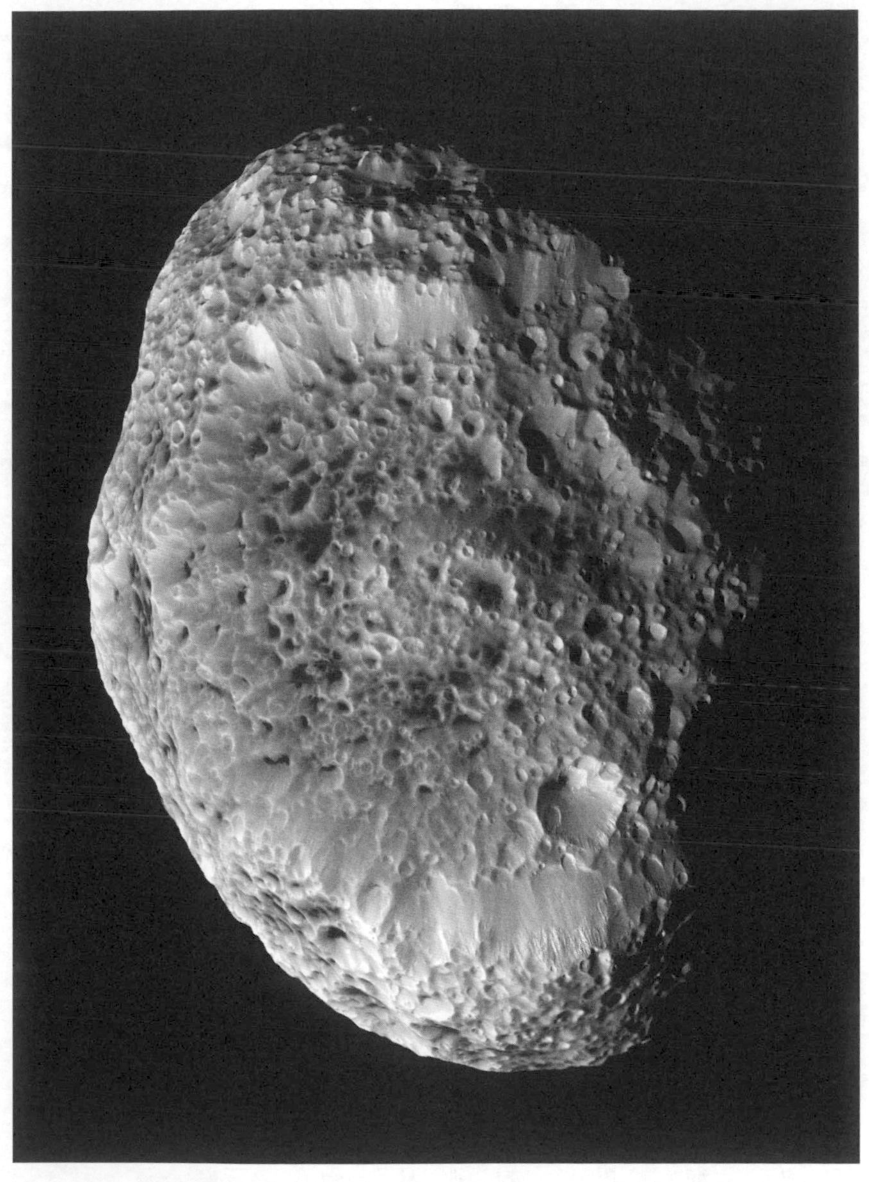

土衛七絕對是整個太陽系樣子最奇怪的衛星，有一個奇特海綿的外貌。

Q108 雖然外太陽系邊緣溫度非常冷，但是為什麼海王星最大的衛星海衛一，會產生航海家二號太空船在一九八九年看到的冰間歇泉？

吉利安（利物浦天文學會）

這是從航海家飛過海王星以來至今尚未解開的謎團。衝入半空的間歇泉令人十分驚訝，但是因為我們只有在二十年前驚鴻一瞥，其實也很難確定那是什麼。我們在這方面的其他資訊也很有限，例如我們只知道那裡的大氣層非常稀薄，地表看起來挺年輕的。這顯示那裡可能因為間歇泉而有蒸汽的源頭，不過間歇泉也可能隨著時間過去，被地表的物質重新填滿。

一般認為這有兩個可能性。首先，間歇泉的產生原因可能和其他星球上的火山活動相似，靠的是內部熱源的能量。雖然海衛一滿小的，但是可能有少量的放射性物質讓它維持溫暖。因為距離太陽這麼遠，只要有一點點溫度差異，就能創造出我們看到的間歇泉。而不像地球上的熱會熔化岩石，海衛一上的熱可能融化的是表面的冰，所以被稱為「冰火山」。

另外一個可能，是太陽光會穿透海衛一地表的氮冰，增加下方的氣體壓力。在冰層較薄的地方，這些氣體會衝出來，就像是彗星表面釋放氣體，而形成彗星尾巴那樣。支持這種說法的證據是，所有的間歇泉似乎都集中在海衛一被太陽照到的這一面。

我們不認為海衛一上會有像土衛二和木衛二那樣的次表面海洋，這些海洋是靠著衛星和行星間的潮汐力所帶來的熱而形成。可是海衛一離海王星太遠了，所以不可能創造出類似的熱，形成我們所觀測到的這個現象。總體來說，海衛一是很有意思的世界，如果我們將來派出探測船到海王星，這裡也值得一訪。

Q 109 冥王星真的在我們有紀錄以來，都還沒完成一次公轉嗎？

唐納森（蘇格蘭，羅西斯）

湯博在一九〇年發現冥王星。它和太陽的距離約是地球和太陽距離的三十到五十倍，公轉一次大約需要兩百四十八年。因此從我們發現它開始，只在公轉軌道上移到大約三分之一的距離。

當然，從冥王星的角度來看，畢竟它已經在外太陽系公轉了好幾十億年，所以也已經轉了好幾圈了。

Q 110 古柏帶裡有沒有足夠的東西再形成一、兩顆真正的行星？如果有，那為什麼還沒有呢？

史汀森（瓦立克郡，奴尼頓）

雖然古柏帶裡有幾顆大的物體，但數量很少，而且彼此距離遙遠。整個古柏帶的質量看起來只是地球總質量的一小部分，可能還不到百分之十。這些物體無法堆在一起是因為它們互相撞擊後，只會彼此彈開而——它們運動的速度太快，無法透過彼此的重力聚在一起。這些碎片有一些最後會漂到內太陽系，目前被發現的彗星中有一半大概就是它們形成的。

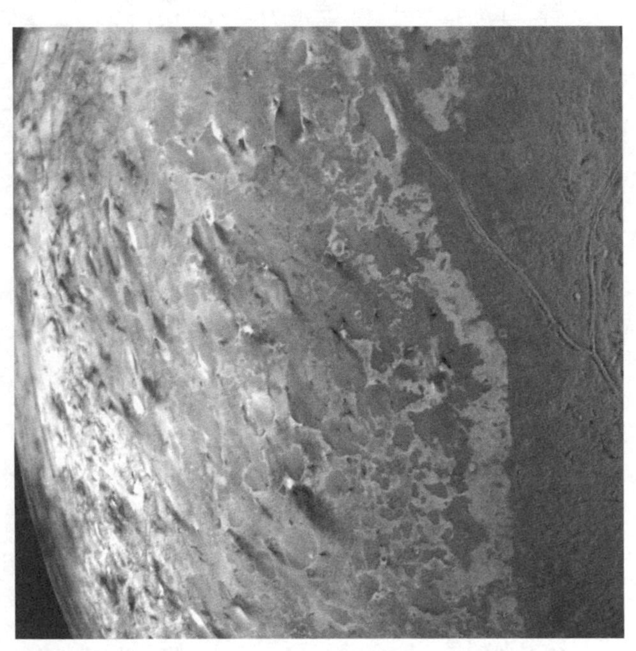

航海家二號拍到的海衛一影像上的暗色條紋被認為有可能就是低溫火山或是冰間歇泉所形成的。

Q111 你對於冥王星被降級有什麼看法？

傑克森（西索塞克斯，塞爾西）

我們對於冥王星分類的看法，除了它會出現在哪一個名單裡之外，完全沒有任何的影響。不論我們把它稱為行星或是矮行星，冥王星都還是在那裡。事實上，比較專業的天文學家可能會說，他們根本不在乎我們怎麼稱呼它。

二〇〇六年時，我們發現了其他和冥王星更為相似的星體，而且它們看起來和其他的行星不太一樣，所以國際天文學聯合會（IAU）做出將冥王星降級的決定，目的是要建立行星的科學定義，不過這看來是不可能的，因為總是會有模稜兩可的例子。把冥王星和其他類似的天體放在一起，看起來是最合理的選項，而且對這件事的反應太情緒化也沒有什麼用。

值得記住的是，冥王星不是第一個被這樣降級的行星。當皮亞傑在一八〇一年發現穀神星的時候，它一開始是被列為離太陽第五近的行星。一八三〇年時，太陽系共有十一顆行星：水星、金星、地球、火星、灶神星、婚神星、穀神星、智神星、木星、土星、天王星（當時還沒有發現海王星和冥王星）。等到人類在火星和木星間發現愈來愈多星體，我們才了解它們其實都很相似，因此它們都被降級成「小行星」。我想穀神星在十九世紀被降級的時候，可能沒有二十一世紀冥王星被降級時那麼引起大眾譁然。

很多不同的命名系統在二〇〇六年被提出，但最後IAU決定要明確分別八大行星以及愈來愈多的矮行星。現在行星的正式定義如下：

滿足下列條件的天體：一、繞著太陽公轉；二、質量足以產生自己的重力，克服強大的天體力，以致於可以形成符合流體靜力學的均衡形狀（接近圓形）；三、有足夠的質量將軌道附近的天體清除。

矮行星的正式定義則是：

滿足下列條件的天體：一、繞著太陽公轉；二、質量足以產生自己的重力，克服強大的天體力，以致於可以形成符合流體靜力學的均衡形狀（接近圓形）；三、質量不足以清除軌道附近的天體；四、不是衛星。

Q112 賽德娜的表面是紅色的冰形成的嗎？

泰樂兒（西索塞克斯，契赤斯特）

我們不確定賽德娜的表面是什麼組成的。根據凱克望遠鏡和雙子星望遠鏡的觀測結果，它看起來是太陽系最紅的天體之一，但並不是完全被冰覆蓋。賽德娜的公轉軌道是一個巨大的橢圓，近日點大約是七十六天文單位，和太陽的平均距離大約是地球和太陽距離的九百多倍。它已經自己公轉了幾十億年，可能是因為和其他行星——也許是我們尚未發現的行星的交互作用而被拋到這麼遙遠的地方。

隨著時間過去，已經被太陽輻射分解成甲烷和氮氣冰的混合物，創造出了深紅棕色的物質，被稱為托林。

「托林」這個詞是在一九七九年由薩根所創的，用來形容無法辨識的分子，字源是希臘文的「泥濘」。這種物質滿像瀝青的。事實上薩根差點就把它叫成「星星柏油」！

Q113 航海家一號和二號都在離開太陽系的邊緣了，它們一旦離開，會發生什麼事呢？在未來的幾千年裡，又有什麼在等待它們？

戴維斯（劍橋郡，馬奇）

航海家太空船是很棒的太空任務，它們讓我們了解很多關於行星和外太陽系的事。它們現在要探索太陽系的邊緣地帶。航海家一號現在距離太陽是地球距離太陽的一百二十倍，是史上最遙遠的人造物體；航海家二號也不遑多讓，距離是地球與太陽距離的一百倍。

這兩艘探測船前進的方向不同，航海家一號往太陽系的平面前進，航海家二號則往下方前進。這樣一來就能得到太陽系在兩個方向的極限位測量值。這個區域受到太陽風，以及太陽風與星際風間的交互作用主宰：前者是太陽持續散發的帶電荷粒子流，後者則是恆星間類似的粒子流。

太陽風在太陽周遭吹出一個泡泡，稱為太陽圈，而隨著太陽系在銀河系中移動，這個泡泡會和朝著它而來的震波相對抗，就像郵輪形成的弓形震波。太陽圈最外圍的區域稱為日鞘，而兩艘航海家號都在這個區域裡。現在有跡象顯示，航海家一號正在接近太陽圈頂（又稱太陽駐點），這裡是太陽風被星際風擋下的地方，可以從粒子與磁場方向的改變看得出來。我們預期這個轉變會是平順的，但看起來這個區域比預計的還要「多泡」，因為這些磁場緊密地盤繞著粒子密度較高與較低的區域。

航海家探測船不會受到磁力變動太大的影響，因為只有船上的敏感儀器會偵測到粒子流和磁場。預計航海家一號會在未來五到十年穿過太陽駐點，進入真正的星際太空。任務小組最希望的就是，在我們了解太陽系邊緣之前，船上的核能發電機不會轉弱到使得儀器關閉的地步。

一旦進入了星際太空，它們就是真的進入了未知的領域。這兩艘太空船都沒有以任何特定恆星為目標，不過大約四萬年後，航海家一號會經過 AC + 79 3888 恆星的幾光年範圍內；約二十六萬年後，航海家二號會到達天狼星附近大約四光年再多一點的地方。這兩艘太空船的命運就是永遠在銀河系中流浪，不過在幾千幾萬年後，它們可能會被其他恆星抓住，成為繞行軌道的小天體。除非外星人的太空船把它們拿來練靶！

Q 114

廣角紅外巡天探測衛星（WISE）任務或其他任務，有沒有證據顯示在遙遠的歐特雲可能有棕矮星或是黯淡的紅矮星？未來的調查活動，比方說「泛星計畫」（全景巡天望遠鏡和快速回應系統，簡稱 PanSTARRS）或是「大型綜合巡天望遠鏡」（LSST）會不會提出其他的證據？

戴文斯（漢普夏，文契斯特）

在距離太陽非常遙遠的地方，還是有可能有非常黯淡的恆星或行星繞著太陽公轉，只是它可能黯淡到我們找不到。在過去的數十年裡，曾經有數不清的說法宣稱發現了「X行星」或是棕矮星，不過目前為止都還沒有確實的證據。在一九八〇年代，紅外天文衛星偵測到了一顆非常黯淡的異常源頭，不過X行星也只是眾多可能性當中的一個，後來也被否定了。

儘管如此WISE任務用紅外線波段調查了整個天空，成功在十五光年這個相對近的距離位置，發現了一顆新的極低溫棕矮星。既然我們過去不知道這些恆星的存在，表示可能也有其他接近的天體是還沒有被發現的。如果在太陽系的最外圍有一顆會公轉的棕矮星，WISE應該會看到，不過它可能只能偵測到本身是發熱源的天體，在那麼遙遠的距離所反射的陽光對於WISE太黯淡，無法偵測。

小行星與彗星

Q115 為什麼會有小行星帶的存在，而不是形成另一個行星？

巴瑞克勞夫（南約克郡，謝菲爾德）

小行星帶只是因為太接近木星，所以無法形成更大的行星。因為在很接近這麼大的氣態巨行星的情況下，任何以碎粒結合成的較大「原行星」，都會在木星下次經過時被拆散。不過就算沒有這個問題，小行星帶裡剩下的東西，也無法形成一顆大的行星。這裡最大的天體是穀神星，直徑不到一千公里，總質量不到地球的千分之一。

木星對小行星帶的影響可能也是火星會那麼小的原因：木星使其他較大的星體無法形成，如果沒有木星，火星早期的主體可能就會比較大。

Q116 彗星是怎麼從天空中飛過的？

麥可，四歲（曼徹斯特，馬波橋）

彗星在天空中慢慢移動的情形和行星一樣，因為太陽的重力讓它們依照自己的軌道前進。當它們接近太陽時，強烈的陽光讓它們的表面開始蒸發，形成彗星的尾巴。這條尾巴不會像火箭一樣往後指，而是直接遠離太陽，不過有時候也會彎曲。這條尾巴在彗星最接近太陽的時候會最顯眼，因為那時候的陽光是最強烈的。

Q117 我們能不能估計早期需要多少彗星撞到地球，才讓海裡裝滿了水？這些彗星還帶來了哪些其他物質？

布拉德（倫敦）

地球上的海洋是地球與其他行星不同之處，不過海洋的起源至今仍不明。最廣為接受的理論是，早期的地球是一個又熱又乾的地方，海洋是彗星或隕石沉積而形成的。海洋覆蓋了地球表面的三分之二，總共有十四億兆（一．四乘以十的十八次方）噸的水，相當於十五億立方公里，這可以裝滿非常多澡盆。

彗星似乎是個可能的源頭。彗星經常被稱為髒雪球，由結冰的水結合岩石和塵埃組成，此外還包含其他結凍的化合物，例如甲烷、二氧化碳、氨等，這些都是早期太陽系很常見的物質。彗星的固體核心非常小，最大直徑也不過只有幾十公里，但是它們擴散的氣體，所謂的「彗髮」可能就大得多。彗髮是受到陽光照射後從彗星表面發散的氣體，稀薄得令人難以置信，是「無有而無不有」的最佳寫照！

彗星的小，代表了可能需要數兆顆彗星，才能帶來地球海洋的水量。這聽起來很多，的確也很多。不過大約在三十到四十億年前的太陽系，有一段稱為「後期重轟炸期」的時間。當時彗星和小行星這些小型天體，充滿在太陽系各處，撞擊許多行星與衛星；月球上很多隕石坑就是在這個時期出現的。大部分撞上地球的彗星帶來的水，應該是在這個時期出現的。

地球的水來自彗星的證據是因為其化學組成，特別是氫和氘的比例。目前地球上水中的氘，比形成地球的物質還要多，所以一般認為水是比較晚才來到地球的，而其中一個來源可能就是彗星。不過在目前我們研究的大部分彗星上，水的成分並不符合地球的水成分。唯一已知的例外是哈特利二號彗星，它形成的地方，和我們觀察到的其他彗星形成的地方不一樣。其他彗星在飛出來之前都在木星和土星的區域形成，但哈特利二號是在古柏帶形成的。地球上的水可能是由在古柏帶形成的彗星，而非更遠地方形成的彗星所帶來的。可是只有幾顆彗星曾經被好好測量過，所以真相還是未知。

彗星不是唯一可能的來源，我們也發現很多隕石有和海水一樣的組成成分，所以這也是另外一個可能性。在這個討論中有一個很關鍵的地方，就是地球海洋的成分，是否隨著時間有所改變？這一點我們並不確定。

彗星和小行星帶來的不只有水。最近的分析發現，隕石含有可能由基本化學物質與陽光反應後生成的複雜化學成分。有些隕石上已經被發現有胺基酸和組成ＤＮＡ的分子，不過我們還沒發現乘著彗星而來的外星微生物！

Q118 彗星裡的水是哪裡來的？

安納爾（康瓦耳，紐基）

彗星是非常初期的太陽系所殘留下來的東西，組成的物質和形成太陽與行星的星雲物質相同。在彗星形成的太陽系外圍，水結成的冰是可以形成微粒的。這些微粒會聚集物質，和小型的岩石物質結合，形成彗星。彗星的確切成分會依照它們形成的地點有所不同：形成位置比較遠的，會比較早開始凝聚；形成位置比較近的，因為處在稍微比較溫暖的環境裡，所以會比較晚才開始凝聚，也因此會有太陽星雲演化較後期的成分。

Q119 進入我們太陽系的彗星當中，哪一顆會飛得最遠，到太空的最深處？

杭特（得文，奧克漢普頓）

彗星可以分成三種，分別是短周期彗星、長周期彗星，以及只出現一次的彗星。短周期彗星的公轉時間短於兩百年，長周期彗星的公轉時間則可長達數百萬年，而只出現一次的彗星就只會被看見一次，因為它們的速度太快，所以會脫離太陽的重力。

不過彗星的命運還滿難預測的，因為造成影響的因素太多了。天文學家會每個月或每年精準標記它們的位置，再和它們受太陽重力影響所應該出現的位置加以比較，藉此計算出它們的軌道。複雜的是，因為陽光的壓力會讓彗星表面發散出物質，所以它們還會受到其他力量的影響。這些物質流失的速度相對偏慢，所以這些力也很小，但還是會對它們的軌道帶來不確定性。比較容易預測，不過也一樣複雜的，是來自其他行星的影響。經過氣態巨行星的彗星可能會被拉進內太陽系，但也可能往外進入星際太空。

例如阿蘭德羅蘭彗星，正式名稱是「C/1956 R1」。這顆彗星在一九五七年四月時最接近太陽，並且是《仰望夜空》在一九五七年四月二十四日播出第一集的節目主題。根據預測，它的軌道是略成雙曲線的路徑（也就是會讓它離開太陽系），不過當時對於非重力性的力量所造成的影響還有些不確定。

然而，彗星看來並不像真的源於太陽系以外的地方。相反的，它們源自外太陽系，並且因為和其他行星相遇，才上演脫離軌道的戲碼。例如 C/1980 E1 彗星本來是在太陽周圍一條平靜的軌道上，七百萬年才會完成一次公轉。它公轉到近處時，恰好落在木星的軌道內；到遠處時，與太陽的距離則是地球與太陽距離的七萬七千倍。但在一九八〇年的時候，一切都改變了，它來到了距離木星三千萬公里以內的位置。這個相對近的位置大幅增加了它的速度，以致於除非它又在途中遇到了其他天體，否則就再也不會回頭了。這顆彗星是我們目前發現，在太陽系中運行速度最快的自然物體。

Q120 地球和小行星的距離要多近時，才會在交會時造成負面影響？

潔可森（貝德福郡）

和地球相比，小行星非常小，所以任何與地球近距離交會的小行星都不會造成危險。最大的小行星是穀神星，但它的直徑也不到一千公里，只是地球百萬分之一的質量而已。其他的小行星更小，很多的直徑才十幾公尺或以下。

我們相信，接近地球的小行星當中，直徑超過一公里的大約有一千個，直徑超過一百公尺的至少有兩萬個。這聽起來好像很多，不過要記得，和這些小行星與地球相比，太陽系的範圍更大，所以它們相撞的機率非常低。

但也是有小行星撞上地球的例子，只是大部分都很小，而且每年有成千上萬噸的物質會落在地球上，大部分是質量才幾公克的物體。不過小行星不需要特別大，也會造成相當的影響。一九〇八年有一顆直徑大約三十到五十公尺的天體，被吹到地球表面上方，後來撞上地面，使西伯利亞通古斯地區有大約兩千平方公里的樹木全數傾倒，但沒有任何目擊者提供證詞。類似大小的天體大約在五萬年前撞上了亞利桑納州，造成了直徑大約一公里、深度約兩百公尺的坑洞，一般稱為「隕石坑」。比較大的撞擊可能會有比較嚴重的後果，就像是恐龍在六千五百萬年前遭遇的那樣，但是這樣的例子非常稀少。

Q121 我有一個朋友在二〇〇二年七月看到一個很像巨型小行星的東西飛過大氣層。過了這麼久，還有沒有可能追蹤到它呢？

漢米頓（倫敦）

他看到的很有可能真的是一個很小的小行星，也或許是宇宙殘骸的一小塊碎片，沒有跳過地球的大氣層，而是飛進來後開始燃燒。但它也可能飛越了大氣層，而要在多年後追蹤到它，就需要非常精確地知道它的位置。預測軌道需要知道天體準確的速度與方向，如果沒有這些資訊，要再度找到這個天體是不可能的。

Q 122 英國是否有在研究如何偵測飛過地球的小行星，以及規畫其應變方式呢？

因斯（蘭開夏，普雷斯頓）

有很多國家級與國際級的計畫都在監測接近地球的天體，「太空防衛研究計畫」就是一例。這些計畫通常有兩種不同的策略：找到並監測接近地球的天體，同時發展一旦發現這種天體時，我們應該採取的策略。

現在有好幾個望遠鏡都在監視著天空，尋找這類的天體，最著名的就是「泛星計畫」。此外，龐大的業餘望遠鏡網絡也持續有新發現。每個月都有數千顆新的小行星被發現，我們應該已經發現了百分之九十的直徑超過一公里的近地球天體了。

萬一我們真的發現小行星或是彗星進入會撞擊地球的路線，關於我們該怎麼反應現在也有很多種提議。大部分都和試著改變它的軌道有關，不過這些都需要相當久的時間才能實現。

這個世界當然已經注意到接近地球的天體可能帶來的威脅，現在天空也已經受到監視了。可能要等到發現相當嚴重的威脅時，才會真的採取重大的行動，執行當我們發現有天體會撞上地球時的計畫。

Q123 如果陽光照到小行星會使它在太空中移動，那麼地球曾經因為表面被照到光而移動嗎？

馬歐爾（諾森伯蘭，克蘭林頓）

所有被陽光照到的天體都會受到影響，不過影響的程度會依照天體的大小而定。小微粒和冰會很容易就被推走，就像彗星的尾巴那樣，不過對較大天體的影響會小很多。對於黑暗、吸收性的表面而言，太陽輻射造成的壓力比較低，明亮、反射性的表面，受到的壓力比較大。透過改變表面的反射性，調整小行星的軌道，是讓即將相撞的天體改變路徑的一種可能性。

太陽系裡所有大型天體，小至小行星、大至行星，承受陽光的壓力已經達到一個平衡點。太陽輻射的改變非常小，所以對外產生的壓力不會有重大變化。比較大的影響應該已經在早期的太陽系中出現，本來也許會形成地球的一些分子和微粒，當時都被往外推走了；既然比較輕的分子會比較容易被外推，因此你可以說陽光移走了較輕的元素，改變了地球的組成。

Q124 我能不能在我們教堂屋頂邊的溝槽爛泥裡發現小隕石呢？如果可以，我要怎麼辨認它們？

愛倫（蘇佛克，伊普斯威治）

你的確可以在教堂屋簷的爛泥發現隕石，因為它們掉在屋頂上的機率，與掉在地球表面任何大小差不多地方的機率是一樣的。你也許會以為隕石會穿過屋頂，但它們實際移動的速度可能慢得出乎你的意料。

不過你還是需要仔細分辨，因為大部分的隕石都非常小。比較小的隕石很容易與被風吹動的微粒搞混，不過比較大的就很難用地球的物體來解釋了。如果你真的發現有意思的東西，那麼最好把它送到當地的大學或博物館。

我（摩爾）在一九六五年很幸運地發現了一顆隕石。有一顆火球被看見飛過英國的天空，接著在列斯特夏的巴威爾村上空爆炸。我開車到那裡，找到當地最大的農莊，問主人我能不能四處看看。他很好心地答應我，結果我發現有一塊岩石的碎片以很不尋常的方式從土裡突出來。這塊約十八〇毫米的碎片有燒灼過的跡象，讓我辨識出它是隕石而不是一塊古老的石頭。我把它帶回到當地的博物館，那裡已經有很多隕石的碎片，其中一塊還是從一扇打開的窗戶掉進屋子裡，躲在裝著假花的花瓶裡，後來才被發現的！最後我得到同意可以留著這塊隕石碎片來展示，並在遺囑中將碎片留給科學博物館，我也已經這麼做了。現在這塊碎片就在我書房的壁爐架上。

Q125 我們怎麼判斷一塊岩石，比方說隕石的年紀？

馮丹（荷蘭，提爾堡）

岩石和隕石用放射性定年測試的結果都非常古老。放射性定年法是利用自然產生的、存在時間很長的放射性同位素衰變來判定存在時間。像是鈾的這類的同位素半衰期很長，有時候長達數十億年，接著衰變成穩定的同位素。在一個半衰期內，一半的原子都會衰變，所以比較未衰變的與已衰變的原子數量，就可以計算岩石的年紀。

地球上發現最古老的岩石有四十億年這麼老，但是因為它們之前都在岩漿下面，所以地球一定是在那之前就已經形成了。用放射性定年法有一個問題，就是一旦岩石再度融化，一切就會「重新開始」。更古老的年分判定，是透過研究個別的結晶所蒐集而來的資訊，最古老的岩石可以回推到四十四億年前左右。有數十顆隕石被推定年分超過四十五億年，這為太陽系形成的時間提供準確的測量。

磁場

Q126 行星的南北極就和磁鐵的兩極一樣嗎？如果兩顆行星的北極相對，那麼是否就算它們在相撞的路徑上，還是會互相排斥？還是磁性的排斥力其實太微弱？

絲哲玟葛（倫敦）

行星的磁場比重力場微弱非常非常多。雖然磁場對於極小的微粒有影響，比方說星際風，但是它們對於較大的天體沒有任何影響。這是因為，儘管個別的粒子，不管是質子或電子，都有電荷，但是像行星和小行星這些大的天體是沒有電荷的。它們的正電荷和負電荷幾乎一模一樣，所以它們是電中性的。

大部分的行星不會有特別強的磁場，因為磁場是導電物質在表面下移動所造成的。地球的地核一直在轉動，所以形成磁場，但是水星和火星都已經固態化很久了，而金星自轉得太慢，所以也無法產生創造磁場所需的充足發電機效應。

Q127 磁場只會和移動的電荷共存，例如電流；那為什麼天文物理學中並沒有考慮電力？

富佛特（波伊斯，蘭德林多威爾斯）

電場和磁場基本上是同一種現象——電磁場——的兩個面向。靜止的電荷會創造出電場，移動的電荷會創造出磁場。比較大的天體，比方說地球、太陽，還有小行星，是電中性的，所以不會創造出整體的電場。

但雖然沒有全面性的電場，還是會有移動的電荷。想想看地球的中央，金屬的地核會自轉，而地核的電荷移動就創造出了磁場，不過地核整體而言還是電中性的。另外一個例子是太陽風，這是被驅離太陽的質子與電子流。太陽風的每一個粒子都有電荷，所以會對電場與磁場有反應；但因為帶正電的粒子和帶負電的粒子數量相同，所以太陽風是電中性的。

以較大的規模來說，如果我們想了解加諸於行星周圍的離子化氣體、日冕、中子星的輻射，以及星系旋臂微粒排列的各種力，那麼磁場和電場就非常重要。不過對於了解很多天體所發生的事件而言，它們是可以被省略的。

Q128 既然地球的年齡大約是宇宙的三分之一，怎麼會有時間讓自然界所有的元素形成呢？

賽克斯登（格洛斯特夏，康）

自然界有很多元素，但是這些元素的數量和氫與氦相比都算少。宇宙整體有百分之七十五的氫，百分之二十五的氦，其他的元素都非常少量。比較重的元素，比方說碳、氧、鐵，都在恆星的核心，或者是在巨大恆星壽命的終點爆炸時創造出來的。

太陽大約已經存在五十億年，所以在那之前，宇宙已經存在了八十億年的時間。八十億年不足以久到讓太陽這樣的恆星由生到死，不過比太陽更大的恆星存在的時間比較短。最早的那些恆星可能都比太陽還大，存在的時間也許只有幾百萬年，而它們也是大部分重元素的來源。

地球本身並不是由百分之七十五的氫所組成的。事實上，這裡最多的元素是氧。這是因為在早期的太陽系裡，氫在強烈的太陽光照射下無法凝聚，反而被推到了較外面的區域。在地球和太陽距離四倍以上的地方，氫就更多了，這可以從巨行星的成分看出來。地球上的化學作用主要是被鐵、氧、矽和鎂所支配，而這些也正是組成地球主體的元素。

地球在形成的過程中出現了差異化，很多像鐵和金這些比較重的元素沉積到了核心，剩下的氧、矽、鎂則組成了地殼和地函的主體。舉例來說，整個地球主體的十億分之一百六十（重量而言）是由金所組成的，但是如果只看地殼，這個比例就降到了十億分之一。金並不是地球上最稀有的元素，但是它的優點是不會受腐蝕，而且拋光後很閃耀，這是數千年來它吸引人類的原因。

戴玟絲（布里斯托）

Q129 氣態巨行星和固態的岩石型行星，哪一個先出現？

在太陽系形成的初期，各行星都大約在差不多的時間開始從物質中生成，不過我們相信有些行星，形成的速度比較快。實際上行星形成的過程還是頗受爭議，有些人相信氣態巨行星形成的方式類似恆星，是團塊的氣體從原恆星盤中生成，也有些人認為核心才是先生成的。

太陽系大部分的物質由氫組成，還有少量的氦以及相對少的較重元素，比如氧、碳，還有鐵。氫主要的形式是氣體，例如甲烷、氨，還有水，而比較重的元素會形成塵埃微粒，組成愈來愈大的岩石。

可是初形成的太陽會發出強烈的輻射線，把太陽系分成兩個主要的區域。在比較冷、靠外的區域，物質會自由地堆積在一起，氣體會黏在充滿塵埃的團塊上，成為小型、氣態的「原行星」。在太陽放射線比較強烈的內太陽系，氣體會分解，往外吹散，使得只有相對少量的較重元素會以微粒和小行星的型態存在這一區。這兩個區域的界線被稱為「冰線」，有時候也稱為霜線或雪線，現在的界線位置在小行星帶某處。

在外太陽系，氣體會凝聚在小的原行星表面，並且結凍，幫助這些原行星的核心快速生成。大量的氫和氦增加了原行星的質量，使它們生成得更快，在幾百萬年裡就形成質量是地球好幾倍的行星核。內太陽系並不存在這種氣體，所以行星形成得比較慢，可能要一千萬年左右才能形成。整體上來說，內太陽系因為比較輕的氣體會外移，剩下的物質比較少，所以內行星也比較小。一開始的物質可能是由岩石所形成的，漸漸生成為較大的尺寸，直到相對少量的大型物體開始占有主導地位為止。這些比較大的物體會結合在一起，形成我們所知的行星，大部分都成為地球和金星的一部分，而火星和水星這些比較小的行星，就是由「剩下的東西」組成的。

氣態巨行星真正的主體，特別是木星和土星，只有在它們大到足以開始從周盤物質結合氣體時才會成長，並在大約一千萬年後，達到它們目前的尺寸。對研究行星形成的科學家來說，真正的問題是天王星和海王星形成的冰態巨行星。它們有巨大的固態核心，是地球質量的十倍以上，可是以它們和太陽遙遠的距離而言，是不可能形成這種核心的。一般的共識是，這些核心是在接近木星和土星的地方形成，後來因為氣態巨行星變得更大，所以飛到了外太陽系。有人的看法是，木星曾短暫地往內移，這可能也是火星這麼小的原因。

我們對行星是如何形成的想法細節，來自於電腦模擬的結果，而且是依照年輕的太陽周圍物質盤的初始狀態所決定的。隨著電腦愈來愈發達，模擬也愈來愈成熟，我們對行星如何形成的想法如果有更進步的演變，我（諾斯）也不會驚訝。隨著觀察了很多其他太陽系形成的各種階段，我們也開始更清楚自己的太陽系可能的形成過程與初始條件。

Q130 地球上的生命什麼時候會結束？為什麼？

蓋瑞（列斯特夏，勒夫波羅）

目前為止，太陽是地球上延續生命最重要的因素。我們人類可以把自己炸到天國，滅絕地球上所有的大型物種，但是就算這樣，昆蟲和微生物都還是能存活。

液態水的存在似乎是關鍵，而且只有在和太陽處於某個距離範圍內的區域會出現，這個距離範圍很小，稱為適居帶。隨著太陽變老，會漸漸變得更熱，所以這個地帶也會慢慢往外移。再過十或二十億年，海洋會因為熱而被燒乾，到時候地球可能就會無法居住。某些非常基礎的生命形式可能還是可以存活，而這個過程當然非常慢，足以讓某些生物演化成能夠應付焦灼的熱度，比方說躲在地底之類的，只是可能性還是很低。地球最有可能的命運，就是在數十億年後，當太陽變成紅巨星時一起被毀滅。到了那個時候，地球上所有的生命當然都無法存活了！

Q131 等到太陽變成紅巨星，它就會變小，這是不是代表地球的公轉軌道也會變大，我們就有多一點時間可以使用？

馬利爾（赤夏，瓦陵頓）

太陽會慢慢失去質量，變成一顆紅巨星，部分原因是它一直在燃燒自己的核燃料，轉換成能量。太陽每一秒都失去四百萬噸的質量，這些質量透過太陽核心的核融合被轉換成陽光。但是太陽真的非常巨大，所以這個過程造成的影響很小。比較主要的影響是太陽風會隨著太陽變老而增加強度。在太陽生命的最後幾億年裡，太陽會失去超過三分之一的質量，使它成為現在直徑的兩百倍。

質量喪失會造成各行星的公轉軌道以螺旋狀向外旋轉，似乎表示地球可以逃過燃燒致死的命運。然而，一如往常，總是有個陷阱。隨著太陽膨脹，表面距離地球愈來愈近，地球上的潮汐力會造成軌道衰弱，使它再度以螺旋狀往內旋轉。這個螺旋旋轉可能只需要在太陽膨脹後的幾百萬年就會出現，快得足以讓地球在太陽再度萎縮前就轉進這顆恆星的表面。

就連火星也可能無法逃離這個命運，因為它會往內呈螺旋狀公轉，並在強烈的陽光下蒸發。有些研究顯示，就連木星都可能因為超亮的太陽而有部分揮發，連木星的那些衛星都不適合停留。

當太陽到達最亮的時候，適居帶就會往外移到古柏帶，也許人類到時候就會住在冥王星上了。當然囉，這也不會長久，因為太陽接著會變成黯淡的白矮星，使太陽系的其他地方都變成冰凍的荒原。

皮爾斯（大曼徹斯特，波爾頓）

Q132 我們都聽說過岩石型的內行星在太陽死亡時的命運。那外太陽系的氣態與冰態巨行星會怎麼樣呢？

當太陽進入生命的晚期時會發生兩件事。首先，它會變大很多，表面會膨脹到大約地球現在所在的位置。第二，當太陽表面稍微冷卻後，它會散發出更多的能量。在生命的最後階段，太陽發出的能量大約是目前的一萬倍，這是因為太陽核心的氫已經耗盡，此時必須燃燒氦。我們預期這會在幾十億年後發生，而太陽這個巨大的階段會持續大約十億年。

在這段時間裡，太陽會變得比現在溫暖。內太陽系可能會被太陽毀滅，或者因為熱而再也無法居住，外太陽系卻可以維持完整。然而，這還是可能會有一些比較小的影響，比方說太陽輻射增加與更強的太陽風，也許會把外太陽系行星的一些大氣吹跑，增加的溫度也許會改變大氣中的化學成分與組成。

特別有意思的是，木星和土星某些衛星上的溫度，可能會變成適宜人居，也許會成為人類適合的避難所，不過這裡的大氣依舊不是人類可以呼吸的空氣。一旦太陽生命中這個巨大的階段結束，就會開始變得黯淡，成為小小的白矮星，被壯觀的行星狀星雲環繞。太陽系會變得極為寒冷，如果到時候還有人在這裡，也該打包行李去找新的太陽系了。

恆星與星系

距離

Q133 測量與恆星的距離要用什麼方法？我們怎麼知道量出來的對不對？

菲皮斯（斯羅普郡）

和人類使用的度量衡相比，恆星的距離之遠簡直超乎想像。就算是最近的恆星距離我們也有四十兆公里。把數字寫出來，看起來好像又更遠了：是四○○○○○○○○○○○○○公里！就算是光，每秒能穿越驚人的三十萬公里，也要四年才能飛得這麼遠。如果有一架噴射機能在太空中前進，那它會需要約五百萬年才能到達最近的恆星。這麼龐大的距離需要新的測量單位，在天文學上我們使用的是「光年」，也就是光前進一年的距離：十兆公里。用這樣的單位，就比較容易描述恆星的距離，例如，距離我們最近的恆星「比鄰星」大約就在距離我們四光年之外。

我們顯然不能用尺來測量這些距離，而且這些恆星也太遠了，無法用雷射測距儀來測量，所以我們使用所謂「視差」測量系統：從不同的位置測量同一個天體的位置。所謂視差的效果是這樣的，你先盯著一個遙遠的天體，接著把你的手臂伸長，豎起手指。當你盯著遠方的天體時，先閉上一隻眼睛，張開後再閉上另外一隻，輪流眨眼。你的手指看起來像會移動，這是因為你的兩隻眼睛並不在相同的位置。當觀察的物體愈遠，這種影響就愈小，因為它們比較不會有顯著的位置改變，而且你知道你的眼睛是分開的，你也可以算出兩眼到手指尖的距離。

可是我們兩眼之間幾公分的差異，無法幫助我們測量四十兆公里這樣的距離，我們得更進一步，方法是坐等半年光陰流逝。在這段時間裡，地球已經公轉了一半的軌道距離，與起始點相差大約三億公里。所以如果我們此時測量一顆恆星相對於背景天體（例如遙遠的星系）的位置改變，六個月以後再測量一次，我們就能算出這顆恆星的距離。

這是一個簡單又可靠的方法，不過對於恆星來說，地球位置改變的影響非常小，因為這些恆星距離地球的公轉軌道非常遙遠，就算是最近的恆星，移動的距離都不及放在二十公尺外的人類頭髮直徑！最早被測量出距離的恆星是天鵝座六十一號恆星，就在天鵝座裡。一八三八年，德國天文學家貝索測量出這顆恆星距離地球大約十光年，和我們現在所測量出的十一．四光年相去不遠。一九八九年，歐洲太空總署發射的「伊巴谷」衛星，測量了地球和數千顆恆星之間的距離，提供許多可靠的測量結果，當中最遠的恆星在一千光年以外。但是它們只不過是我們這個直徑十萬光年的銀河系裡，小小一部分的恆星而已。要進一步了解恆星，我們就必須使用不同的方法。

答案來自一種特別的變星：造父變星。這些恆星有脈動，而每次脈動的間隔時間與它們的亮度有關。一旦我們知道一顆恆星確實的亮度，我們就能比較它的實際亮度與它在夜空中看起來的亮度。既然恆星在較遠處，看起來會比在較近處的時候暗，我們就能藉此估計它們的距離。這種恆星就是哈柏說明仙女座星系與我們的銀河系是分開的佐證，而我們現在知道，仙女座星系其實遠在兩百五十萬光年之外！

造父變星是一種「標準燭光」，讓我們得以測量一些相對距離比較近的星系。要測量更遙遠的距

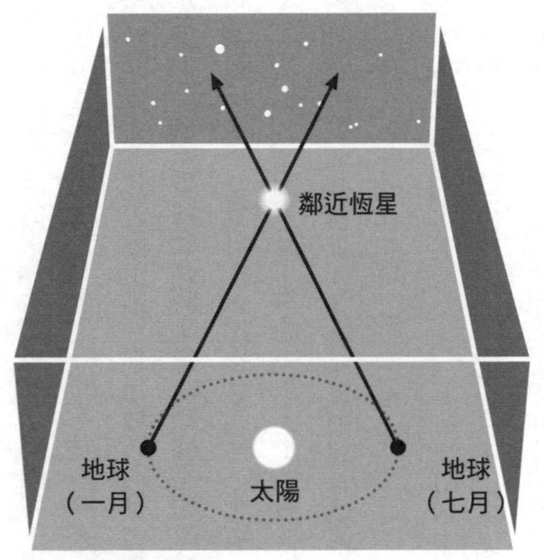

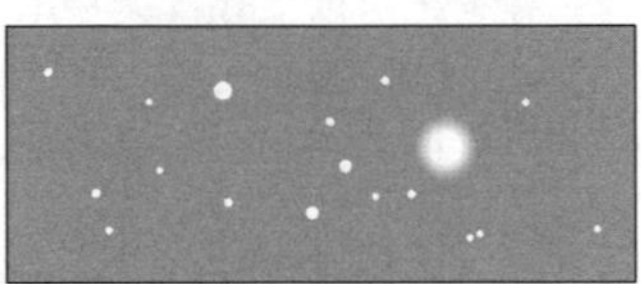
地球在一月看到的景象

地球在七月看到的景象

注：非實際比例。

因為地球沿著公轉軌道的運動造成鄰近恆星的視運動，可以被用來計算它們的距離。

離，則需要更亮的燭光，有時候可以用最亮恆星的光度來估計，甚至可以用星群亮度。所以我們可以估計到數十億光年之遙的距離，但超過這個距離的話，就算是星群亮度也太黯淡了。如果是更遙遠的距離，我們會用目前所知最亮的標準燭光，也就是特定一種的「爆星」，也稱為「超新星」。超新星爆炸的餘暉衰減所需的時間，能讓我們知道它確實的亮度。所以使用類似造父變星以及其他標準燭光比較的方法，我們會對照真實亮度與視亮度，接著計算出它們的距離。利用「Ia型超新星」這類的超新星，我們就能測量數十億光年的距離。

要測量最遠的距離，我們會使用一項宇宙本身的特質。哈柏在一九二〇年代，提出宇宙正在擴張的說法，這樣的擴張會拉長來自遙遠星系的光，讓光譜從藍色端偏移向紅色，稱為「紅移」，這種現象與遙遠星系的距離有關，天文學家可以藉此畫出星系在最大規模宇宙裡的分布，不過這只是透過假設的宇宙結構與演化推斷出的結果。

Q134 天文學家怎麼分辨比較遠的、大的、亮的恆星，以及比較小的、比較不亮但是比較近的恆星？

泰勒（大曼徹斯特，洛支日）

這個嘛，有時候還滿困難的。如果我們與恆星的距離可以利用上一個問題提到的方法來測量，那問題就解決了。但是萬一沒有這種測量距離的方法，比如說，那是一顆普通的恆星，像我們的太陽一樣，位在銀河系裡，與我們相距一個合理的距離。這時候就要靠我們對於恆星生命演變的知識了。

我們現在已經很了解恆星的顏色與亮度之間的關係。在恆星大部分的生命裡，所謂的「主序星」期間，此時的體積是最巨大的，本質上也比較亮、表面比較熱。這時候恆星表面的溫度會表現在顏色上，紅色的恆星溫度比較低，藍色的恆星比較溫暖。這表示如果我們知道恆星的顏色，就能計算它的溫度，也就能知道它的實際亮度。透過比較實際亮度與視亮度，就能估計我們恆星的距離。

當恆星變老時，情況就比較複雜了。在恆星生命的末期，亮度與表面溫度會有相當大的變化。而天文學家已經研究了許多恆星，所以已經得到詳細的模型，知道恆星在生命的各個階段看起來應該是什麼樣子，也可以估計它們的距離。雖然答案或多或少都只是大約值，但是通常已經足以估計這些恆星在我們銀河系中大概的位置。

Q135 在比過去更強大的望遠鏡幫助之下，我們現在觀察的恆星與星系是它們在幾百萬年前的樣子。現在這些恆星和星系在天空中的位置是否已經改變了？

麥克迪蒙特（赤夏）、西（格拉斯哥）、摩根（北愛爾蘭）

不論何時，當我們觀察一個天體時，我們看到的光都花了相當長的時間才來到我們的眼前。光的前進速度非常快，每秒鐘有三十萬公里，以人類的角度來說是很快的，只要十億分之一秒就可以前〇．三公尺，可是天文距離更是龐大。想想看我們看月球的時候。月球和地球的距離大約是四萬公里，所以月球大約比一光秒遠一點點。換句話說，光只要花一秒再多一點的時間，就可以從月球到達我們的眼中、照相機或是望遠鏡裡。所以我們看到的月球是只不過一秒鐘之前的月球，但在這段時間裡，它已經在公轉軌道上移動了大約一公里。

太陽和地球的距離是一億五千萬公里，大約是八光分鐘多一點，所以如果太陽突然間「消失」了，我們在八分鐘內是無法看到任何改變的。當然，在天文學上來說，太陽和月球只不過在我們家門前而已，恆星和星系就遠得多了。仙女座星系是距離我們最近的星系，大約在二百五十萬光年外，所以我們看到的是兩百五十萬年前的它。在這段時間內，它相對於銀河已經移動了大約八千光年的距離。這聽起來好像很多，但是以仙女星座星系的龐大程度而言——直徑十四萬光年——根本不算什麼。

至於更遙遠的星系，我們看到的就是更久以前的它們，有時候可能是數十億年前之久。在這麼長的時間裡，太空中的風景可能出現劇烈的改變，星系可能集結成巨大的星系群，互相融合在一起，形成現在我們周遭的巨大星系群。所以雖然星系相對於它們的鄰居可能移動得很遠了，但就算我們能看到它們目前實際的位置，相對於我們，它們在天空中根本沒有移動什麼距離。畢竟在那麼遙遠的地方，就算它們移動得很遠，在天空中看起來也不過就是小小角度的改變而已。

了解我們的地方

Q136 對於住在離我們太陽最近的恆星周圍行星上的外星人，太陽看起來是什麼樣子？有多亮？又是在哪一個星座裡？他們會不會偵測到其他行星的存在？

坎貝爾先生（肯特，威靈）

南門二（半人馬α星）是肉眼在天空中能看到第三亮的恆星，不過從英國看不見。它的亮度有點令人誤會，因為南門二其實是一個三合星系統，由三顆互相繞著公轉的恆星所組成的。最亮的那顆通常被稱為南門二A星，比太陽略大一點（約大百分之十），亮度大約是太陽的一倍半。第二顆星名叫（你應該不意外）南門二B星，比太陽略小一點點，亮度只有它的三分之一。第三顆星是南門二C星，更小、更暗，是一顆紅矮星，是這三顆裡最接近地球的一顆，所以有時候也被稱為「比鄰星」。

從南門二看太陽，它就像一顆很亮的恆星，但不是格外地亮。看起來就像是獵戶座的參宿七或小犬座的南河三。從南門二的方位進行觀測的話，太陽位在仙后座裡，它會讓仙后座的W形看起來更像/W」。

我們不知道任何繞著南門二公轉的行星，但如果有的話，它們會偵測到我們的太陽系嗎？我們的太陽系與南門二的相對方位，會使得從那裡無法看見任何經過太陽前面的行星。因此透過「凌日法」

無法偵測到任何行星。其他偵測行星的方法通常涉及注意恆星的移動。行星的存在代表太陽會搖擺，主要的影響力來自於木星。從南門二的角度看，太陽看起來像是以千分之幾角秒（arcsecond）的方式在移動，這樣的程度還在我們可以最精準測量恆星位置的範圍內，所以如果南門二的外星人有我們目前的技術，那他們至少能偵測到木星存在，也許還能偵測到其他幾顆較大的行星，比方說土星、天王星和海王星。

但是根據我們所知，偵測其他恆星周圍的行星最成功的方法，並不是尋找恆星位置的實際改變，而是看它搖擺的速度。來自恆星的光會分解成組成成分的顏色，稱為光譜，相當於星際指紋。搖擺會造成恆星稍微往前或往後移動，它靠近或離開觀察者的速度，會稍微改變這顆恆星的光譜，也就是它的指紋。同樣的，太陽受到木星（可能還有土星）影響的運動，用我們的技術是可以偵測到的，可是其他行星就無法用這個方法偵測到。

最近發現的一種偵測行星的方法是直接拍攝影像。這個方法困難的地方在於，恆星和行星相較之下非常的亮。此時和太陽的鄰近關係就能發揮作用了。木星看起來和恆星的距離相對來說很遙遠，所以比較容易擋住太陽的光。然而即使明亮的太陽不在木星旁，木星也會很暗。暗的程度差不多是最大的地面望遠鏡能看見的亮度極限。

所以如果有一顆繞著南門二公轉的行星，上面的外星人和我們的科技程度相同，他們就能偵測到比較大的行星，不過地球的存在可能就會逃過他們的眼睛。

Q137 我們的太陽系在銀河裡的什麼位置？

伯達克斯（諾丁漢郡，朗伊頓）

我們的銀河系以恆星組成，呈現扁平盤狀，寬度大約是十萬光年。我們的太陽系大約在三分之二到三分之一中間的位置，距離中心大約三萬光年。如果我們可以從上往下看銀河系，這個扁盤會呈現螺旋狀結構，有數個旋臂從中央往外，向末端伸出去。我們所在的這個特定區域通常稱為「獵戶座分支」，位在兩個主要旋臂之間。這個名字是因為從地球來看，這個區域有一端指向獵戶座的方向。

Q138 我們的太陽系是否和銀河系的扁盤對齊？

德瑞克（得文，艾克希特）

太陽系相對於銀河系的扁盤大約傾斜六十度角。太陽系沒有理由應該和銀河系的扁盤排成一列，因為相較之下它實在太小了。我們在天空中看到的其他行星系統和銀河系都有不同的傾斜角度。

在非常晴朗的夜晚，從黑暗的地方可以看到橫越在夜空中的銀河系扁盤，也就是銀河。它橫越了仙后座、天鵝座、天蠍座還有人馬座。在英國的春天與夏天最容易看見它，因為此時它幾乎是從頭頂經過，像是跨過夜空的一條黯淡、霧濛濛的帶子，近一點看就會出現深色通道，是塵埃形成的雲擋住了後面的恆星。從南半球來看，這個景象就更壯觀了，因為那裡可以看到銀河的中央，這個區域永遠不會出現在英國的地平線之上。

我們的星系——銀河系的天體圖，太陽在中央。這是根據史畢哲太空望遠鏡的紅外線測量結果所重畫出來的。

Q139 我們從觀測中得知我們位在自身銀河系的旋臂之一內，但是我們知道自己在宇宙中的什麼位置嗎？

馬修斯（昆特，紐波特）

我們知道自己的星系，也就是銀河系，是散落在宇宙中數十億的星系之一。這些星系並非隨機排列，而是群聚成星系群。銀河是本星系群三大星系之一，另外兩個是類似大小的仙女座星系和三角座星系，此外還有數十個比較小的星系。仙女座星系大約在兩百五十萬光年之外，三角座星系更遠一些，大約在三百萬光年之外。本星系群的星系因重力而聚集在一起，在天文學的時間度量衡上會繞著彼此移動。一般認為，三角座星系可能會在五十到一百億年後接近仙女座星系並通過，接著很有可能會撞上我們的銀河系。

但是我們的小小星系群相對於整個宇宙的尺度來說，實在是太小了。我們會看見比較大的星系群，稱之為星系團，通常會以所在的星座命名。本星系群位在室女座星系團的邊緣，室女座星系團的中心就在大約五千萬光年外室女座的方向上。這個星系團包含了超過一千個星系，有些比我們的銀河系還要大，在外圍還有數百個和我們的本星系群類似的星系群。

以更大的尺度來看，我們還發現了星系團聚集而成的星系團，稱為超星系團。我們的本超星系團，稱為「室女座超星系團」（聽起來有點混亂），因為室女座星系團是當中最大的成員。不過還有更大尺度的星系團。超星系團排列成巨大的星系長城，延伸數十億光年，當中穿插很多巨大的空洞。這種大尺度的結構源自於物質在宇宙初期塌陷在一起的現象，而且散布的距離相當遙遠。

Q140 如果我們同時考慮地球的自轉、繞著太陽公轉的速度，還有太陽繞著銀河系的速度，那麼我們在太空中移動的速度有多快？

夏恩（得文）

地球的周長大約是四萬公里，所以赤道的轉速大約是每小時一千六百公里。在英國相對較高緯度的地方，表面旋轉形成的圓形比較小一些，速度大約是在赤道的一半。同時，地球繞著太陽移動的速度大約是每秒三十公里，相當於每小時十萬零八千公里。

太陽繞著銀河系完成一圈公轉大約是兩億年，是很長的時間。而公轉軌道的長度大約是二十萬光年，代表太陽其實是以每秒兩百五十公里的速度繞著銀河系轉。銀河系本身也會受到鄰近星系和星系團重力吸引的拉力，在太空中移動。例如，銀河大約以每秒一百三十公里的速度往仙女座星系移動。但是銀河、仙女座星系，還有在本星系群裡其他鄰近的星系，也都會在太空中移動。

為了在這麼大的尺度上計算速度與方向，我們必須先定出一個適當的參考點。我們其實也不能選其他星系，或者甚至星系團，因為它們也可能會移動。不過有一個參考的架構是可以被視為是絕對的，就是整個宇宙。我們可以利用大爆炸的光來測量太陽系相對於宇宙的速度。這個剩餘的光叫做「宇宙微波背景」（CMB），顯示出頻率往一個方向稍微增加，而往另外一個方向則會稍微減少。這叫做都卜勒偏移，也是為什麼火車或是警車朝你過來時，鳴笛的音頻比較高，離開你的時候音頻比較低。

如果宇宙中所有的東西都是統一地在擴張，我們應該不會看到這種效應。可是我們測量到太陽系在太空中移動的速度是每秒三百七十公里，當我們把這個速度和前面的速度結合在一起時，發現本星系群的移動速度是每秒鐘六百三十公里，移動方向是往長蛇座。而造成這種運動的是巨大的矩尺座超星系團。銀河、本星系團，甚至室女座星團都被它吸引，往它的方向移動。

Q 141 太陽系和從我們銀河系中心發散的粒子有什麼樣的互動？

達雷（澳洲，墨爾本）

在天文物理學裡，有很多不同的現象都會造成有極高能量的粒子流，以接近光速的速度前進。這些現象包括爆炸的恆星，也就是超新星，還有圍繞著中子星或黑洞的物質。我們的銀河系中央不只有數百萬顆恆星聚集在一起，還有一個巨大的黑洞，是我們太陽質量的好幾百萬倍。從太空中這種極限地區來的太空粒子流會特別高。這些粒子當中，有一道特定的粒子流會通過銀河系，形成一般所謂的「星際風」。大部分的粒子都帶有電荷，例如質子和電子，所以它們一般都是沿著銀河系扁盤的磁場前進。

和所有的恆星一樣，太陽會製造出穩定的粒子流，稱為太陽風，不過一般來說太陽風會比來自銀河系盡頭的粒子流弱。太陽風會往外流，形成所謂的太陽圈。就某方面來說，這就是太陽的大氣層，不過它非常大，會延伸到比地球公轉軌道還遠數百倍的地方。最後太陽風會與星際風相遇，標記出太陽影響力的邊緣。「太陽圈頂」就是太陽的磁場與較大尺度的星系磁場合併的地方。當粒子通過銀河系，到達這個地點時，有些就會轉向，離開太陽系。從這個角度來看，太陽風保護了地球和其他行星不受大部分粒子的影響，不過有些粒子還是會通過太陽圈頂，往太陽前進。這些粒子形成了大部分我們所知的高能粒子，比歐洲核子研究委員會（CERN）大強子對撞機（LHC）創造的粒子能量還要高數百萬倍。

不論這些粒子是來自太陽或是銀河系的其他地方，都稱為宇宙射線，會對電子與天文偵測設備有負面影響。來自銀河系的粒子流會隨著太陽活動有所改變。太陽比較活躍時，太陽風也比較強，被轉向的星系宇宙射線也會比較多。所以在太陽活躍期，儘管我們會接受到比較多來自太陽的粒子，不過來自太陽系外的高能宇宙射線則會比較少。

雙星與星團

Q142 一個太陽系裡有沒有可能有兩個太陽？

佛斯特（倫敦，克萊普漢）

我們知道有很多聚星系統（又稱多重星）。而這些系統裡，其實有一半以上的恆星系是有兩個以上的恆星，這是很正常的。我們甚至知道夜空裡有兩個六重星的系統，其中一個是雙子座的北河二。一般來說，在星團裡的恆星很多都是這種聚星系統的形式。在很多雙星系統裡，兩顆恆星是相對遙遠的，可能有其他行星繞著各自的恆星公轉。

這些成雙成對的恆星會長期一起以螺旋狀旋轉，最後會干擾其他行星的公轉，使得行星進入被拉得非常長的軌道，或是完全被拋到星系外。不過我們知道有一些系統是行星繞著雙星系統公轉的。

Q143 在雙星系統中，一定有一顆恆星奪去另一顆的質量嗎？是什麼引發這樣的過程，最後的結果又是什麼？

芙古森（漢普夏，奧福頓）

大部分雙星在公轉軌道上都相隔得很遙遠，不會受到它們的伴星所干擾。而組成恆星的電漿（離子化的氣體）只能靠重力維持自己的位置，一般也都會維持球形，這就和太陽及其他行星一樣。只有在恆星特別近的時候，才會發生物質移動的狀況，而且在一般情況下，其中一顆恆星必須要特別大。

這種情況通常始於其中一顆恆星開始老了，外層開始脫離，即將死去，變成白矮星、中子星，甚至是黑洞。在這個階段，雙星比較會開始以螺旋狀往彼此移動。當第二顆星接近自己生命的終點，開始擴張時，事情就更刺激了。在它們生命的晚期，有些恆星會擴張到原本尺寸的數百倍，如果相伴的天體夠接近，重力就會把這個巨大的恆星拉成水滴形，尖端對著伴星的位置。在水滴的尖端之外，伴星的引力其實會比原本的恆星更大，所以物質就會開始移動過去。

當恆星接觸到伴星時，不管是白矮星、中子星，或是黑洞，物質流都會被加熱達到極高的溫度，發散X光。比較小、密度比較高的天體，一般會變成比較熱的轉移物質流。其他星系的X光圖上顯示很多的光點，大部分都是這些「X光雙星」的例子。

Q144 球狀星團裡的恆星會不會因為和其他恆星相遇而「揮發」？既然繞著我們銀河系的矮星系都四分五裂了，為什麼球狀星團不會？

霍爾（西米德蘭茲郡，大伯爾）

球狀星團是聚集在一起的一群恆星，現在大致呈現球體。它們非常巨大，通常包括好幾萬顆的恆星。而一般認為形成星團的恆星，大部分都比較小，一個星團裡的恆星數量大約是數千顆，也比較分散。我們可以看到形成這些「疏散星團」的恆星，而且夜空裡有數不清的例子，最有名的就是昴宿星團，又稱七姊妹，這個星團是在金牛座裡被發現的，相對年紀比較輕，大約只存在了數億年，所以相較於大多數我們能看見的疏散星團，結構算是比較緊密的。在夜空中距離昴宿星團不遠的是畢宿星團，組成金牛座頭V型的主要部分。

像我們之前所說的，球狀星團很巨大，包含很多的恆星。所有恆星的強大重力吸引力代表它們會形成類似球體的形狀，透過小型望遠鏡，看起來就像是一團模糊不清的污漬。從英國能看見的壯觀球狀星團是武仙座球狀星團，也就是梅西爾十三號星團。在比較南的地方，用肉眼就能一饗包含數百萬顆恆星的半人馬ω星團壯麗美景。和大部分的球狀星團一樣，半人馬座ω星團和梅西爾十三號星團的中心都比較亮，因為中心部分的恆星密度比較高。

在球狀星團的生命當中，可能有些恆星會飛出去，但是因為星團重力非常強大，所以大部分的恆星都會留在星團裡。星團可能會被拉長，改變形狀，但是恆星還是會緊密地湊在一起。大部分的矮星系質量都比球狀星團大，不過它們的廣度也更大。當矮星系接近比較大的星系時，外圍的區域會受到最多的干擾，但核心的完整性通常能維持比較久。一般甚至認為半人馬座 ω星團可能是一個極小星系核心的剩餘物，而原本的小星系可能在數十億年前，被我們的銀河系吸收了，而且這個星團的中央甚至可能有個還算大的黑洞。目前這個過程正在天蠍座矮橢圓星系中發生，這個星系距離我們銀河系中心有五萬光年，而詳盡的觀測已經證明有一道恆星群正在通過銀河，它們都朝著同樣的方向前進，在數十億年間被脫去了外層而留下星系核心。

這種事件在過去曾發生過，而且從恆星的運動中已得到證明。有些恆星似乎繞著銀河系往後退，它們被認為是來自於已經被吸收的矮星系。有一個例子是包括卡普坦星在內的恆星群。卡普坦星是一顆紅矮星，目前位在十三光年之外。這個星群由十四顆恆星組成，它們的運動顯示它們原先是半人馬座 ω球狀星團的一部分。

誕生、壽命、死亡

Q145 我們聽說恆星是從氣體雲中誕生的，但到底是什麼物理原理，使得一團氣體雲會在無邊無際的太空裡崩塌，形成恆星？

富佛特（波伊斯，蘭德林多威爾斯）

形成恆星的物理學理論，大致上來說就只是重力而已。只要是夠大的氣體與微塵雲，最終都會自己開始崩塌，單純是因為它們有重力的自我吸引力。隨著氣體雲崩塌，它會傾向加熱。增加的溫度和放射線會使得收縮速度變慢。經過一段時間——通常是幾千萬到幾億年之後，這團雲會漸漸開始將它的熱能輻射掉而冷卻下來。不過這樣的冷卻又會使得它更進一步崩塌，最終到重力崩塌會勝過熱能所造成的擴張。

隨著雲團崩塌，氣體雲的核心密度會漸漸增加。到了最後，中心的壓力和密度會變得很高，高到足以開始進行核融合。只要核融合一開始，就會快速加熱氣體雲，使得這個天體成為一顆恆星。最後形成的恆星質量，會是由氣體雲一開始的質量與成分等各種因素所決定。

Q146 說到新恆星的形成，通常都會提到氫氣和微塵雲。那微塵是什麼組成的？

露易莎（默西塞德）

宇宙絕大部分是由氫和氦所組成的，但是也有少量的較重元素。在恆星的生命中，最常創造出的元素包括碳、氮、氧、矽、硫等等。當恆星的外層開始膨脹，這些元素會分布在周邊的區域，如果恆星夠大，就會爆炸成為超新星。

隨著這些元素通過太空，它們會冷卻，聚集成小小的粒子。這些粒子會漸漸累積，直到它們形成十分之一毫米大小的顆粒。而碳、氧、矽這些最常見的元素，最常形成的顆粒類型，就是碳酸鹽和矽酸鹽。鐵這些比較重的元素也會形成其他顆粒，不過通常比較少見。在太空中特別容易形成的一種分子是水，因為只要氫和氧就夠了。水分子通常會隨著水蒸發而出現；如果溫度夠冷，也會形成冰的顆粒，這些冰可以幫助顆粒固定在一起。

在密度特別高的區域，微塵顆粒的表面可能會堆積出更複雜的分子。在獵戶座星雲等許多星雲裡，我們都發現了「有機化學物質」。我們要很快地說明，不論以形狀或生命形式而言，這些有機化學物質都不是活的，它們只是包含了氫、碳、氧，外加一些氮之類的其他元素的化學分子而已。在我們所發現最複雜的有機化學物質裡，有些是胺基酸，它們除了存在於一些星雲內，也會出現在墜落到地球的一些隕石上，這些發現之所以很重要，是因為這些胺基酸在非常特定（而且很複雜）的排列下，會形成蛋白質，而蛋白質對於生命來說，是非常重要的東西。雖然從獵戶座星雲裡發現的有機化學物質，要成為地球上的生命，會是相當巨大的進步，不過我們必須要知道，原始的積木已經在那裡了。

這些微塵顆粒、冰粒，以及有機分子，被瀕死的恆星甩了出來，接著存在於新形成的恆星附近。這個過程不一定在形成十分之一毫米大小的顆粒時就停止，顆粒可能會繼續黏在一起，形成小石塊或岩石。如果把岩石型的行星想成是這些顆粒累積而成的，一點都不可笑。當然，這可能代表我們只是有機分子聚集而成的複合體，住在一顆巨大的微塵顆粒上，繞著一顆恆星公轉。不過這倒不是個很吸引人的想法！

Q147 獵戶座的明亮星雲 IC434 的亮度讓我們看見馬頭星雲的輪廓，哪一顆恆星是它的能量來源？

西門斯（南約克郡，謝菲爾德）

馬頭星雲是一團黑色的微塵雲，我們之所以看得到它，只是因為在比較遙遠的星雲裡，有氣體的光線讓我們見到它的輪廓，那個比較遙遠的星雲稱為 IC434，由接近獵戶座腰帶一端的參宿增一所照亮。如果完整觀察 IC434，會覺得它是一個環，中心就是參宿增一。

地球和星雲間的距離通常很難測量，一般需要和一個距離已知的恆星加以連結。參宿增一距離地球一千一百五十光年，但這個星雲的可見部分，可能距離地球更近或更遠。就我們現有的平面角度來看，其實很難判斷。

Q148 為什麼恆星的大小都不一樣？它們似乎應該在達到某個臨界質量與核心溫度時，就一起「點亮」。如果在恆星一開始亮起來的時候，任何多餘的氣體都會被吹走，那麼夜空中唯一會閃亮的星星應該是紅矮星，可是顯然不是這樣。

查普曼（赤夏，倫空）

恆星開始「點亮」的關鍵點，是由中央核心的密度與溫度，而不是由形成恆星的原始氣體雲的總質量來決定的。當核心達到關鍵的溫度與密度，就會開始核融合，恆星自此開始發亮。到了這個時候，強烈的放射線會把那些與恆星重力連結得不夠強的氣體吹散。

一團氣體雲通常會形成好幾顆恆星，而且雲很少會平均崩塌。有些前恆星核會比其他的核心大、密度更高，因此當核融合發生時，它們就會抓住比較多的物質。不管在哪一個星團裡，都會有各種質量的恆星形成。會有很多小恆星，比方說紅矮星，也會有相當數量和太陽質量相近的恆星，只有少數恆星的質量會比太陽大很多。

Q149 恆星 R136a1 是太陽質量的兩百五十六倍，而我們本來以為它是不可能的存在。一顆恆星的質量實際極限是多少呢？

亞斯平沃（索立，汎罕）

由氣體雲和微塵形成的恆星，質量會根據許多的因素而不同。首先，雲的密度會決定開始進行核融合時的前恆星核心有多大。一旦核融合開始，不足以因重力而結合的物質，就會被恆星發出的強烈輻射吹散。而物質有多容易被吹散，會依照它的成分而定。當中最早形成的那些恆星，幾乎完全由氫和氦原子形成，它們冷卻的速度會比分子雲或微塵慢，因此可以形成比較大的恆星，可能達到太陽質量的一千倍。

組成我們銀河系中氣體的物質化學成分比較豐富，以此為基礎，這裡能夠形成最大的恆星，質量大約是太陽的十到二十倍之間。這是根據電腦模擬單獨形成的恆星所得出的結果，顯然少了些什麼。畢竟我們知道銀河系裡的恆星，質量是太陽的好幾十倍。而且我們現在知道，大麥哲倫雲裡的R136a1，根本是太陽質量的好幾百倍。

這種「怪物星」的形成可以用多個前恆星核心的合併來解釋。另外一種可能是「被觸發的恆星形成」，意思是來自已存在恆星的強大星際風，壓縮了周遭的物質，造成了高密度的核心，而形成更巨大的恆星。這樣的過程相信在星團中是相當常見的。

前恆星核心相對於恆星本身是冷的，所以最適合用紅外線來觀察。赫歇爾太空望遠鏡已經觀察到數個在形成過程中的恆星，有些就是「被觸發的恆星形成」的良好範例。

Q150 一般認為太陽是從一團類似獵戶座星雲的氣體雲與微塵中誕生的，有沒有可能在五十億年後，我們能判斷夜空裡的哪些恆星是太陽的手足？

諾爾斯（列斯特夏，阿士比佐希）

獵戶座星雲是距離我們最近的大型恆星形成區域，裡面有非常多相當年輕的恆星。這些恆星隨著時間過去會開始飄散出去，我們在天空中到處都能看到類似的例子。舉例來說，北斗七星裡的五顆恆星一起在太空中移動，它們都是一個在五億年前形成的、大約兩百顆恆星組成的星群的一部分。而這些恆星曾經處於一個疏散星團裡，也許就像獵戶座星雲的中心一樣，不過現在已經散布在約三十光年寬的區域裡了。

我們知道太陽並不是和這些恆星同時形成的，因為它的年齡比這些恆星老了十倍，以這樣的年齡來看，和太陽一起形成的那些恆星都已經移動到更遙遠的地方，在夜空中散布得更稀疏。在它們分散開來的過程裡，有些本來很接近彼此的恆星可能會飛往鄰近的區域。在這麼長的時間過去後，要找到太陽手足的位置可以說是不可能的。

Q151 為什麼那些不夠大、不足以支撐核融合的恆星被稱為棕矮星？

藍恩（倫敦）

棕矮星指的是那些質量比太陽的十二分之一還小的恆星，也相當於木星質量的八十倍。這些恆星因為質量太小，所以無法把氫融合成氦，也因此無法像太陽那種恆星發出亮光。一旦形成了以後，它們會慢慢凝聚，直到中央的物質（就物理上而言）無法達到更高的密度為止。根據國際天文聯合會的定義，棕矮星的質量下限是木星質量的十三倍，這樣才能在核心進行氘融合。然而氘融合無法維持太久，所以棕矮星最後會冷卻並消滅。

「棕矮星」這個詞是塔特在一九七五年所創，一般認為這是一個誤用，因為棕矮星其實呈現的是暗紅色。冷卻到極點的棕矮星會冷得不可思議，溫度只有攝氏幾百度而已。這些棕矮星需要用紅外線觀測才有可能被發現。我們目前發現了一些近得驚人的例子。二〇一一年，廣角紅外巡天探測衛星任務（ＷＩＳＥ）、二微米巡天觀測（2MASS）以及史隆數位巡天（ＳＤＳＳ）天空調查任務，在大約十五光年的地方發現了兩顆棕矮星。

Q152 如果紅矮星把核心所有的氫都融合成氦會怎麼樣？對它的殼層會有什麼影響？

畢克戴克（貝德福）

紅矮星的質量不到太陽的一半，所以壽命長很多。它們夠小，所以氫會一直循環，持續供應核心的核融合。事實上，紅矮星把氫燃燒成氦的時間可以超過一兆年。這比目前宇宙的年齡還要多一百倍以上，所以並沒有紅矮星進入生命晚期的例子。不過我們可以運用對於恆星演化的知識，預測接下來會發生什麼事。

隨著核心的氫開始耗盡，恆星製造出的能量會比較少，接著會開始收縮。收縮會使得核心再度加熱，增加能量的產出。來自核融合的能量與將一切往內拉的重力形成微妙的平衡，代表恆星的外層會冷卻並擴張。和太陽這樣的恆星不同，紅矮星的核心不會熱到足以產生氦融合，當氫耗盡時，能量的產出會立刻下滑。

在這個時候，恆星會自行崩塌，直到核心的物質在物理上無法達到更高的密度為止，到時候它大約就是地球的大小。此時將不會再有可觀的殼層物質存在，因為不會有強大的星際風將氣體吹散。剩下的恆星被稱為白矮星，而從紅矮星演變成的恆星會有特別豐富的氦。

雖然時間還沒有長到讓任何紅矮星燃燒殆盡它們的氫，但我們很期待在一兆年以後會有相關的觀測報告！

麥爾斯（索美塞特，威斯頓蘇珀瑪）

Q153 為什麼巨大恆星的壽命比小型恆星短？

巨大的恆星有比較充足的燃料供應，但是消耗得也快。這是因為恆星核心的密度比較高，所以溫度也高很多。較高的燃料消耗率代表恆星比較亮，比較的結果還滿令人驚訝的。例如天鵝座裡最亮的恆星天津四大約是太陽質量的二十倍，但是亮度卻是太陽的六萬倍！核心進行的融合過程基本上是一樣的，所以天津四消耗燃料的速度一定是太陽的幾千倍！像天津四這樣的恆星存活周期快，死去得也早：太陽可以存活大約一百億年，天津四只能存活三千萬年。

Q154 恆星要多大才會在毀滅之前形成黑洞？

羅西特（南約克郡，巴恩斯利）

當一顆比太陽還要大許多的恆星消耗了所有的燃料後，會爆炸成一顆強大的超新星。這種情況適用於一開始質量至少是太陽八倍大的恆星，但到了生命的最後階段，它們已經爆炸到剩下原來質量的三分之一左右。

在超新星的階段，恆星大部分的物質都會往外飛，可是有些還會在重力之下重新崩塌。這些重新崩塌的物質會怎麼樣，就根據它們有多少而定。如果崩塌的質量超過太陽質量的幾倍，就會形成黑洞，如果比較少，就會變成中子星。所以巨大恆星的生命最後階段，會根據它在生命過程中以及最後在自己形成的超新星爆炸的這兩個階段裡，失去了多少質量而定。黑洞通常是由質量大約是太陽三十五倍的恆星所形成，這種恆星的數量相對來說算少的。

超新星

Q155 超新星到底有多少種？它們之間有什麼差別？

渥特利（西倫敦）

超新星是以數字和字母來辨別它們的特徵，比方說「Ia型」、「II型」，分類的依據有二，分別是超新星明暗的方式，以及在爆炸的光中偵測到了哪些元素。直到目前，我們只知道兩種超新星誕生的方式。

第一種方式是雙星系統裡的白矮星所造成的。如果白矮星的伴星在進入紅巨星的階段時非常接近白矮星，那麼這顆伴星的外層可能會被白矮星拉掉。如果有足夠的物質轉移，那麼白矮星的質量會繼續增加，直到達到臨界質量，也就是所謂的「錢卓極限」。在這個時候，白矮星會變得太巨大，無法維持穩定，而發生劇烈的爆炸，這就是Ia型超新星。因為這種情況總是在同樣的質量值發生，大約就是太陽的一．四倍，所以這種超新星的亮度非常好預測。最近在我們附近的這一種超新星，出現在梅西爾〇一號螺旋星系，大約在兩千萬光年之外。這顆超新星在形成幾周後，在二〇一一年第一次被小型望遠鏡觀察到。

第二種常見的超新星爆炸方式，是巨大的恆星核心耗盡核燃料後發生的爆炸。在這個時候，恆星的核心主要由鐵所組成，另外有好幾層較輕的元素在外面，最外層是氫的殼層。當核融合停止，向外的壓力突然下降，恆星的重力會突然占上風，使恆星自行崩塌。這類的超新星其實比較像是內爆而不是爆炸，不過大部分的物質撞上高密度的核心後會彈開，飛進太空之中。這類的超新星通常稱為「II型」超新星，不過在先前已經把氫殼層炸飛的恆星爆炸，則會被稱為「Ib」型和「Ic」型。這些命名方式是在我們了解其中的物理成因前就決定的，所以只是單純和觀測結果有關。

這個造成超新星的第二種方式，會在恆星至少是太陽質量的八、九倍時發生。如果恆星的質量是太陽的二十到三十倍，剩餘的物質也會非常龐大，因此會形成黑洞。質量為太陽的四十到五十倍的這種更巨大的恆星，可能會在崩塌的當時即刻形成黑洞，根本不會發生超新星的爆炸，不過這絕對非常難以偵測到。但是這麼龐大的質量，有時候可能會發生更誇張的事。

大部分的超新星在亮度高峰過後，會慢慢地黯淡，但是在二〇〇七年我們觀察到一顆特別亮的超新星，它的亮度高峰沒有維持七十七天。這個特別的恆星位在矮星系，質量大約是太陽的兩百倍。觀察結果符合我們對過去從未發現的一種超新星的預測，這種超新星稱為「成對不穩定性超新星」。在這些例子中，核心的溫度會高到使得光子分裂成電子正子對，降低對抗這麼大的恆星的巨大重力壓力。隨著恆星崩塌，能量的釋放會毀滅整顆恆星，什麼都不留——連黑洞也沒有。這麼巨大的恆星非常稀有，但是在早期的宇宙中可能比較常見。

Q156 如果有可能拿出一小塊中子星的標本，這塊標本會維持穩定嗎？或者它會開始衰敗，還是爆炸？

葛林（漢普夏）

中子星是恆星因為核融合停止，自行崩塌後剩下的東西。隨著物質因為重力而往內掉落，天體的密度會愈來愈高，直到所有原子一起被壓碎為止。到了最後，物質會形成一顆中子星，不再進一步崩塌，因為中子之間的距離也只能這麼近了。這些恆星就質量上來說和太陽沒有太大的差異，最後的直徑只有十到二十公里，和太陽超過一百萬公里的直徑相比，根本就是很迷你。

中子星的密度和原子核差不多，只要一茶匙的中子星就有十億噸重。中子星的狀態來自於它巨大的質量，這是一小塊標本所缺少的。所以這樣的物質可能不再是中子星，並且會發生劇烈的核爆。

當然，這一切都是假設，因為用一塊十億噸重的標本來做實驗，根本是困難得不得了。更別提要從中子星取得這樣一塊標本又有多難；因為中子星的重力是地球表面的一百億倍以上，你絕對需要一根非常非常特別的茶匙！

Q157 你對夸克星的存在有什麼看法？

霍普金司（北安普頓郡，蓋廷頓）

夸克星純粹是假設的天體，比中子星的密度更高，但比黑洞的密度低。夸克星應該是由組成中子和質子的次原子粒——夸克所組成的。夸克星形成的機制完全是一種理論，它們會在超新星創造出的天體太巨大，無法形成中子星，但又不足以形成黑洞時出現。

有些觀測跡象顯示，有幾顆超新星並不是那麼符合創造出中子星的預測，但是要證明這些奇特天體的存在，還有很長的路要走。如果在未來幾年或幾十年裡，發現了幾種新的天文學物體，並不會讓我（諾斯）感到驚訝。不過我要先說，我可沒有要和你賭喔！

Q158 天文學家能不能預測什麼時候可能會有肉眼就能看見的超新星？

克拉克（蘇格蘭，聖安竹斯）

我們不可能準確地預測什麼時候會有哪一顆星要變成超新星。我們的銀河系裡有很多巨大的恆星都已經接近它們生命的終點，獵戶座裡的參宿四就是一個例子，但是它們可能會維持在這個階段一百萬年。這種不確定性來自於我們不知道它們確實的質量，而就算我們知道，我們的恆星理論模型也還不夠精確，因此無法確切預測它們死亡的日期。

但是若參宿四真的成為了超新星，可能會是在一百萬年左右之後（別緊張），它將會發出極壯觀的亮度，蓋過月球的亮度，在白天裡也能看得見。

Q159 如果我們的銀河裡有恆星爆炸，會不會影響在地球上的我們？這種事曾經發生過嗎？

羅斯（約克郡，里茲）

在銀河裡有很多恆星已經爆炸，並且可以用肉眼看到的例子。最近最有名的一顆超新星是「超新星 1987A」，它是在一九八七年二月成為超新星的，用肉眼就能觀察到它，但其實它並不在我們的銀河系，而是在距離我們十六萬光年的小星系，大麥哲倫雲裡。

最近一次在我們的銀河系裡記錄到可用肉眼觀察的超新星，是克卜勒超新星，因為它是在一六〇四年由德國天文學家克卜勒所看見的。它最亮的時候達到了木星的亮度，大約有一年的時間都可以用肉眼看見這顆超新星。紀錄中最亮的超新星出現在一〇〇六年，在曙暮光中可以輕易看見，也許在白天也看得見。大約有兩年的時間都能用肉眼看到這顆超新星。

所有被觀察到的超新星至少都在數千光年之外，所以對於地球沒有任何的實質影響。但在心理上和社會上則有顯著的影響，因為當時沒有人知道創造或毀滅恆星的方法，所以超新星的現象當然挑戰了「恆星是不會移動位置的物體」的印象。

超新星會發出各種波長的輻射線，從無線電波到伽瑪射線都有。一顆特別近的超新星，假設在三十光年以內，製造出的高能輻射線可能足以讓我們死亡。還好在太陽附近沒有恆星在快成為超新星的階段。和我們距離最近的候選星，是在四百光年之外的獵戶座參宿四。

但是超新星會有一個非常重大的影響：它們會創造出我們周遭幾乎所有的重元素。氫和氦是在大爆炸中創造出來的，鐵這樣的元素是在恆星中製造出來的，但所有更巨大的元素，都需要大量的能量才會被創造出來，而這樣的能量就是由超新星所提供的。雖然這些比較重的元素遠不如較輕的元素來得豐富，但是它們通常都特別有用。沒有了超新星，我們就必須找到其他方法來製造電線（銅製的）、鉛錘（鉛製的），還有珠寶（金、銀、白金製）。但是除此之外，超新星對於恆星製造出的物質在銀河系中的分布，也扮演了關鍵角色。幾乎可以確定的是，組成地球的大部分物質——更別提我們居住在上面的這些物質——都曾經在某個時候經歷了超新星的階段。

Q160 獵戶座裡的參宿四變成超新星的時候會有多亮？會維持多久？觀察它會有危險嗎？它會不會已經爆炸了，只是光線還沒到我們這裡？

肯尼（倫敦，巴特西）、柯林斯（利物浦）、沃克（索立，班斯特）

參宿四爆炸的時候，可以看到很壯觀的景象。它會比月球還要亮，甚至在白天都能看見。它的亮度高峰會在爆炸後幾天或是幾周發生，接著亮度會漸漸消退，可能在接下來的好幾年都是肉眼可見的。它會成為天空中僅次於太陽的最亮的天體，也是史上最明亮的恆星事件。

參宿四的質量大約是太陽的二十倍，所以它的壽命只有一千萬年左右，而時間已經快到了。不過我們完全無法精準地預測它的死亡日期。首先，變成超新星的過程起始於它的核心，但我們只能看到恆星的表面。當然，它可能下周就變成了超新星，但必須在四百二十七年後，光才會前進四百二十七光年的距離來到我們面前。所以有可能它其實已經是超新星了，只是光還沒到我們這裡而已。

Q161 參宿四的英文 Betelgeuse 要怎麼念？

巴司克維爾（斯羅普郡，德福）

就像很多恆星的名字一樣，參宿四的英文其實源自於阿拉伯文。阿拉伯文的寫法和拉丁字母不一樣，所以也很不容易翻譯。在阿拉伯文當中，恆星通常稱為「雅得－阿爾－朱沙」（*Yad al-Jauzā*），意思是「巨人之手」。一開始的誤譯把它翻譯成「貝德爾吉沙」（*bedelgeuze*），因為翻譯的人被阿拉伯文裡共通的y和b搞混了。十九世紀時，歐洲天文學家重新討論了這個名字的起源，很自然地也感到困惑。他們的結論是，「貝德爾吉沙」這個字應該是從「巴特阿爾朱沙」（*Baṭ al-Jauzā'*）而來，因為他們錯誤（而且也挺糟糕）地假設這個字的意思是「巨人的腋窩」。

語言翻譯中有很多例子，是名字以各種方式被翻譯成英語。主要的差別在於 Betel 的發音，這個字首可以念成「彼頭」或是「彼特爾」；geuse 的發音也可以念成「卓斯」、「古斯」、「葛魯斯」，或是任何相近的發音。另外也有不一樣的拼法，Betelgeux 就是其一。

當然，如果我們使用拜耳命名法，把這顆星稱為獵戶座α星就不會有問題了，不過這樣就無聊很多了啊。

Q162 你是否曾經幸運到觀察到 1987A 超新星？如果有，你那時候看到這麼壯觀的景象有什麼感覺？

亞歷山大（愛爾蘭，多尼戈爾郡）

我們其中一人（摩爾）的確曾經看過超新星（據我所知，本書另外一位作者沒看過超新星，不過可能是因為他那時候才四歲。他只能等下一次了，到時候他應該可以看到，但我當然就看不到了）。我以前就聽說過，而且也確實發現留在英國是無法成功看見超新星的，所以我跳上飛機前往南非。我必須承認，我去那裡是因為那幾乎是我唯一可以用肉眼看到超新星的機會，而且我不想錯過這個機會。我並不是刻意要進行任何理論性的工作，也沒有攜帶相關的工具。我就只是下飛機，走到一個黑暗的區域，往上看天空，然後超新星就在那裡，我估計它當時的亮度大概只略低於二等星（但其他的星星讓它看起來比較黯淡）。它完全改變了那片天空的模樣。

隔天我心滿意足地回到英國。任務完成——我自己用肉眼看見了一顆超新星，儘管那次的爆炸早在我出生之前，就已經在很遙遠很遙遠的地方發生了。

Q163 如果有兩顆超新星剛好同時並排在一起，會創造出「超級超新星」嗎？

湯馬斯（林肯郡，斯肯索普）

剛好有兩顆超新星並排的機率小得不得了。為了要對彼此造成影響，它們必須是兩顆很近地、繞著彼此公轉的恆星。超新星可以透過兩種方式形成：當一個巨大恆星的核心，在核融合的燃料耗盡時開始崩塌；或是一顆白矮星超過了特定的質量時。白矮星的質量會增加，是因為它把物質從接近生命終點的鄰近伴星拉過來。理論上，白矮星的確可能超過臨界質量，在此同時它的伴星又變成了超新星，但是實際上這卻是非常不可能的。如果真的發生了，就只是一個巧合。

要是這麼不可能的事真的發生了，我（諾斯）推測，這兩顆恆星各自的震波會互相撞擊，釋放出超多的能量，那麼一定會造成超級壯觀的超新星殘餘物！

Q164 光是一顆超新星製造出的微塵，怎麼能形成這麼多的新恆星？這些新恆星都很小嗎？或者變成超新星的恆星非常大？

傑克森（漢普夏，南安普敦）

一顆恆星要變成超新星，首先必須要非常巨大，通常是太陽質量的八倍以上。這麼巨大的恆星在生命的最後階段，會失去合理的部分質量，大約是三分之一以上，因為它們的外層被拉掉了。在變成超新星的事件當中，爆炸時通常還會失去更多質量。而被鎖在中子星或黑洞裡的質量，只會有幾個太陽質量而已（一個太陽質量大約是二乘以十的三十次方公斤）。整體來說，一顆巨大到足以形成超新星的恆星噴射到太空中的物質，會相當於好幾個太陽質量。

恆星有各種大小，從小的紅矮星到比太陽質量還大上幾百倍的都有。形成小恆星比形成大的容易，所以質量小的恆星數量，遠多於巨大質量恆星的數量。這代表來自一顆超新星的物質，就足以形成許多小恆星。

不過超新星的物質，並不足以形成和原本的恆星一樣大的新恆星。如果要做到這一點，就需要數顆超新星提供物質才夠。當超新星發生時，不只會把物質散布到太空中，還會把震波傳送到鄰近的區域裡。這些震波會掃蕩原先已經存在的物質，把物質推往密度更高的團塊，而密度最高的團塊裡，就會形成最巨大的恆星。

星系

Q165 星系的中心是什麼樣子？

布萊德福特（澳洲，雪梨）

在我們的星系銀河系的中心，有一個由恆星組成的巨大球體，廣度達數千光年。在銀河中心的行星上，任何一顆行星的夜空，都比我們的夜空亮非常多，因為那裡能看見的恆星數量非常多。我們的銀河系裡，已知最巨大的恆星都在接近銀河中心的圓拱星團裡。質量這麼巨大的恆星，有些可能是我們的太陽的數百倍質量，只會存活幾百萬年，這樣的時間和太陽系五十億年的歷史相比，只是轉瞬罷了。這些恆星活得很短又死得早，不足以讓任何生命在繞著它們公轉的行星上形成。

在銀河系的中心有一個巨大的黑洞，裡面的質量相當於一百萬個太陽。有個由物質形成的高熱圓盤繞著這個黑洞公轉，散發出無線電波、X光還有伽瑪射線，因此在黑洞旁邊都是無法居住的區域。

這種地方用看的會讓人深深著迷，但我（諾斯）絕對不想有去無回！

Q166 我們的銀河系是怎麼形成旋臂的？中央的自轉是不是比外部的邊緣快？

葛梅茲

首先，旋臂是什麼？它不是一起繞著星系移動的一群恆星，而是比較像一道波，造成恆星變成一束，然後在這道波經過後，再度散開。想想看，海裡的波浪就是波經過所形成的，可是每一滴水其實都是以一個小圓圈移動。從遠方看，海洋的波浪就像是一堆水以一個單位在移動，但其實組成每一道波的分子都一直在改變。

在星系中，不只有恆星會集結起來，氣體和微塵也會。當氣體雲和塵埃的密度變大，就會形成新的恆星。最巨大的恆星燃燒得也最亮，會發出藍色的光，但不會維持太久。等到旋臂的密度波通過時，也就是幾千萬、幾億年過後，這些高熱的藍色恆星早就死去很久了，只留下比較小、比較黯淡的恆星。所以在旋臂之間其實有很多恆星，只是沒那麼亮。

我們也應該要考慮星系自轉的方式。如果這個星系像固態的盤狀，那麼接近邊緣的恆星應該移動得比靠中間的恆星快，這樣它們才能同時完成一次公轉。因此，和內側的恆星相比，外側的恆星必須經歷來自中心比較強的重力，可是既然它們離中心比較遠，受重力的影響就不可能比較大。因此你可能會預期情況會像太陽系裡的行星那樣：比較靠近中心的移動速度比外側的快很多。然而這樣就暗示了所有的質量都在中心，可是以星系來說，質量其實是散布在整個圓盤的——不過還是有相當大的比例是在中間。

星系的運行實際上是中庸的，除了在星系最中心那些恆星之外，所有的恆星移動速度都差不多。

然而，既然比較遙遠的恆星要完成一次公轉的距離比較遠，它們就要花比較長的時間完成一次公轉。這就像是在田徑場上的跑者，外圈的跑者在轉彎處的距離比較長，所以起跑處才會是階梯狀的。

因此，接近星系中央的恆星移動速度會比外面的快很多，使得密度波會包圍整個星系，創造出類似螺旋的形狀。而在中央，旋臂會扭轉得非常緊，可是在包括我們在內的很多星系裡，這個螺旋會在距離中心數千光年的地方停止。主導我們銀河系的其實不是旋臂，而是一個棒狀結構；這個結構不同於旋臂，會以單一單位自轉。這個棒狀結構的形成過程並不清楚，但我們相信它就是旋臂的成因。在《仰望夜空》節目中，吉摩爾教授描述它像一個巨大的打蛋器，攪動了銀河系，使得密度波延展到邊──我們銀河系的旋臂的確看起來像是綁在一根棒子末端。因此，我們相信螺旋會在幾百萬年中持續改變。

目前我們尚未完全了解真正造成旋臂的原因，這裡提到的是目前大家偏愛的理論。這些理論也一直在調整與改進，不過因為形成旋臂需要好幾百萬年的時間，我們其實無法觀察整個過程的發生。只能在各式各樣的星系中觀測它們各自的現況，而且沒有兩者是一模一樣的。

在某些螺旋狀的星系裡，這個棒狀結構相對於星系本身是大很多的，所以它的形狀特別奇怪；但在其他星系裡，可能根本沒有看到這個棒狀結構，螺旋幾乎是在中心相接的。我們相信這些「宏象漩渦星系」結構的起源是不同的，應該是由外界的影響所造成的，可能是因為其他的星系經過，攪動了該星系，使其成為像渦狀星系的螺旋狀。

Q167 如果宇宙在擴張，為什麼仙女座星系會撞上銀河？

布萊基斯（索立，班斯特）、史密斯（布里斯托）、太勒（索立，艾普孫）

很簡單，這是因為重力。宇宙的擴張發生在較大尺度的層面，仙女座星系其實滿接近宇宙尺度的。事實上，有一群大約十幾個星系組成的「本星系群」，彼此非常接近，因此受到重力的聯繫。仙女座星系和我們的銀河是當中最大的兩個成員，隔著極遙遠的距離彼此公轉了幾十億年。

為了測量像仙女座這類的鄰近星系的移動速度，我們測量了組成恆星的移動速度、仙女座的自轉，以及我們相對於銀河中心的速度，這些都要列入考慮。我們知道仙女座以每秒一百公里的速度朝我們前進，但是這個移動相對於銀河的切向是比較難測量的。這個所謂的切向，也就是正切，速度不可能是零，可能也高達每秒一百公里，不過進一步的測量應該可以讓這個數值更精確。

如果這個切向速度相對於仙女座朝我們的移動的速度是慢的，那麼仙女座就有可能在大約五十億年後撞上銀河。如果切向速度稍微快一點，那仙女座就會旋轉，使得撞擊延後到一百億年之後。不過我們可以確定的是，兩個星系最後一定會相撞，因為它們移動的速度不夠快，無法逃過這個命運。

這樣的相撞不會是單一事件，而這兩個星系會擦肩而過好幾次，最後才會合併成單一個星系。

Q168 仙女座星系撞上銀河的時候，會發生什麼事？對於地球會有任何影響嗎？

哈迪（西米德蘭茲郡，伯明罕）、麥金塔（大曼徹斯特，威干）、布拉德（倫敦）

星系是由恆星、氣體雲還有微塵組成的。當兩個星系——比方說仙女座星系和我們的銀河——相撞時，不同組成成分帶來的影響也會不同。

恆星的大小和以它們之間的距離相較是不可思議的小，在太陽和離它最近的恆星之間的距離，可以容納數千萬顆像我們太陽一樣大小的恆星。所以當兩個星系相撞時，會有非常多的恆星經過彼此，就像夜晚航行在海上的船隻一樣。實際上要有恆星撞上彼此是非常不可能的，而且恆星可能也移動得太快，無法形成雙星。可能會有幾顆真的太接近，因此飛到了星系之間的太空裡，有些可能會形成我們在觸鬚星系和雙鼠星系這種合併的星系裡看到的潮汐尾。

另一方面，氣體雲和微塵就會相撞了。這些互撞的氣體雲提供了理想的條件，可以形成新的恆星。所以當大部分原本就存在的恆星通過時，接近撞擊位置的地方也會出現一群新的、年輕的、明亮的恆星。在這些新恆星中，最大的那些壽命也比較短，大約只會存活一百萬年，並且會以劇烈的超新星爆炸結束它們的生命。

到了銀河和仙女座相撞的時候，我們的太陽可能已經死亡了，地球上的生命也是——至少那些我們熟悉的生命形式會死。地球本身可能還在公轉，不過可能已經被變成紅巨星的太陽烤得又乾又脆，接著又因為太陽消逝成白矮星而變成冰凍的固態。但是我們可以忽視這些理論上的細節，思考相撞對於地球這種行星的影響。

像前面所提到的，太陽不太可能因為相撞而發生什麼事，不過從行星的角度來看，景象可能會非常壯觀。就像銀河裡有恆星一樣，仙女座也會有很多可見的恆星。這樣豐富的景象之外，還有那些沒有被厚重的氣體雲與微塵遮蔽的新的、年輕的、明亮的恆星錦上添花。

這些新的恆星對行星的壽命會造成極大的威脅。隨之而來的超新星可能會散發出大量的高能量輻射線，例如伽瑪射線。雖然大氣層與磁場可以是很好的防護罩，但是它們無法保護我們這樣的生命不受到幾十光年外的超新星影響。

在兩個星系的中央都有超級大的黑洞，各是一顆恆星質量的數百萬倍。當兩個星系完成合併，這兩個黑洞可能會繞著彼此公轉。由氣體和微塵形成，互相環繞的盤狀物，會互相接近，也許會碰觸到彼此，造成新一輪的恆星形成。最後這兩個黑洞可能會合併在一起，接著會怎麼樣就很難說了。

如果真的發生這種事，地球上不太可能還有人類可以居住。不過在幾十億年後，不管是誰在銀河系中漫遊，都會看到非常壯麗的景觀。當然，他們就要想想怎麼幫新出現的星系取名字了！

Q169 像是銀河這樣的星系是否曾經從最邊緣的地方，把恆星甩進星系間的太空裡？有沒有任何「孤兒」恆星獨自漂流在星系之間的太空裡呢？

麥克坎納（列斯特）

星系不像把泥濘甩掉的車輪那樣，不會從邊緣的地方把恆星甩出去，不過恆星有時候會被彈射出去。如果兩顆恆星非常接近，其中一個（通常是兩個當中比較小的那個）可能會飛出去。大部分時候，這些恆星都不會完全被甩出星系，而是進入比較大的公轉軌道。這些恆星相對於鄰近的恆星，通常移動得很快，被稱為「超高速恆星」。

互相接近的星系也會使恆星被甩出去。這的確會影響比較接近邊緣的恆星，因為它們和母星系的重力連結比較弱。來自接近的星系的強大重力，相當於母星系的重力，因此成串的恆星就會被拉成「潮汐尾」，延伸數萬光年之長。這些天空中的特技表演會創造出令人瞠目結舌的視覺奇景。這些尾巴裡大部分的恆星都會回到自己的星系，不過有幾顆可能會飛進星系間荒蕪的太空裡。

Q 170 既然光可以從那麼遙遠的距離外，清楚地傳到我們眼前，那太空深處到底有多少物質？

史東（多塞特，浦爾）

說「太空很大」根本就是小看了它，就算說太空「真的很大」也是一樣。儘管地球、太陽還有其他行星對我們而言好像密度都很高，也很大，但它們其實是例外而不是常規。太陽以人類的標準來說很大，直徑大約是一百四十萬公里，但是最遠的行星海王星公轉軌道的直徑是太陽直徑的六千倍。太陽系的絕大部分幾乎完全是空無一物的，裡面只充滿太陽發出的粒子形成的散射光。最接近的恆星距離我們四光年，大約是太陽直徑的好幾千萬倍。兩者之間的空間並不是完全空的，但是在每一立方公分（大約一塊方糖的大小）的空間裡，大約也只有一個原子。相較之下，我們呼吸的空氣，每一立方公分大概有一千萬兆個原子上下（相當於十的十九次方）。在虛空太空中的物質主要是由氫分子組成的。

我們都很了解地球大氣層對於陽光的影響，粒子會散射光線，讓天空看起來變藍。大部分的光還是會通過，不受影響，所以太陽才會這麼亮。地球大氣層大部分都在十公里以下的高度，換句話說，在十公里以上的地方，每立方公尺的空間大約有十兆兆個分子（十的二十五次方）。這當然很多，而且很驚人的是，大部分的陽光會絲毫不受影響地通過這麼多分子。不過必須要了解的是，原子或分子的組成當中，也有很大一部分是空的，質子、中子、電子組成的部分，就整體而言，只占了幾乎可忽略的一小部分。

在我們和離我們最近的恆星之間，可以放進很多很多的方糖塊，但既然每個「方糖塊」的空間裡只有一個原子，那麼在這段距離裡，也只有幾百萬兆個原子，遠比大氣層裡的數量少了數百萬倍。所以當我們把望遠鏡對著恆星時，相較於我們自己大氣層的影響，星際間空間的物質所造成的散射效果其實非常微弱。就算是太空中密度最高的區域，例如星雲的中心，密度還是遠比空氣低很多。

當然，星系比恆星還要遠很多，仙女座星系就在兩百五十萬光年之外。不過星系間的空間遠比我們的銀河系內的空間還要空曠，所以散射效果依舊可以忽略。不過氫氣的確會吸收少量的光，在巨大的宇宙距離中，分子也的確會加總。事實上，測量最遙遠的天體的方法之一，就是研究恆星與星系間的氫可見光吸收。

以較大的尺度來看，氣體會散射我們認為是在宇宙初期所形成的微波光。這樣的影響很小，因為只有離子化的氣體會有散射的情況，而在這樣的氣體中，原子的電子可能會被剝除，這只有在恆星最先形成，並開始發光的時候會發生。這種我們所見到的散射量，是目前最適合用來估計最早的恆星形成時間的方法，而我們現在估計恆星形成的時間，大約是大爆炸發生後的一億年左右。

Q171 如果行星和太陽都有氣候和季節，那星系和宇宙會不會也有氣候和季節呢？

瑞德（東米德蘭，寇比）

首先我們必須定義什麼是氣候與季節。地球上的氣候基本上是因為空氣的流動（風）和雲所凝結的濕氣（雨、雪、雹等等）所造成的。空氣的移動來自於地球會自轉，造成高處的風和大氣壓力改變。這些壓力的變化，加上來自太陽的熱的改變，造成了濕氣的凝結。當然，這樣是很粗略的把一個非常複雜的系統過分簡化了，我確定很多大氣學家一定在罵我了。

地球上的季節可以用地軸相對於太陽系圓盤的傾斜來解釋。地球在公轉的時候，不同的區域接受到的太陽光照射程度也不同，因此出現了天氣與氣候的改變。

所有有大氣層的行星都有氣候，很多都經歷了比地球氣候更極端的狀況。大部分的行星也有不同程度的季節之分，會根據它們的軸心傾斜角度而定。比方說天王星的傾斜角度幾乎是九十度，因此這裡的季節變化非常劇烈。相反的，木星幾乎完全是直立的，所以季節的改變就很輕微。

太陽的氣候有一點點不一樣，不過還是可以解釋為發生在它的大氣層裡。就像所有的恆星一樣，太陽會散發出穩定的粒子流，稱為太陽風。太陽風會通過整個太陽系，也會因為太陽表面磁場小尺度改變而造成的日珥與噴發產生變化。

把這拿來和季節類比有點沒說服力，不過太陽活動的確會每十一年左右會有盛衰的變化。以比較大的尺度來說，說星系有氣候可能算是合理的。所有的星系都會自轉，恆星、氣體和微塵基本上也會依照以百萬年為單位的時間移動。星系裡的恆星發出的強烈輻射線，尤其是來自那些特別熱、特別年輕的恆星，或是那些在生命最後階段的恆星，會攪動星系裡的氣體和微塵。當恆星在接近生命尾聲的時候，會發生超新星的爆炸，製造出通過太空、擠壓星際介質的震波。幾回形成恆星的強烈過程可能會造成大量的氣體噴發到星系中，創造出噴泉效應。

星系的季節概念很難描述，其實和我們所知的一點都不同。唯一勉強的類比（而且非常勉強！）就是和中央的黑洞有關的活動。我們看到有些星系的中央散發出大量的輻射線，被認為是黑洞周圍的物質堆積所導致的。這些「活躍星系核」是天空中最亮的無線電波來源之一，據信每一個星系可能都經歷過黑洞快速堆積物質，散發大量輻射線的階段。造成這種快速堆積的成因，可能是兩個星系的合併，所以這個周期也可能再度重複。我們的銀河系和仙女座星系在五十到一百億年後相撞後，形成的新星系也許會因為消耗了匯集的物質，而形成非常活躍的黑洞。

Q172 哈尼天體（Hanny's Voorwerp）到底是什麼？

庫伯（蘇格蘭，伐夫）

哈尼天體是「星系動物園計畫」最出名的一項結果，這個計畫邀請一般大眾將各星系分類，並且挑出任何不尋常的天體，而一名荷蘭的學校老師哈尼馮阿爾寇發現了哈尼天體。他在史隆數位巡天（ＳＤＳＳ）的影像中，發現一個長得很奇怪的綠色天體，距離 IC 2497 星系很近，一開始我們以為這樣接近的距離只是個巧合。順道一提，Voorwerp 這個字是從荷蘭文來的，意思大概是「天體」或是「那個東西」。

在透過哈柏太空望遠鏡觀察，以及各種研究過後，我們以為已經解開了哈尼天體的謎團。好幾億年之前，在 IC 2497 中央的黑洞經歷了劇烈的活動。我們還不清楚這個活動持續了多久，但我們知道現在已經消退了。來自活躍黑洞的強烈輻射線使得鄰近星系間的氣體雲內物質獲得能量，開始發出可見光波長的光。而阿爾寇發現的，就是這團氣體雲。

這一切大約是在六億年前發生的，光花了這麼久的時間才穿越太空，來到地球。我們現在還看得見它，是因為使其獲得能量的光，得繞稍微遠一點的路才能到我們這裡。光不是直接從 IC 2497 來到我們面前，而是先通過這個天體，使物質獲得能量，然後才往我們這裡過來。雖然不是繞一大圈，不過也足以讓它慢個幾十萬年才過來。

哈尼天體本身其實沒有什麼特別的，但它讓我們可以辨認一個黑洞剛剛被「關掉」的星系的樣子。研究 IC 2497 還有中央的黑洞，也許能讓我們更了解這樣的黑洞停止活躍的原因，也許還能更進一步知道最初是什麼讓它們開始活動。

Q173 我讀過有些星系團周圍會有超熱的氣體暈圈，或者會被注入這樣的暈圈。這樣的氣體會不會使得星系團無法誕生生命？

梅修（約克）

關鍵是要了解：這個氣體也許非常熱，但卻很稀薄。它的高溫使得它會散發大量X光，對受到影響的星系裡的生命可能會有影響，但可能還不至於致命。

Q 174 星系絲狀結構以及它們之間的真空是什麼造成的？它們真的是宇宙中已知的最大結構嗎？

胡達克（亞利桑納，鳳凰城）、杭特（漢普夏，赫奇恩德）

我們觀察到的星系絲狀結構是由重力，以及——你可能會很驚訝 聲波所組合而成。在很早期的宇宙，大爆炸後沒過幾十萬年，宇宙非常熱、密度非常高。那時候組成宇宙的是離子化的氫和氦的混合物，它們的電子是被強烈的輻射線所剝除的。大爆炸後最早的幾分之一秒裡，量子微擾在整個宇宙裡創造了小小的密度波動。這樣的波動創造出改變密度的波，散布到整個宇宙裡，這些波主要都是聲波。它們的科學名稱遮掩了這個事實，而一般認知的名稱為「重子聲學震盪」。這些波以聲波的速度傳導，而在又熱、密度又高的電漿裡，聲波大約是光速的一半。電漿的特質之一就是它會和光有效地作用，而在宇宙的早期，由此作用導致的向外壓力，足以抵銷重力。

在大爆炸後四十萬年左右，情況有了改變，那時候的溫度已經低到足以讓最早的原子形成。氣體的分布還是滿一致的，不過以數十萬光年的規模來看，密度還是起了一些漣漪。這些漣漪非常小，但確實具有特徵尺規。我們可以在宇宙微波背景中看到這個特徵尺規：宇宙比較熱和比較冷的區域，也就是「一團團」的地方，在地圖上看起來尺寸都差不多，但並沒有形成任何一種規律的圖形。

物質和光之間這種強烈的交互作用，到了這時候才會停止，然後重力開始接手，使得氣體會在重力下開始崩塌，形成最早的恆星，不過這也得花幾億年的時間才夠。在宇宙中密度稍微高一點的區域裡，恆星的數量會稍微多一點，當它們開始形成星系時，也會有比較多一點點的星系。不過宇宙的漣漪比單一個星系大得多，甚至比一個巨大的星系團還要大，所以要測量它們，我們就必須看分散在巨

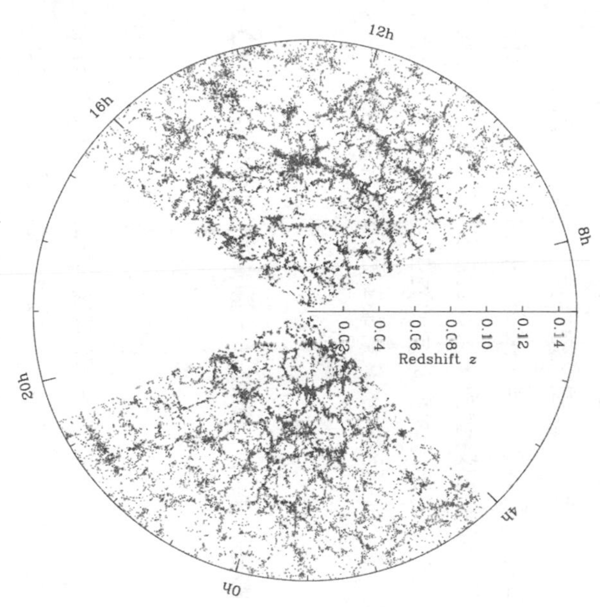

這張圖上的每一個點都是史隆數位巡天看到的一個遙遠星系，很多彼此間的距離都有數十億光年之遠。它們排列成巨大的絲狀結構和壁障，彼此間存在著巨大的空洞。

大太空裡的數百萬個星系。以這樣的尺度，我們才看得到星系最大的絲狀結構。

以這樣的尺度研究星系的調查，最早出現在一九七〇年代和八〇年代，現在已經被比較近期的計畫取代了。目前最大的計畫是史隆數位巡天，在美國新墨西哥洲使用直徑二・五公尺的望遠鏡進行觀測，已經畫出了超過四分之一個天空的星圖，並且得到最遠接近二十億光年外，將近五億顆恆星、星系、類星體的測量值。雖然在史隆的星系圖當中，宇宙漣漪不是立即可見的那麼明顯，但是還是有特徵尺規。在幾億光年的範圍內，現在已經可以看到星系和真空的分布具有某種結構。

還有一個必須要提到的細節：宇宙並不只包含我們所習慣的普通物質，還有相當大量的暗物質。暗物質不會和光作用，所以我們看不到它們，但的確會受到重力的影響。在宇宙的初期，一般物質，也就是所謂的「重子物質」，會被困在強烈的光形成的壓力以及重力兩者的角力中，可是暗物質只會在重力下崩潰。這會影響最早的星系的分布，研究這些「重子聲學震盪」，就是測量早期宇宙裡暗物質的特質與效應最好的方法之一。

Q175 為什麼所有東西——星系、行星、恆星——都會自轉？是什麼啟動了這個過程？

史瓦洛（西米德蘭茲郡，伯明罕）

星系或太陽系的自轉很容易就能開始，但很難讓它停下來。想想看兩顆交錯而過的恆星，各自會對彼此施展重力，所以它們的路徑會改變，如果速度夠慢，它們還會以完整的環形搖擺，接著就會繞著彼此公轉。以這樣的方式，兩個或兩個以上的天體在經過彼此時，很容易就會開始自轉。同樣的道理適用於恆星、星系、行星，甚至形成恆星與行星的氣體雲和微塵。

天體的自轉有一個特徵，稱為「角動量」，基本上就是轉動的量。和一般的動量相同，角動量一定守恆。這表示它可以從一個物體轉移到另外一個，但絕對不會被摧毀。角動量會依照物體的質量、尺寸或距離而有不同，物體自轉或公轉的速度也會有影響。如果一顆行星因為某種原因，移動到接近恆星的地方，那麼就一定會開始以更快的速度公轉，以維持相同的角動量。觀察這個原則很容易，只要想像用鞋尖旋轉的溜冰選手就知道了。他們把手臂拉回來的時候，身體體積相對於旋轉的軸就變得更窄、更細，所以他們就會加速以維持角動量。

想想看正在核心形成恆星的一團氣體雲。這團雲會自轉，就算很慢也是一樣，因為組成這團雲的氣體粒子都在移動。隨著雲變小，開始崩塌，它就必須轉得更快，才能讓角動量守恆。以太陽為例，這也就是它會自轉的原因。

角動量可以在物體之間轉移，特別是它們相撞或是非常接近彼此，擦身而過的時候。同樣的原則也適用於撞球桌。母球撞到色球時，會把一般動量轉移到色球上。如果撞球選手讓母球旋轉，那麼就會發生一些轉動的動量轉移，這也就是許多撞球花招的由來。

當然，撞球最後還是會停止滾動與轉動，主要原因是球本身和撞球台的摩擦。在太空裡幾乎沒有這樣的摩擦力：行星並非在桌上滾動。不過還是有因為重力而來的摩擦力。明確地說，天體彼此創造出的潮汐，例如月球對地球造成的潮汐，就會讓行星的自轉變慢。地球對月球造成的潮汐使得月球的自轉變慢，慢到月球相對於地球的自轉成為擄獲運動。既然角動量必須守恆，那麼為了彌補自轉率的減少，地球和月球間的距離就必須拉開，所以月球現在比當初形成的時候，離地球更遠許多。

所以所有東西都會自轉，並不是因為什麼東西啟動了，而是因為沒有東西能阻止它們。

宇宙學

宇宙的擴張

Q 176 不管天文學家往宇宙的哪裡看，星系的移動都是從四面八方遠離我們，感覺地球就像是宇宙的中心。我們不認為地球是中心，但我們怎麼知道它不是？

麥克連（倫敦）

我們往外看其他星系的時候，會注意到好幾件事。首先，它們在我們四面八方，似乎沒有一個大家都偏好的方向。此外，我們所在的宇宙中這個區域，和其他區域也沒什麼不一樣。雖然星系會集結成星系團，還有超級星系團，但是我們所在的星系周邊並沒有什麼特別的。不過當我們仔細觀察遙遠星系的細節，我們發現它們好像都在遠離我們。隨著宇宙擴張，來自星系的光波會被拉長，波長變長，使得它們看起來比較紅，如果宇宙不是在擴張，它們就不會是這樣的顏色。另外一種解釋是，所有的星系都在遠離我們的星系，這似乎暗示我們好像有點特別。這樣的擴張並不適用於相對小的尺度，例如在同一個星系團裡的星系就不適合說它們在擴張。然而以較大的尺度而言，的確看起來每個星系**好像**都在遠離我們。

但是表象是會騙人的。事實上，銀河和其他的星系都沒什麼兩樣；不管你在宇宙的哪裡，你都會看見一樣的景象。我們可以舉一個很簡單的例子。想像一條由星系組成的直線，每一個星系之間都有

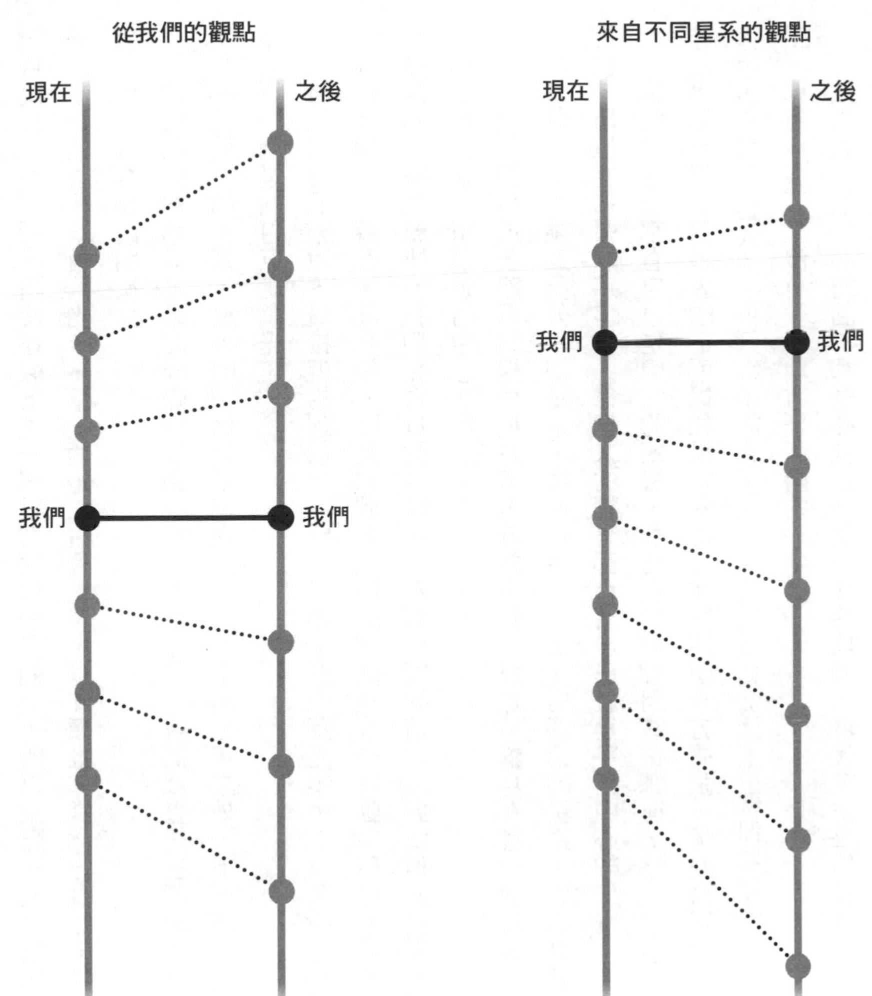

如果所有星系都以我們為中心，排成一條直線，而且每個星系之間都有規律的間隔，如左圖，那麼當這一條線（也就是宇宙）擴張的時候，比較遙遠的星系就會更遠。而在同樣的時間長度內，它們看起來又移得更遠，那麼比較遙遠的星系，似乎移動的速度比近的那些星系快。雖然這彷彿暗示我們是宇宙的中心，但其實只是一個幻覺—每一個在線上的星系都會有同樣的感受，如右圖所示的不同例子。

一百萬光年的間距。隨便在線上挑一個星系當作「我們」，所以距離我們最近的星系在一百萬光年之外，下一個就是兩百萬光年，下一個是三百萬光年，以此類推。當然，實際上星系的間隔並不規則，但這樣比較容易說明概念。

如果我們把鄰近星系的間隔拉長到一百五十萬光年，我們就覺得它們看起來更遙遠。相對於我們定為「我們」的星系，最近的一個星系現在是一百五十萬光年之外，下一個與我們的距離是三百萬光年，下一個是四百五十萬光年。

所以對我們來說，最接近的那個星系已經移動了五十萬光年，下一個則移動了一百萬光年，再下一個就移動了一百五十萬光年。因為它們在相同的時間長度內移動，所以星系移動的距離愈遠，看起來移動的速率就愈快。我們在真實的宇宙中也看到相同的情況。愈遙遠的星系看起來就移動得愈快，彷彿我們就在宇宙擴張的中心。

可是我們從這個簡單的線型星系宇宙就能看到，這是**不論**身在哪一個星系都會有的幻覺。再重複這個實驗一次，挑選另外一個星系，情況也還是一樣。愈遙遠的星系，看起來就會比鄰近的星系移動得快。所以在擴張的宇宙裡，**每個人**的觀察都會有自己就是宇宙中心的幻覺。

那如果大家都有自己是中心的幻覺，那真正的中心到底在哪裡？嗯，中心真的是必要的嗎？宇宙非常可能是無窮無盡大的，所以如果它永遠都在往四面八方擴張，那麼無垠的宇宙就不會有中心。就算宇宙不是無窮大的，也不一定要有中心。我們可以想像宇宙就像氣球的表面，充氣讓氣球不斷擴張，但氣球表面上沒有一個地方是所謂的「中心」。

如果有一個中心的話，那麼那就是一個特殊的地方。現代宇宙學的原則之一，就是以最大尺度而言，宇宙裡是沒有任何一個特殊的地方。所以不只是我們不在宇宙的中心，而是事實上，我們根本不覺得有「中心」存在。

Q177 我們知不知道自己的銀河系距離大爆炸的起源有多遠？有沒有剩下的殘骸？

瑞利（赤夏，文斯福）

就地點而言，大爆炸並沒有一個所謂的起源，因為它無所不在。這聽起來好像不可思議，不過就像先前所提過的，我們可以想像一個簡單的類比，把宇宙當作一顆氣球的表面，不需要考慮氣球內的氣體，純粹以表面來看。我們得暫時把現實拋在腦後，因為這顆想像的氣球是完美的球體，而且沒有綁住的開口處。隨著氣球不斷充氣，氣球的表面就會擴張，不過如果我們把時間倒轉（更加脫離現實了！），就會看到氣球的表面收縮。當氣球愈來愈小，小到變成單一的一個點，我們就能問一個類似上面的問題：擴張是從這顆氣球表面上的哪一點開始的？答案就和真實的宇宙一樣：擴張無所不在。整個氣球的表面被壓縮成小小的一個點，所以每個地方都是起點。

至於大爆炸的殘骸，你現在看著的就是啊！你所見的、所觸摸的、所品嚐的，都是從大爆炸而來的。大部分的工作其實在一開始的三分鐘就已經結束了，接著宇宙就由四分之三的氫氣和四分之一的氦氣組成，其他的元素只占了小小的部分。所有較重的元素都是在恆星裡形成的，不過宇宙的組成在過去大約一百三十七億年的歷史中，都沒有太大的改變。雖然有些元素已經轉換成比較重的元素，不過大部分在大爆炸中形成的氫和氦至今都還存在。儘管很多重元素都被鎖在恆星、行星以及其他天體裡，不過幾乎所有的星系中都有氫氣雲存在。

Q178 我們知不知道自己相對於宇宙的其他部分，在太空中前進的速度有多快？宇宙裡有沒有什麼東西是完全靜止的，不會往任何方向移動？

馬雅特（赫特福夏，赫麥亨斯提德）

這個問題讓我們得提起「普遍性參考架構」，這是用來測量所有運動的基準。既然地球繞著太陽轉，太陽又繞著銀河轉，那麼就這個例子而言，考慮我們銀河系的運動就是有用的。隨著宇宙擴張，宇宙裡絕大部分的星系看起來都像在遠離我們，這樣的運動有時候稱為「哈柏流」，因為是天文學家哈柏發現大部分的星系看起來都在後退。我們透過測量光線的波長被宇宙的擴張拉長了多少，得以偵測到這種星系的後退。波長變長使光往光譜的紅色端移動，所以天文學家稱之為「紅移」。

儘管大部分的星系看起來都像是在遠離我們，我們也發現附近的一些星系，彷彿在朝我們而來。這也不是意料之外，因為在這樣的小尺度上，星系和星系團的重力，會和宇宙的擴張相抗衡。例如，仙女座這個離我們最近的最大星系，就是朝著我們而來；而銀河系和仙女座星系也都是一個小星系群裡的成員，這整個小星系群則被拉往室女座星團這個更大的星系群。

令人驚訝的是，我們其實可以測量銀河系相對於「哈柏流」的速度。若我們盡可能往目光所及的宇宙看，會發現所謂「宇宙微波背景」這個東西。因為光需要花費非常久的時間，才能從遙遠的地方到達我們看得見的宇宙範圍內。我們現在看到的宇宙，以大爆炸過後來算，大約只過了幾十萬年，和宇宙一百三十七億年的年紀相比，只不過是一眨眼。以我們現在看得到的範圍而言，宇宙從光放射出來的時候，到現在已經擴張了一千倍，使原本的可見光紅移到光譜上微波的那一區。

這些剩餘的輻射線最早是在一九六五年被發現的，一開始彷彿在整個天空中都很一致。然而，幾年後我們發現，紅移並不是每個方向都相同，在某一個方向的紅移會稍微比較多，在完全相反的方向則會有等量的減少。我們之所以會觀察到這個現象，是因為我們的銀河是相對於遙遠宇宙所提供的參考架構在移動的，而且移動的速度非常快，大約是每秒六百公里（比每小時一百萬英里還要快！）這個速度遠比地球繞太陽的速度快，甚至比太陽系繞銀河系的速度還快。

這種運動的成因是謎樣的「大引力子」，數十年來都是解不開的謎團，部分原因是，不論大引力子是什麼造成的，那個原因最終都藏在我們的銀河系圓盤裡的物質背後。現在我們認為這種運動的源頭是超巨大的矩尺座星系團，它不只吸引我們的銀河系與緊鄰的星系，還吸引了更大的室女座星系團。在宇宙中每一個星系與星系組成的星系團都處於類似的情況，會被另外一個類似的星系團抓住。因此，相對於整體在擴張的宇宙，不太可能有一個星系是靜止不動的。

Q 179 天文學家觀察到星系正在遠離彼此，但我們怎麼知道這是因為空間本身的擴張，而不是只因為星系在固定速度內的運動呢？

史密斯（約克郡，克萊頓西）

這是一個很好的問題，而且不太容易在這裡完整地回答。首先，我們從觀察開始。關於宇宙在擴張的第一個證據，是哈柏在一九二〇年代發現的。當時他在仔細研究從相對遙遠星系發出的光，並特別研究了它們的光譜，也就是光的波長範圍分布。光譜也可以用顏色來表示，很像是通過稜鏡的光，不過他研究的光譜不是一條從紅到靛平均分配的彩虹，一個星系的光譜上其實會有深色的條紋，是吸收特定波長光的某種元素造成的。哈柏比較了這些吸收的線條以及他在地球上的實驗室裡測量到的線條，發現在特定星系裡，所有線條都會移往波長較長的區域。事實上，在某一個星系裡的所有線條，都會以相同的倍數往光譜的紅色那端移動。這個現象被稱為「紅移」。

事實上「紅移」可能的成因有三種，都和愛因斯坦提出的相對論有關。第一個叫做「都卜勒偏移」，指的是一個物體相對於觀察者（也就是我們）的速度，會造成光的波長增加或減少，相同的效應也會發生在聲音上。舉例來說，當警車鳴著警笛通過時，聲音的頻率在接近聽者時會比遠離聽者時高。以警車警笛的例子而言，這個效應的規模和車子的速度相較於聲音的速度是成比例的。以來自遙遠星系的光為例，這個效應是和天體相較於光速的速率成比例的。來自一個正在退後的天體的光，會被紅移到比較長的波長，而來自一個正在前進的天體的光，則會被「藍移」到比較短的波長。因為光會以每秒三十萬公里的速度前進，所以速率紅移的效應通常很小。

紅移的第二個成因，是光在遠離或是接近一個巨大質量的物體。遠離一個星系的光會在脫離巨大的重力井的同時，失去少量的能量。這種「重力紅移」效應通常也很小。

第三個成因通常稱為「宇宙紅移」，由宇宙的擴張所造成。描述宇宙擴張的等式假設這是完全可以順利進行的，但其實只有以最大的尺度而言才是如此。當我們以數十億光年為尺度來製作宇宙的地圖，一切看起來好像都很平順，星系像泡泡似地散布在宇宙中。想想看從太空中拍一張太平洋的照片，海洋看起來就像平滑的藍色表面平面。雖然海洋實際上會有波浪，不過以那麼大的尺度來看，這些波浪根本微不足道。

以這麼巨大的尺度來說，宇宙就可以被視為是在擴張的。離開遙遠星系的光會移到比較長的波長，因為從光被散發出來，到我們測量到它的時間當中，宇宙已經擴張了。擴張的量主宰了光的波長紅移的程度，從比較遙遠的星系而來的光要花比較長的時間前進，代表宇宙在這段期間裡，已經以比較大的倍數擴張，所以光會紅移的程度比較大。

這樣的宇宙紅移解釋似乎暗示空間正在擴張。而因為空間的定義是「什麼都沒有」，目前我們還不清楚擴張代表了什麼；要理解這個概念，很難找到比較好懂的類比。你可以把這解釋成空間是在星系間的空洞所創造出來的，但是這又有點問題——什麼叫做「創造空間」？

早期的宇宙比較小，所以星系和星系團都比較靠近彼此，而這對距離的測量有什麼影響？幾十億年前的一光年會比現在的一光年短嗎？當然不會！但是如果星系組成的星系團比過去更分散，那我們要怎麼比較不同階段的宇宙呢？宇宙學家傾向使用不同的距離度量衡，這是他們為了宇宙的擴張所修正的，方法是把所有距離都乘上一個適當的倍數。在使用這些稱為「共動座標」的單位時，星系團彼此間的距離會維持不變，而不會一直愈離愈遠。不過問題在於，距離的單位其實會隨著時間而變大，七十億年前所謂的一個「共動光年」，大約是現在的一個共動光年的一半。所以關於如何解釋這個情況，就是簡單地從考慮擴張的空間移動到擴張的量尺可能就比較好想像了。

如果描述宇宙擴張的這個等式，假設這擴張過程很順利，沒有變化，那麼這個等式是否適用於其實沒那麼一致的區域呢？如果你考慮星系團的規模，就知道環境當然不是毫無變動的。舉例來說，我們的本星系群裡有三個大星系（銀河系、仙女座星系、三角座星系），每一個的質量都相當於數十億顆太陽，此外還有十幾個較小的星系。這十幾個星系散布在幾百萬光年的空間裡，彼此之間幾乎什麼都沒有。

這聽起來根本一點都不是毫無變化。換句話說，宇宙並不會遵守這個適用於較大尺度的非常「簡單」的等式。在這些相對小的尺度上（因為宇宙範圍有幾十億光年，把幾百萬光年看成「小的」也是很合理的！），我們只需要考慮重力就好。在這些小尺度裡，重力會造成星系在它們的星系團內移動，使得它們得到物理上的速度，增加額外的紅移或藍移現象（根據一般的都卜勒偏移，是藍移或紅移會依照它們朝向我們或是遠離我們而定）。在鄰近的宇宙裡，這些所謂的「本動速度」會主導宇宙紅移，而且整體來說，有數不清的星系都有藍移現象。

如果和最遙遠的星系間的距離會隨著時間變大，那我們能不能把這解釋為一種速度？嗯，可以，也不可以。我們可以利用觀察到的紅移，計算出能創造出足夠的都卜勒偏移的速度，以符合觀察的結果。對於相對鄰近的星系來說，這樣好像沒問題，但以更遙遠的距離來說，問題就出現了。這樣計算出的速度最後會比光速還要大，但我們知道這是不可能的，而這個問題其實我們已經碰過了。因為測量距離非常困難，所以我們無法測量出真正的速度。

要適當地計算出這個速度，我們必須知道當光從星系發射出來時，星系所在的距離，以及等到光到達我們這裡時，星系和我們的距離又是多少，還要知道這當中經歷的時間長度。但事實上我們所知道的，只有光紅移了多少。有幾種測量某些種類的天體距離的方法，但是幾乎都非常接近宇宙的尺度，要說測量到的到底是什麼距離並不容易——是在光散發出來的當時，我們和星系間的距離，或者是當光抵達地球時，我們和星系的距離？

如果給你一個簡單清楚的答案，應該會比較令人滿意，但這就是不可能。問題在於，我們一直試著用我們熟悉的東西來做類比，可是除了宇宙本身之外，根本就不存在可以描述整體宇宙的東西！

Q180 在持續擴張的宇宙中，到底是什麼在擴張？是星系之間的空間、恆星之間的空間、行星之間的空間，或是其他東西？地球與月球間的空間也在擴張嗎？

福萊契（赫特福夏，克羅克斯利格林）

這個問題假設擴張的宇宙相當於空間本身的擴張。就像前一題中我們說的，這是一種看法，但這種看法有自己的問題，主要是所謂「空間擴張」的概念本身就很令人困惑。宇宙一開始是一個無聊又一致的地——不過在最初期的時候，宇宙熱得難以想像，密度也極高。如果你能看到當時的宇宙，舉目所及都是一模一樣，不管往哪個方向看都一樣。

這個一致、毫無變化的地方就是我們認為會擴張的宇宙，一切東西彼此間距離都會愈來愈遙遠。但是有一個問題：這樣的宇宙裡，其實不是到處都一樣。有些地方比其他地方密度更高一些，這些區域最後會變成我們現在看到的星系和星團。只有當你以最大的尺度來看這個宇宙時，它看起來才會是平滑一致的，所有星系都變得模糊，成為數不盡的小點，組成一片龐大的海洋。這就是宇宙學家對宇宙的看法，所有的星系都由一個小點代替，而在這個龐大的規模下，宇宙是在擴張的。

但是如果你把鏡頭拉近，只看單一個星系團，那麼裡面的星系絕對不是平坦一片的，而是在星系

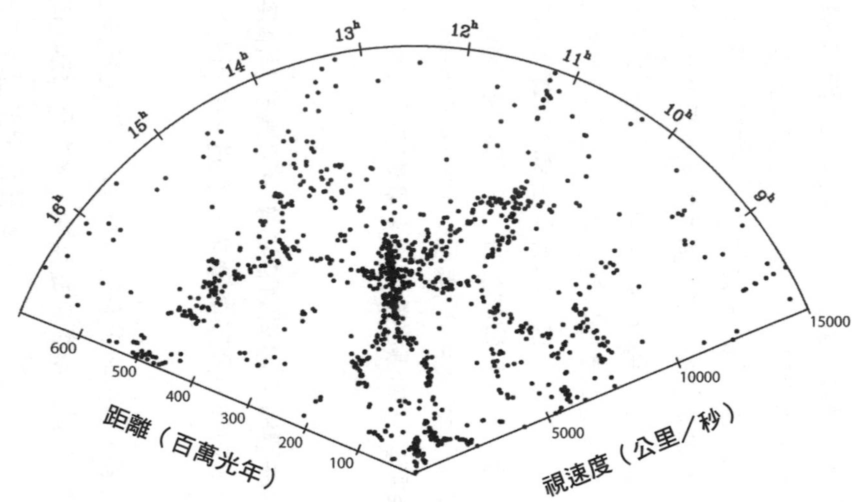

這個太空切片讓我們看到星系的分布，圖上是一九七〇年代與八〇年代星系調查所測量出的結果。這種星系分布看起來不是隨機的，在大約五億光年的地方有一道「長城」，不過中間的那條「棒狀物」就真的只是巧合！

間幾乎完全空無一物的真空空間裡，一團一團的巨大物質。這樣多團塊的環境所遵守的規則，和平滑無起伏的環境的規則並不相同，比起試圖把宇宙推開的力，像重力這一類的力扮演的角色反而更重要。星系群被重力綁在一起，變成一團一團，繼而形成星系團。這些星系團不會體驗到空間的擴張，而是透過重力維持在一起，重力在這種相對小的規模上是比較強的。

我們的說法是，重力太強大了，足以阻止星系與星系團擴張。但是當然巨大的星系團也有自己的重力吸引力，所以它們是不是也能輕鬆克服擴張的力量呢？這個嘛，相鄰的星系團的確會互相拉扯，但宇宙中的其他星系團也會。既然以最大的尺度來看，宇宙像是一片平坦，但還是有大約相同數量的星系團會往各種方向拉扯，這種來自所有星系團的重力加總又平均後，幾乎等於零，代表宇宙的擴張是可以讓它們分得更開的。

如果星系團彼此太接近，因而無法體驗到宇宙的擴張，那麼就個別的星系和其他太陽系而言，情況也是一樣。因此各恆星之間的空間，或是地球與月球之間的距離，都不會增加。星系團彼此間會愈來愈遠，因為兩者間的空間擴張了，可是它們自己並不會愈來愈大。

我們回到之前簡單的類比，把宇宙想成一個在膨脹的氣球表面。我們還是要記得，只有氣球表面代表宇宙，氣球裡面的氣是要被忽略的，用這個類比只是幫助我們了解，膨脹的只有表面。在這個類比中常見的錯誤，是把星系畫在氣球的表面，這樣一來，這個表面（也就是宇宙）在膨脹的時候，這些星系也會變大。可是依照我們之前的討論，實際上並不是這樣。星系應該要用固定在表面的硬幣或是鈕釦來代表，這樣就知道它們是不會隨著宇宙擴張而變大，但彼此間的距離會愈來愈遠。

在氣球的類比當中，宇宙可以分成兩個部分：大範圍的部分可以被視為是平坦的（因此會隨著時

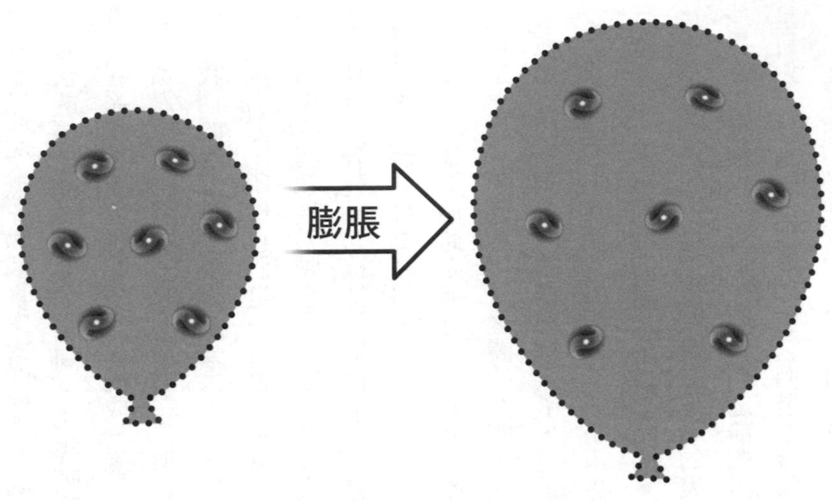

宇宙可以被想成有星系釘在上面的膨脹氣球表面。隨著氣球膨脹，星系間的距離愈來愈大，但是星系本身並不會變大。

間而擴張），小範圍則是物質呈團塊分布的部分。事實上，宇宙並不簡單，而且當中也有灰色地帶。但是可以確定的是，像是太陽系、行星，還有人這些物體，是不會愈變愈大的。重力會讓月球繼續公轉，電磁力會讓你身體裡的分子維持在一起，這些力量都比把星系團拉開的擴張力還要強上數千數百億倍的力量——至少以小型的尺度來看是這樣。

Q 181

我曾經在天文學家芮斯的書裡讀到，我們的銀河系正以每秒鐘六百公里的速度往室女座星系團移動，而室女座星團則在往其他星團移動。包括我們在內，有數以百計的星系都被拉往一個所謂「大引力子」的物質。如何知道我們不是位在一個以「大引力子」為中心收縮的宇宙裡呢？

艾格雷斯頓（諾森伯蘭，赫克珊）

我們這個銀河系是由將近二十個星系所組成的星系群，*這個星系群的名字很沒創意，就叫做「本星系群」。整個星系群裡面還有仙女座和三角座星系等其他幾十個較小的星系，全部都被拉往室女座星系——一個更大的星系群，裡面有數百個星系。此外還有更大的星系群，比方說后髮座星系團，裡面有數千個星系，它可以被視為是星系團組成的星系團。這些星團的名字指的就是這些星團所在的星座。

而從最早的一九〇年代，到現在許多對遙遠宇宙的測量結果來看，銀河和周遭的星系的確在太空中移動。後來的測量結果確認了它們移動的速度是每秒六百公里，而且它們在往半人馬座中的一個點移動。從發現這樣的移動開始，我們就假設有一個質量相當於一萬個銀河的超級星系團（星系團組成的星系團！），造成這樣的結果。而找出這個星系團（也就是所謂的「大吸引子」）的困難在於，為

*目前已發現約有五十個星系。

了看到它，我們必須要能夠看穿銀河的圓盤，可是這樣所看到的影像裡，包含了數百萬個恆星，因此很容易讓人混淆。透過比較其他鄰近星系的速度，我們計算出大吸引子大約在兩億光年之外——比室女座星團和我們的距離還要遠很多倍。

儘管我們的銀河系阻擋了可見光的視野，但是這麼巨大的星團用X光來看，還是會非常明亮。近年來許多嚴謹的研究顯示，大吸引子彷彿比預期得還要小，不過在大約五億光年外，還有一個巨大的星系團集合體，稱為夏普力集合體，因為裡面有夏普力在一九三〇年代發現，有著數千個星系的「夏普力超星系團」。

很多鄰近的星系，的確都被拉往這個星系團集合體，但是這只是一部分的事實而已。我們在距離比夏普力超星系團還要遠很多倍的地方，看見很多星系都沒有朝它移動。所以這個巨大質量所形成的重力吸引力，相對來說是僅侷限於區域性的（雖然說這個區域範圍達數億光年）。這個區域性的力量，在我們的鄰近範圍內，與宇宙的擴張進行小小的抗衡。

Q182 哈柏太空望遠鏡發現的那些非常遙遠的星系，是不是和鄰近的星系一樣有擴張的狀況？

普雷特（法國西部，文迭）

當我們看著遙遠的星系時，我們可以檢視來自這個星系的光，因為宇宙的擴張被拉長了多少，這稱為「紅移」現象。這是哈柏在一九二〇年代所發現的，所以稱為「哈柏定律」。透過檢視相對鄰近的星系，哈柏提出：這些光的紅移和它們的來源，和我們與它們之間的距離有等比例的關係。換句話說，來自兩倍遠的星系的光，也會被拉長兩倍。為了推論出這樣的關係，他必須知道星系間的距離，但這通常是很難計算的。

為了得到這些星系的距離，哈柏研究了一種特別的恆星，稱為「造父變星」，這種恆星的亮度很容易預測。透過比較恆星的預測亮度以及實際上的視亮度，恆星的距離就能被計算出來。這些造父變星和我們的距離是相對近的，所以要計算在宇宙中更遙遠的距離，我們必須有更亮、並且能夠預測亮度的物體。還好自然給了我們這麼一種特別的超新星，也稱為「爆星」，名字叫做「Ia型超新星」。這些超新星可以比整個星系還要亮，因此就算極為遙遠也可以看得見。

哈柏太空望遠鏡也是以天文學家哈柏命名的，是少數會在天空中尋找這種超新星的望遠鏡。只要找到的每一顆這種超新星，都能讓我們算出距離與紅移，我們就能發現哈柏定律依舊適用。而結果是……算是適用啦！遙遠的星系看起來還是在後退，但是更遙遠的那些看起來後退的速度比較快。這告訴我們兩件事：這些距離要不就是錯的，要不就是宇宙擴張的速度在過去幾十億年裡有所增加。

超新星在早期的宇宙裡的行為可能比較不一樣，也許是因為它們當初的元素成分是比較原始的，或者是因為它們處於完全不同的環境中。不論是哪一個原因，都把預測亮度還有計算出的距離丟到了一旁。可是目前還不清楚這樣所帶來的落差，是否足以解釋在擴張方面的顯著改變。

所以如果宇宙現在的擴張速率比較快，又是為什麼呢？目前的共識是，所謂暗能量的現象造成了宇宙的擴張加速。另外也有其他證據顯示，有類似暗能量的現象存在（請見Q207），但是我們對於這樣的現象到底是什麼還沒有任何概念。

在最早發現宇宙擴張速度顯著增加的科學團隊裡，有三位頂尖科學家因此在二〇一一年獲得諾貝爾物理獎，他們分別是珀爾穆特、施密特，以及里斯。

Q183 如果光要花這麼長的時間才到達地球，有沒有可能有很多我們觀察到的天體其實都已經不存在了？

馬浩（威爾特郡，梅爾克舍姆）

某些我們在天空中看見的天體的確可能已經不在了。光的速度非常快，每秒鐘約前進三十萬公里，但是天文距離的遙遠是出人意料的巨大。來自距離我們一億五千萬公里之外的太陽的光，大約八分鐘就會抵達我們所在的地球，而來自冥王星的光則要花七個小時的時間，才能穿越七十五億公里的距離。這表示我們看到的太陽是八分鐘以前的太陽，看見的冥王星是七小時以前的冥王星。但是這些距離是相對小的，而且來自恆星的光移動的時間是以年計算的。最接近的恆星距離我們有四光年，而最近的、最大的星系，也就是仙女座星系，距離我們是兩百五十萬光年。我們看到的仙女座星系，是我們大部分的祖先還住在樹上的時候的那個星系！

當我們看比較遙遠的星系時，我們看見的是數十億年前的它們，當然更大的恆星可能在那後來就死亡了，因為它們通常不會存活太久。很多星系也可能已經和它們的鄰居相撞並合併。所以儘管就整個星系而言它可能還依舊存在，不過裡面可能已經有了一定程度的改變，而且是由新的一群恆星所組成。

Q184 如果大爆炸是一場劇烈的物質膨脹，為什麼宇宙裡幾乎所有東西都會自轉？

陶德（英格蘭東北）

原因在於一切所形成的方式。恆星和行星是從巨大的氣體雲中形成的，而星系是由數量龐大的恆星所形成的。我們想想看恆星的形成，它的前驅物質不只是一堆分子從看似隨機的方向集中在一起而已。這些粒子撞擊到彼此時會慢下來，而那些密度最高的區域會發生崩塌，形成中央的核心。剩下來的雲會繼續移動，而核心的重力會造成周圍的粒子開始繞著它公轉。

物理學上有一種量稱為「角動量」，本質上就是東西旋轉的量。可以是單一一個固體的旋轉，比方說一顆行星或是一個陀螺，或是像是繞著恆星公轉的行星這樣一個系統的旋轉。我們看不到角動量，但是我們可以測量並計算它——和能量很像。角動量的特徵之一，就是它很難消失，它可以因為摩擦力而減少，所以旋轉的陀螺最後會停止旋轉。相撞的物體會轉移角動量，所以讓母球旋轉就能讓被撞到的其他球也開始旋轉。

不是每個粒子都會以相同的方向公轉，它們也不會都以圓形的軌道公轉，但是當它們的運動平均分散後，會出現一個共同的運動方向。這種自轉的共識造成了盤狀物的形成，並執行這個自轉的共識。偶爾會有一些粒子往不同的方向移動，但大部分粒子還是以相同的方式運動。有些角動量會在撞擊中消失，但是大部分還是會保持在雲裡。當氣體雲崩塌，角動量幾乎還是會維持一致。就像一邊把手臂往內收，一邊不斷旋轉的溜冰者一樣，氣體雲的旋轉速度也會愈來愈快。這代表就算是大型塵埃雲很慢地自轉，在崩塌後都會變成自轉速度變快的較小恆星。

這個留在恆星周圍的氣體盤狀物，就是行星生成的地方。既然大部分的物質都往同樣的方向移動，大部分的行星也是一樣。有一些比較小的星體，主要是小行星和彗星，會以不同的方向公轉，但太陽系裡大部分的東西都在一個圓盤裡，並且以同樣的方向繞太陽公轉。

星系也很類似，不過它們不會從氣體粒子中形成，而是從恆星的集合體中形成。恆星一般來說不會相撞，所以它們要失去角動量又更難，因此星系不會崩塌成超級巨大的恆星。恆星確實會對彼此發揮重力，使它們最後公轉的方式也和行星差不多。就像我們的太陽系一樣，並非所有在同一個星系裡的東西都以相同的方式公轉。比方說，我們的銀河系裡有些恆星，是以相對於傾斜於星系盤的角度在公轉。其他比較小的、繞著銀河公轉的星系，比方說大麥哲倫與小麥哲倫星雲，公轉的方式也不一樣。所以像星系這樣一個天體的公轉方式，可以用來測量大部分恆星的移動方式，但不一定適用於全部。

Q185 宇宙在旋轉嗎？

羅伯森（得文）

問這個問題的時候，必須先克服一個概念上的重大轉換：相對於什麼旋轉？換句話說，這個問題問的是：宇宙裡的天體自轉是不是一致的？星系和星團都在移動，但它們是不是都繞著一個中心點或是中心軸在轉？如果你測量大量的星系的自轉方向，而且這件事情已經有人做好了，那麼你會發現：其實沒有一個大家偏好的方向。順時鐘方向自轉的星系數量，和逆時鐘方向自轉的星系數量差不多

（所謂「順」「逆」是以我們在地球的角度來看）。至於星系運動的方向，就比較難測量了。我們可以測量星系相對我們前進或後退的速度，但是無法測量它們在天空裡的運動——因為它們要移動得夠遠，地球才能測量得到距離的變化，但過程所花的時間實在太久了。

我們不認為宇宙整體是在旋轉的，而且宇宙微波背景裡有可觀測到的證據證明這一點。宇宙微波背景是大爆炸遺留下來的產物，也是我們能看到的最遙遠的東西，這提供我們一個以大尺度來看宇宙的理想方式。如果宇宙整體是在自轉的，那麼我們會預期看到宇宙微波背景有輕微的變動。很多人都曾經尋找過這樣的影響，但都沒有找到。

宇宙整體的自轉也會違反宇宙學的一個原則，也就是宇宙裡沒有一個地方是特別的，這是愛因斯坦相對論成立的條件。而我們相信相對論行之於全宇宙都是適用且正確的。因此如果宇宙真的繞著一個點或一個軸自轉，那就會有些地方比其他地方特殊，而且也會產生一個可以用來測量所有運動的普遍性參考架構。

Q186 長久以來大家都知道宇宙在擴張，而且愈遠的天體移動的速度愈快。但是既然我們看到的遙遠天體是存在於很久以前的，我們怎麼知道宇宙到現在還在擴張？

武德（利特漢普頓）

我們認為遙遠的星系在遠離我們，是因為它們的光已經被拉長到較長的波長。這種拉長是透過測量光譜中特定特徵的波長，並且與在地球的實驗室裡測量到的值互相比較所得知的。這種「紅移」嚴格來說並不是星系實體上的速度所造成的，而是因為宇宙在光前進的過程中有所擴張。我們可以比較這些紅移和這些天體的距離，不過只適用於我們已經知道距離的天體。有一種特定的超新星叫做「Ia型超新星」，它的亮度可以預測，所以我們能計算它的距離。而這些爆炸的恆星因為非常亮，所以就算在數十億光年之外，我們也能測量得到。當我們觀測更遙遠的物體時，從那裡而來的光已經經過的時間又更長，所以我們看到的擴張，會比從較近的天體所觀測到的還要多。

我們可以在波長上測量到小得難以想像的改變，因此也能知道極細微的擴張。宇宙的擴張的確會隨著時間改變，並且符合我們的預期。如果我們看著一個天體，來自那裡的光已經花了十億年來到這裡，我們看到的擴張是小於百分之十的，也就是說，十億年前的宇宙比現在小了百分之十。當我們看著非常遙遠的一個星系，那裡的光花了八十億年才過來，在星系發出光的同時，宇宙的大小約只有現在的一半。我們所能看見的來自最遙遠的天體的光，已經被拉長了大約九倍。雖然我們無法測量這些天體的距離，不過我們可以計算出這道光已經前進了一百三十億年，所以是在大爆炸後不到十億年就發射出來的。

如果宇宙的擴張在歷史上的某一點停止了，那麼我們就會看到我們測量到的擴張，在地球的某個距離內也會停止改變。不過沒有證據顯示擴張已經停止了，我們甚至有證據顯示擴張正在加速。在宇宙歷史的大部分時間裡，擴張已經漸漸慢了下來，但在過去的幾十億年裡，擴張的速度似乎是增加了。對此，目前傾向的解釋是由一個神祕的力量——「暗能量」——所造成的。

Q187 為什麼宇宙的擴張會愈來愈快，而不是如預期的愈來愈慢？

楚爾（澤西）、普利其德（士洛普夏，馬錢利）

這是現代宇宙學最大的問題之一，也是一個沒有肯定答案的問題。當宇宙在擴張這個理論一成立，大家就開始試著找出擴張的速度有多快。我們預期擴張會慢下來的原因很簡單，因為宇宙中的一切都有重力。宇宙的命運會依照擴張的速度有多快、密度有多高而決定。

這有點像是把一顆球直接丟到空中一樣。球會先往上，但會因為地球的重力而一直變慢，最後慢到停下來，開始往回落下。現在想像一下，如果你可以很用力、很用力地丟這顆球，讓它飛得更遠，雖然它還是會變慢，但如果你丟出去的速度超過每秒十一公里，那麼它就永遠不會停下來了。這個臨界速度稱為「脫離速度」，是由地球的重力所決定的，而重力則是由地球的質量所決定的。以宇宙來說，它的臨界量是它的密度，超過臨界密度，宇宙就會自行崩塌，而低於這個臨界密度，它就會永遠一直擴張。可是這一切的假設是：宇宙只由物質與輻射線所組成。

在一九〇年代，情況變得更加撲朔迷離。雖然以最大尺度而言，針對宇宙的測量值彷彿顯示它的密度幾乎相當於它的臨界值，但天文學家就是無法找到足夠的東西解釋這樣的密度。事實上，就算把所有的星系都加起來，也只有臨界密度的三分之一，連把神祕的暗物質算進來也是一樣。除了這個難題之外，針對遙遠超新星的測量結果還顯示宇宙其實在加速擴張，而且已經持續了好幾十億年。

大部分宇宙學家目前傾向的解決辦法稱為「暗能量」。這是一種能量形式，遍布在所有空間裡，但它會發揮一種壓力，把所有東西都推散。這個神祕能量的成因目前尚屬未知，而且已經有很多人試圖提出各種理論來解釋它。最廣為接受的一個理論（但不代表就是對的！）認為，擴張之所以會加速，是因為太空的真空中存在的一種固有能量造成的。這個能量的密度因為非常薄弱，所以大部分的情況下幾乎無法觀察到。這個真空的能量是量子物理學預測的結果，但卻無法預測它的值是多少。我們無法測量或是計算它，但我們最好的估算將它視為應該比解釋宇宙的加速擴張所需的值，再高三十個數量級（物理學的專有名詞，一個數量級就是十倍）。這樣一來，倍數就相差了一百萬兆兆倍！對於宇宙學家和量子物理學家來說，這就像是打了他們一個耳光一樣，不過既然這是基於一個估計值算出來的，顯然還有很多要努力的地方。

所以我們不知道暗能量從何而來，但我們所有的測量結果似乎都顯示有某個東西造成宇宙擴張，而這個東西也填補了宇宙裡應有的「東西」的空缺，讓整體的數字又回到其他實驗所測量出來的臨界密度。當然也有可能所有的理論都是錯的，根本沒有像暗能量這樣的東西。但是既然這對我們在宇宙學方面的理解非常關鍵，所以如果所有的理論都真的是錯的，那它們可能是錯得非常離譜！

Q 188 既然用「標準燭光」來探索擴張中的宇宙被證明是不精確的，會怎麼影響我們對擴張中的宇宙的理解？

貝羅斯福（西米德蘭茲郡，伯明罕）

使用「標準燭光」最好就真的只是把它當成「標準燭光」，因為後續還必須要花點功夫，小心計算才行。在研究外星系時使用的兩個主要基準就是造父變星和Ia型超新星，兩者的亮度變化都可以用來推論恆星固有的光度。只要知道了這一點，就能計算出距離，因為比較遙遠的天體看起來會比靠近的天體黯淡一些。

造父變星在大小和光度方面都有脈動，而脈動的周期和它們的平均亮度有關。這類的恆星一般來說都比太陽還要光亮好幾千倍，所以從其他星系也可以看見它們。哈柏就是因為觀察仙女座大星雲裡面的造父變星，才推論出這個星雲其實遠在我們的銀河之外的遙遠地方。

但是造父變星的脈動周期和光度並不是那麼清楚明白。首先，造父變星有兩種。事實上哈柏一開始計算出的仙女座星系距離是錯的，因為他假設的造父變星種類錯了。脈動也會根據恆星的成分而改變，比方說氧、碳，或是鐵這類重元素有多少，就會造成不同的影響。雖然這些成分可以用其他方式來判斷，但從造父變星計算得來的距離還是有固有的不確定性。雖然哈柏在一九二〇年代用造父變星來說明宇宙的確在擴張，但擴張的速率並不清楚。

Ia型超新星比造父變星亮很多，是白矮星達到臨界質量後毀滅而出現的。它的質量原則上就是整個白矮星的質量，所以你可能很容易就預期它們的亮度也相同。可是爆炸的詳盡情形會依照恆星自轉得多快，還有恆星確切的組成而決定。從觀測結果我們推論，亮度和超新星餘暉消逝所需的時間有關。所以要推論出它原本的光度，就必須先測量超新星的亮度達數日到數周的時間。

目前我們觀察到距離最遙遠的超新星因為太遠，所以當光離開它們的時候，宇宙還不到目前年紀的一半。在一九〇年代晚期，我們發現最遙遠的Ia型超新星後退的速度看起來好像變快了，以它們所測量到的距離來計算，它們不應該後退得那麼快。這有兩個可能性，一個是宇宙擴張的速率變快，另一個則是這些超新星的距離是錯的。

於是嚴重的問題來了：這些超新星的行為和數十億年前相同嗎？如果它們已經改變了，那麼計算它們原本光度所使用的假設可能也錯了。這樣一來，計算出的距離也會是錯的。舉例來說，我們知道恆星的組成會漸漸隨著宇宙的歷史而改變，成功的世代的化學成分，會比前面一代的更為豐富。關於這些差異是否可以解釋我們看到的，還是有許多爭議。不過，大部分的天文學家現在都傾向同意，這些差異都太小了應不足以解釋。

不過還是有些人抱持著不同的意見，他們認為宇宙加速擴張的證據非常薄弱。不過現在已經有使用大尺度的星系分布等不同測量值的其他實驗，也得到了相同的結果。由於一切都指向相同的模型，所以如果最後其實是超新星誤導了我們，那麼這個模型也會搖搖欲墜了。

瓊斯（赤夏）

Q189 如果宇宙微波背景輻射是大爆炸的殘餘，為什麼我們現在還看得見？它不是應該以光速的速度向外前進，因此早就超過我們了嗎？

我們看到的宇宙微波背景的微波光的確以光速在前進，但是它是來自於可見宇宙的遙遠地方。這表示它花了一百三十七億年的時間，才從起點到達我們現在的望遠鏡前面。而一百三十七億年前在我們現在這個位置的光，也已經以光速離開，早就不在這裡了。事實上，可能在數十億光年之外，也有一個人在回答相同的這個問題。

Q190 當我們在描述星系有多遙遠時，會用到「光年」這個詞。但是這在擴張的宇宙中代表什麼？如果我們說一個星系在好幾光年外，而光是以固定的速率前進，那麼明年，我們和這個星系間的距離就會增加。我們會不會修正這些距離，以符合宇宙的擴張現象？或者這樣的影響是可以忽略的？

羅伯特（列斯特）

距離對宇宙學是一個很困難的挑戰，原因就是上述問題中提到的種種因素。和一個移動中的天體間的距離，會隨著你何時測量這個距離而改變。我們習慣使用即時的測量單位，但是在宇宙學裡並不一定是這樣。因為要測量的距離太大了，所以光會花很久的時間才從發出的地方，抵達我們在地球的望遠鏡前。而宇宙在這段長達數十億年的時間裡，已經擴張、膨脹了，所以你要用的到底是光發射出的那個時候的距離（當時的宇宙比較小），或是現在的距離？

我們測量宇宙大部分天體的唯一方法，就是它們的紅移，也就是觀察它們的光因為宇宙擴張而被拉長了多少。藉由使用一個宇宙擴張的標準模型，我們就能計算光前進了多久。但把紅移轉換成距離就是一項複雜許多的工作了，而且會隨著你對宇宙的想像而改變。

假設宇宙是一個巨大、扁平的橡膠片，星系散布在表面上。隨著宇宙擴張，這個橡膠片會被拉長，星系間的距離會愈來愈遠。現在你要怎麼測量距離？你可以拿一把尺對著橡膠片量，但是這樣量出來的距離，會隨著你在測量時橡膠片被拉長多少而定。

我們假設你拿尺量橡膠片的時候，有一個星系在三十億光年之外。而我們可以想像從那個星系散發出來的光，就像橡膠片上從星系所在的位置滾出來的一顆彈珠，它以光速前進，所以可以預期它在三十億年後會到達我們的位置。可是在光前進的同時，這片橡膠片（也就是宇宙）也被拉長了，而這個彈珠（也就是光）就要花更多的時間才能走完原本的距離。事實上，光花了一百三十億年才到我們的地球，在這段時間裡，宇宙已經擴張了大約九倍。如果我們再拿一次尺，就會發現這個星系又更遠——遠了九倍，所以算出來的距離大約是三百億光年。這兩個測量值都是合理的，但是答案差很多，後者會讓人覺得這個星系在一百三十億年裡前進了三百億光年，所以速度大於光速。

此外也有其他測量距離的方法。如果我們知道天體的原始光度，例如造父變星和Ia型超新星，那麼這個距離的算法又不一樣了。愈遙遠的天體看起來愈黯淡，但是如果考慮到來自宇宙某處天體的光，這道光隨著宇宙擴張也會變得黯淡。這表示我們計算出的距離，似乎會比實際上的距離大非常多。以我們前面提到的星系為例，算出來的距離可能會在兩千七百億光年之外！

這些不同的詮釋代表宇宙學家在討論宇宙的距離時，會使用兩種主要的度量衡。第一個是紅移，也就是測量宇宙從光發射出來之後，擴張了多少。既然這是一個觀測得到的事實，爭議性就比較小，所以紅移是測量距離最常用的方法。如果需要算出距離，那麼最常見的選擇就是採用像用一把超大的尺即時量出來的距離，所以用我們上面舉例的星系來說，測量值就是三百億光年。這個值稱為「共動距離」，因為它會隨著宇宙擴張而消弭。不過如同我們前面所看到的，這個數字會讓人以為這個天體移動得比光速還快。但事實上，其實是宇宙擴張的速度比光速還要快。

Q191 如果宇宙從大爆炸時就以光速開始擴張，宇宙怎麼還能夠再擴張得更大？這是不是表示光速並不是宇宙中最快的速度？

洛斯菲爾（伯克夏，美登赫）、蔻波絲（艾色克斯，格雷士）、莫伊瑟（東約克郡，貝弗利）

如同上一題的答案，這會因為你所謂的「距離」是什麼而改變，因為測量值會隨著宇宙擴張而改變。之所以會有這樣的混淆，是因為可見宇宙的直徑經常以四百五十億光年來表示，但如果用宇宙一百三十七億年的年紀來比較，就會讓人覺得這些天體移動得比光速還快。但你可以放心，並不是這樣的。這些距離都是如果用一把超級大的尺來測量，即時讀取尺上數值的結果。

但是從可見宇宙最遙遠深處而來的光，已經朝我們前進了一百三十億年。所以我們可以看到當宇宙還只是現在尺寸的一小部分大的樣子。然而，我們無法回頭看到大爆炸那麼久以前的樣子，因為一開始的那幾十萬年裡，宇宙都是一片混沌。我們所能看到最古老的東西，就是宇宙微波背景，這是宇宙還不到四十萬年大的時候就發射出來的東西。這個光發射出來的時候宇宙還比較小，我們現在看到的遙遠地平線，其實距離我們只有四千萬光年。光之所以要花這麼久的時間才到我們這裡，是因為宇宙一直在擴張，而自從來自宇宙微波背景輻射的光開始它的旅程，就一直以超過一千的倍數被拉長。

因此光速還是宇宙中的終極速限，但是既然沒有東西能比光還要快，所以也就無物（如虛無的太空）能比它快。

Q192 有沒有任何好理由讓人相信整個宇宙都包含在我們的宇宙視界內？在我們的視界之外，會不會有更多的星系？

羅彬斯（愛丁堡）與薩札特（漢普夏，朴次茅斯）

我們的宇宙視界是由宇宙的年齡所決定的，我們只能看到距離我們夠近、光能夠在過去的一百三十七億年裡到達我們這裡的區域。隨著時間過去，這個視界會增加，我們也能看到更多的星系——不過以宇宙學來說，這個增加的速度非常慢。可是有沒有停止的一天？我們還不知道整個宇宙的大小，事實上，宇宙可能是無窮無盡的。然而，就算宇宙是有止盡的，也不代表宇宙有盡頭。

回到我們熟悉的類比，把宇宙想成氣球的表面，這裡也沒有盡頭，但尺寸當然是有限的。宇宙可能也是一樣，我們可見的視界代表整個表面的一部分。如果你在這個氣球上前進，最後你會回到出發點。也許宇宙也是這樣。如果我們可以看到夠多的表面，那麼我們在一個方向看到的星系，可能和從另外一邊看到的是同樣的。因此，我們使用氣球類比就要小心，因為這可能是錯誤的類比，讓我們以為宇宙是球體的。

不過有些科學家正在尋找一些關於宇宙尺度的線索。透過檢視我們在宇宙中看見的最大尺度，也就是宇宙微波背景，他們已經開始尋找各種不同效應的細微跡象，其中就包括宇宙的有限尺寸。這是一個很大膽的嘗試，因為他們連究竟在尋找什麼都還不是很清楚，不過我們已經可以說目前為止還沒有什麼難應付的發現！

Q193 整個宇宙的質量是多少？

保羅（愛爾蘭，都柏林）

我們無法真的看到整個宇宙，所以要判斷它的大小與質量是不可能的。我們只能試著計算它的密度，或是在某個體積內的質量。雖然我們可能無法測量整個宇宙，但我們可以看到很大部分的太空，在數十億年來一直往各個方向被拉長，而在這個太空裡，有以數百萬計的星系，一個像我們的銀河系一樣的星系會有一兆個太陽，因為太陽的重量是兩百萬兆兆公斤，所以星系非常重。因為算出來的這些數字很大，難以使用，所以科學家會寫太陽的重量是二乘以十的三十次方公斤，也就是二的後面有三十〇。

可是星系間的距離很遙遠，而且是一群一群、一團一團的，裡面還有巨大的空洞。所以整體的密度是多少呢？嗯，算出來的密度其實滿低的。如果把宇宙弄平，那麼每立方公尺裡，大約只有六個質子。拿這個數字和我們可能不覺得密度特別高的空氣來比比看。一立方公尺的空氣大約是一公斤重，裡面大約有六百兆兆個質子。這表示如果要把空氣的密度降低到宇宙的平均密度，我們就要把一立方公尺的體積擴大到超過月球軌道。

所以宇宙的密度不高，但是它很大。所以就算是很低的密度，加起來也可能是很大的質量。現在測量到的宇宙範圍大約是四百五十億光年。（關於為什麼這不代表天體移動的速度超過光速，可以參考前面一個問題的答案！）以這個體積以及上面的密度來算，那麼整個可見宇宙的質量大約是六千萬兆兆兆公斤（六乘以十的四十三次方，也就是六後面有四十三個〇）。這相當於一兆個像銀河系這樣的星系。既然銀河裡大約有一千億顆恆星，那麼宇宙中類似太陽系的數量根本是多得不得了！

Q194 如果宇宙在擴張，那會不會有一天，所有的東西都消失在我們的視線裡？

羅伯茲（西索塞克斯，雪爾漢濱海）

就算宇宙在擴張，但是隨著時間過去，我們可以看到的反而愈來愈遠。原因很簡單，來自更遠的天體的光就有時間抵達我們所在的地球。但是隨著擴張繼續，那些來自最遙遠天體的光也會被拉長得愈來愈多。就像光的波長會增加一樣，天體也會顯得愈來愈黯淡。最後，最遙遠的天體會移動到太遠的地方，以致於它們的光永遠無法到達我們這裡，所以是看不見的。

比較近的天體，比方說太陽系和銀河系，會因為重力互相維持在一起，所以不會因為擴張被拉開。不過到了最後，過了幾十億年，最後的恆星也會消失。如果那時候還有人住在宇宙裡，那裡一定會無聊極了！

Q195 在《仰望夜空》的播出期間，宇宙的年齡與尺寸估計改變了多少？

克萊特沃斯（南威爾斯，朋提浦）

《仰望夜空》播出的這段時間正好是我們對宇宙的了解出現最重大改變的期間。宇宙學的世界在一九〇年代都在討論一個大問題：到底有沒有大爆炸？當時有強烈的證據證明宇宙在擴張，這要感謝哈柏與其他天文學家，而且擴張也很完美地符合愛因斯坦的一般相對論。

不過有一群科學家則擁護「穩態宇宙」的看法，其中一位就是劍橋的霍伊爾。霍伊爾成功證明大部分的化學元素都是在恆星的中心所形成，他並不贊成「宇宙有一個開始」這樣的說法。在他的理論裡，宇宙是在擴張的，但是新的物質一直被創造出來，填補擴張後的缺口。因此，儘管宇宙一直改變，但是就整體而言，宇宙卻是永遠都在相同狀態的。

反對的理論涉及「宇宙在過去比較小」這個概念。這樣的想法自然會得到一個結論，就是宇宙一定有一度是比較小的。支持這個理論的，就是電波天文學家對遙遠星系觀測的結果。他們的觀測顯示，最遙遠的宇宙和我們這裡的環境是不一樣的。對於某些人來說，「宇宙並非永遠不變」似乎是個荒謬可笑的看法。英國天文學家霍伊爾在一九四九年提出「大爆炸」一詞，有些報導認為他當初這麼說根本是刻意嘲笑這個理論（不過霍伊爾本人從來不承認）。

擊潰「穩態學說」的事件發生在一九六〇年代。在貝爾實驗室工作的物理學家彭齊亞斯和威爾遜對無線電通訊當中的雜音來源追根究柢。他們發現一直有一個訊號從天空鋪天蓋地而來，但又找不到源頭。美國理論物理學家迪奇因此推論，這可能是大爆炸結束後殘留的輻射。這完全符合大爆炸的模型，因為早期的宇宙一定又熱、密度又高，才會被這種強烈的輻射主宰。這種宇宙的殘餘物在一九四〇年代就被獨立預測到，而實際上的發現也與預測結果非常驚人地相近。我們現在知道這個輻射就是宇宙微波背景ＣＭＢ），這是在整個天空中一直發光的東西，溫度比絕對零度高三度。ＣＭＢ把宇宙學從理論上的沙盤推演變成觀測型的科學，天文學家也爭相盡可能了解早期的宇宙情況。觀測結果讓宇宙的年齡範圍縮減，一開始本來認為大約是一百億年，不過這個年紀和一些其他的證據相矛盾：有些恆星甚至還老過這個年紀。

但CMB也為宇宙學家帶來一些問題。早期的宇宙似乎在每個方向看起來都一模一樣。不同的部分可以達到相同溫度的唯一方法，就是光可以在這些區域間傳遞，使能量達到平衡。可是來自宇宙一頭的光才剛剛到達地球，所以沒有足夠的時間到另外一頭。可是不知怎麼樣，宇宙就達到了這個不可思議的一致狀態。

更進一步的問題就是我們算出的宇宙密度。愛因斯坦的相對論讓我們知道三個可能的解決方法：當密度太高時，所有東西對彼此的重力會讓擴張慢下來，最後反轉這個現象，達到高峰後形成「大崩墜」；如果密度太低，那麼宇宙就會繼續一直擴張，最後造成「大凍結」；而兩者間最佳的折衷點，就是所謂的「臨界密度」，宇宙在這裡會繼續擴張，但是擴張的速度會一直降低。

問題是，一旦宇宙密度和臨界密度有一點點的偏差，我們就不會在這裡了。就算是十的六十次方（一後面有六十個〇）分之一的差異，都會讓宇宙在地球上有生命開始演化之前，就崩墜成一團果醬或是分崩離析，這一切都只是巧合嗎？一如往常，科學家對於巧合都非常提心吊膽，尤其是像這樣維持在走鋼索般危險平衡的巧合。

對於所謂「曲度問題」常見的反應，是人本原理；這個原理認為宇宙必然原本就是這個密度，因為如果不是，那麼我們就不會在這裡問這個問題。看起來好像是個合理的答案，但並不太令人滿意。

一九八〇年代，一名叫做古斯的天文學家提出解決這兩個問題的方法。他把自己的理論稱為「暴脹」，內容是宇宙在誕生之初的極短時間內，曾有一段急遽膨脹的時期，使得視界快速地擴張，因此宇宙裡大部分的空間會達到相同的溫度與密度。如果這是真的，就肯定表示我們可見的宇宙只是一個更大更大的宇宙裡的小小一部分，而這個龐大的宇宙大部分都距離我們太遙遠，所以來自那裡的光根本還沒到達我們這裡。暴脹也和「曲度問題」有關，因為理論上這個密度必須達到臨界值。這是個比人本原理更令人滿意的答案，不過還是需要測試與驗證。

到了一九九〇年代，大家開始更精細地描繪宇宙微波背景，發現了細微的變化。早期宇宙裡有些部分一直都比其他部分密度高了那麼一點點，這些超過的密度就變成我們在周遭看到的這類巨型星系團的所在位置。美國太空總署（ＮＡＳＡ）的宇宙背景探測衛星（ＣＯＢＥ）和威金森微波異向性探測器（ＷＭＡＰ）都幫我們畫出愈來愈精確的地圖，使我們對宇宙成分的估計愈來愈精準。最近歐洲太空總署的普朗克任務也畫出更詳細的全天空的地圖。

答案令人瞠目結舌，因為結果顯示宇宙裡只有不到二十分之一的能量來自正常的原子物質，也就是組成我們，還有所有我們看見的東西的物質。宇宙有大約五分之一是由所謂的暗物質所組成的，這是從宇宙學和天體物理學的其他領域得到的證據。但是就算把這些都加起來，也只有整個宇宙的能量密度的四分之一。據信剩下的部分是由某種所謂「暗能量」（宇宙學家都喜歡幫東西取個沒什麼用又沒意義的名字）所組成的。暗能量和暴脹都是粒子物理學理論的分支，不過粒子物理學的細節就太超過這本書的範圍了。

在二十一世紀初期，終於有比較一致的看法形成。組成宇宙的物質當中，百分之四是我們所熟悉的，大約百分之二十三是暗物質，大約百分之七十三是暗能量。我們也知道宇宙的年紀大約是一百三十七億年。關於宇宙的其他方面，就更不一定了。比方說，我們還沒發現暗物質是什麼（現在這麼寫其實很大膽，因為大強子對撞機可能就要發現答案了！），而且我們對於暗能量是什麼也毫無頭緒。

在其他方面，從一九五〇年代開始至今都沒有什麼改變。我們也許更了解宇宙經歷過什麼樣的改變，以及在早期發生了什麼事，不過關於一開始是什麼造成大爆炸的，我們也還沒有任何線索。雖然有很多理論，不過目前都還無法驗證。也許目前最大、最大的問題，最好還是留給哲學家去想吧。

Q196 宇宙的質量是否在增加？

蓋樂（多塞特，浦爾）

簡單的答案是「沒有」——至少如果你假設這個質量和能量相等的話。這是愛因斯坦讓我們知道的，也是 $E = mc^2$ 這個等式經常被引用的理由之一。物質會一直轉換成能量，舉例來說，當一顆恆星燃燒核燃料的時候，就會創造出光。但是也可能發生相反的事：光的光子也可能衰變成物質的粒子。當我們說到宇宙的內容時，我們說的通常是能量密度，由相等的能量說明物質。

我們看不到整個宇宙，只能看見那些夠接近、光足以有足夠時間到達我們這裡的部分。隨著時間過去，我們可以看得更遠，看見更多的星系。不過如果我們在某個時刻拿特定體積的太空來看，比方說我們目前看得見的整個宇宙，那麼平均來說，是沒有東西在這裡進出的。我們選擇的這個區域每離開一個光子，都會有另一個進來填補。可是宇宙在擴張，使得這個固定區域的體積會變大。雖然能量內容可能維持不變，可能密度卻一直在變小，因為體積一直變大。

Q197 宇宙的形狀是什麼？我們怎麼知道？

貝克（伯克夏，阿斯科特）與史卓德（漢普夏，南安普敦）

關於宇宙形狀的討論，一般都和該如何以巨大的天秤來處理有關。為了做到這一點，我們把宇宙想像成平面的。（顯然宇宙不是平面的，但是立體空間的轉換是出了名的難以具象化的！用二維的表面來表現比較容易，這樣我們才能用第三維來移動這個平面。）現在想像我們在一張紙上畫一個三角形。小學生就學過，三角形的內角相加會是一百八十度，而且畫在一張紙上一定也是這樣。三角形的內角相加確實是一百八十度的二維平面，稱為具有「平坦幾何」的二維平面。

現在想像一個球體的平面，比方說地球的球面。從赤道開始，往北畫一條到北極的線，接著轉一個直角，讓線回到赤道。然後在這裡再轉一個直角，回到線的起點。這樣你就畫出了一個在球體上的三角形，不過這個三角形裡的三個角都是直角。這表示這三個角的總和是兩百七十度，不是一百八十度。

這樣的形狀具有「正曲率」，代表三角形裡的角度加起來超過一百八十度。如果你沿著這些線走（游，或飛），你會覺得自己一直都在走直線，無法察覺到表面的曲率。只有當你從三維立體的角度來看，才會發現這些線看起來是彎曲的。

我們可以想像有一個表面，上面的三角形的內角總和是小於一百八十度的。這就是有「負曲率」，最簡單的就是想像馬鞍的形狀：兩側往下，前後往上。這些線條近看是直的，但遠看就像是往外彎的。這些看起來都很抽象，而且怎麼在不同的形狀上畫三角形和宇宙有什麼關係？這點你可能也

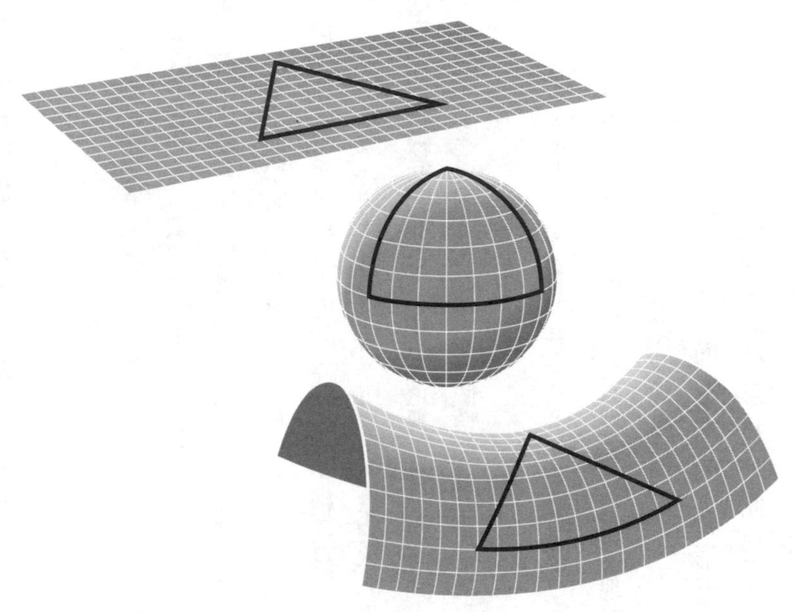

在地球上畫一個夠大的三角形，就會讓三個內角的總和變成兩百七十度——比在平面上的三角形內角總和還要大。

不是很明白。現在我們不畫線，想像發射一束光。在正曲率的宇宙裡（比方說球體），光束會朝彼此彎曲，使得東西看起來比實際上大，此時宇宙就像是一個巨大的透鏡。在負曲率的宇宙裡，線條會往彼此的反方向彎曲，物體看起來會變小。

所以我們怎麼測量光束是不是以直線前進呢？首先我們要知道物體有多大，這樣我們才能和它「看起來」的大小做比較。還好我們有一些已知大小的東西，也就是眾所周知的大爆炸的殘留，宇宙微波背景的一些特徵。當我們觀察宇宙初期殘留至今的這些微波時，看到的是比其他稍微熱一點、密度高一點的部分。

我們其實很清楚這些熱的（和冷的）點的形成——早期的宇宙可能更熱、密度更高，但是就物理學上來說，其實是很容易理解的地方。

接著我們可以從地球上的一個角落開始畫三角形，另外兩個點則在一個熱點的兩端，這樣畫出來的形狀，正是三個內角相加應為一百八十度的三角形。這表示光是以直線前進的，而且宇宙的形狀在這個大尺度來看是平坦的。我們也可以利用在龐大尺度上的星系分布之類的特徵，在比較接近我們的天體，而不是在我們可見的最遙遠的宇宙做一樣的事。基本上，只要是尺寸已知的東西，我們都可以這麼做。

我們知道宇宙似乎可以說幾乎是完全平的，但是我們並不百分之百確定確切的數字，就像所有的物理測量一樣，有一些部分還是不確定。這些不確定代表我們可能有一天，會測量到早期宇宙結構的特徵，暗示宇宙在比我們所見的更大尺度上，並不是平的。也許還有其他的可能性存在，比如說宇宙是橄欖球形的，在交叉的區域則接近平坦，但又不完全平坦。歐洲太空總署的普朗克衛星會得到新的測量結果，有助於進一步修正這些測量值，讓我們更確定宇宙的形狀是什麼。

Q198 我們怎麼確定宇宙是不是無窮盡的？

波費（蘇佛克，伊普斯威治）、萊特（多塞特，威茅斯）

其實我們不能確定宇宙是不是無窮盡的。目前為止的測量結果告訴我們，整個宇宙的大小可能比我們看到的任何東西都要大很多很多，但是它是不是無窮盡的，就更加難以測量了。

Q199 宇宙外面有什麼東西？宇宙又是往哪裡擴張？

沃克（北愛爾蘭，伯發斯特）、揚（倫敦）、莫瑞（利物浦）

宇宙之外有東西的這個想法，幾乎一點都沒有意義，因為這是一個涉及宇宙之外還有空間的概念。我們所了解的空間——有上下左右前後的三維空間——只在宇宙的範圍內有定義。我們所知的宇宙可能是嵌在一個更高維的結構裡，但是我們無法以同樣的方式來測量更高的維度。

Q200 將擴張中的宇宙具象化很困難，但我把它和充氣中的氣球相比，氣球的表面上有星系，會隨著時間彼此愈來愈遙遠。在這個類比中，氣球的內部有沒有東西呢？

克拉克（東索塞克斯，布來頓）

膨脹的氣球的類比很有用，因為這讓人能了解擴張中的空間是沒有邊緣的。在這個例子當中，宇宙是氣球的表面，整個太空都在這個表面上。但是氣球內部的成分是沒有意義的。

之所以會有這個問題，是因為我們把宇宙想成在三維世界裡的二維平面。可是其實應該用一隻爬在氣球表面的螞蟻的角度，來思考這個氣球表面。這隻螞蟻（以這些條件來說，牠只有二維的存在）只知道氣球的表面而已。而由於這個表面夠大，對一隻小螞蟻來說，它就是一個平面，就像是從我們這些在地球上爬的人的角度來看，地球也是一個平面一樣。

如果這顆氣球的內部還是讓你有疑問，你可以試著把宇宙想成一張不斷變大的平面床單。這樣想的問題是，你會很難擺脫它有邊緣的想法，所以你會覺得這張床單的大小是有限的。恐怕真的沒有一個簡單的答案。

大爆炸與早期宇宙

Q201 大爆炸之前有什麼東西？

基伯懷特（索美塞特，巴斯）、喬治（蘭開夏，布拉克本）、艾吉（赤夏，波伊頓）、紐曼（蘇佛克，柏立聖艾德蒙）、派波（東索塞克斯，濱海貝克斯丘）

「大爆炸之前有時間存在」的這個概念，一般認為是不正確的。以宇宙學而言，通常認為空間和時間是一個實體，稱為「時空」，這是在大爆炸的時候才出現的東西。所以在那之前，「時間」是沒有意義的。問大爆炸之前有什麼，就像是問北極的北邊是什麼一樣。

Q202 如果宇宙是一道菜，食譜是什麼？要花多久時間才能煮好？

葉（北約克郡，惠比）

在準備做「宇宙」這道菜之前，你要先確保你已經有所有需要的食材，以及必要的器具。首先，請準備各種基本粒子做為主要食材。你可以在架上找到標著「夸克」和「輕子」的材料，當中包括電子、渺子、τ粒子等；另外也有超小的迷你微中子，不過這比較難拿得住。你也要確定拿了和這些粒子同等分量的反粒子，不過要注意，物質要放得比反物質多一點點，因為這在後面會變得非常重要。至於器具嘛，請你去寫著「力」的櫥櫃裡，分別拿一個強核力、弱核力、電磁力，還有重力。這些力都帶著「交換粒子」，如果你能找到希格斯玻色子，那些加一點也會很不錯。

現在要開始烘烤，最簡單的方法就是找到「準暴脹的宇宙」。它們已經經歷了暴脹階段的所有麻煩，可以讓你免除一些有的沒的，也可以省一點時間。也不是太久啦，大約十的負三十五次方秒（是十的三十五次方分之一秒），這個過程中所必須的是龐大的能量，要重現一次可能滿危險的。你很容易認出已開始暴脹的宇宙，因為它大約是一顆蘋果的大小（我們說的只是我們可見的宇宙，因為我們還不知道在可見的宇宙之外還有什麼），而且表面看起來非常平滑。

下一步是把所有的材料和力都丟進去，別忘了最重要的交換粒子，這是要讓力開始作用所必須的。開始烹飪，把烤箱加熱到攝氏十的二十八次方度，相當於一萬億萬兆度。

在把宇宙放進去之前，記得先站後面一點，因為在剛開始的幾兆分之一秒裡，它會擴張到地球軌道那麼大，橫向大約有三億公里。接著，它很快就會冷卻非常多，大約是十億倍。強核力會利用膠子對夸克起作用，宇宙就會是以夸克膠子電漿所組成的，這是目前已知密度最高的物質形式，不過周圍還有很多強烈的輻射線飛來飛去。你也要確定你戴上了保護耳朵的東西，因為在宇宙裡會有非常吵的聲波在移動。這些都只是因為你一開始使用的預先暴脹好的宇宙裡有一些小小的不完美。別擔心，它們沒有危險，聽起來還很像不和諧的搖滾演唱會。

大約過了百分之一毫秒，宇宙又會再冷卻幾百萬倍，溫度變成大約只有一百萬兆度，而寬度會擴張到大約一光年。強核力利用膠子把所有的夸克綁在一起，變成所謂「重子」的粒子。大部分的重子都不穩定，而且轉瞬間就會衰變，製造出由電子、微中子、光子組合而成的東西。唯一穩定的重子是質子和中子，不過就算是中子也會漸漸衰變，成為質子和電子的混合物。宇宙最主要的成分是光子，也就是光的粒子。電子和它的反粒子——正電子——會一直互相撞擊，創造出光子，不過在這樣的溫度下，光子會自動轉換回電子和正電子。

這種情況會在前三分鐘持續，光子變成電子和正電子，然後又變回來，中子會慢慢變成質子。三分鐘過後，溫度已經降低到了十億度，質子和中子會開始結合成原子核。這個過程稱為核融合，靠弱核力把所有的中子結合成「核」，讓它們不再衰變。

這場質子與中子間的戰鬥，最後結局是宇宙中的物質組成有百分之七十是質子。百分之三十是中子。大約一半的質子會繼續單獨存在，漂浮在四周，另外一半就會被鎖在原子核裡，比方說氦。很重要的是，溫度要以正確的速率降低，否則如果再久一點，所有的中子就會都變成光子，那麼早期的宇宙裡除了氫之外，就不會有其他的元素了。

你必須確保溫度繼續下降，這樣大約再過十五到二十分鐘，溫度就會降到幾億度。這會使核融合停止，代表只會出現比較輕的元素——因為現在不是重元素形成的時機了。溫度也會降低到光子不會再衰變成電子和正電子。假設你放入的物質與反物質的比例正確，那現在應該不會剩下正電子，電子則應該被毀滅了大半，剩下原本數量的十億分之一左右。

此時就讓宇宙自己冷卻。你也許會想找一下離你最近的時間之門，往前快轉幾十萬年，因為到了那時候，才會發生下一個重大改變。溫度到了那時候會冷卻到相對寒冷的三千度（但還是烤箱刻度大約兩百的位置），因此電子會和原子核結合，形成第一個原子。這也會讓宇宙變成光能穿透的透明狀態，光子也能自由移動。

如果你近距離觀測這個現在寬度大約超過一千萬光年的可見宇宙，你會發現它看起來有點坑坑疤疤的，這只是準膨脹宇宙裡的小小不完美造成的。四處傳送的聲波造成了輕微的密度變化，某些區域比其他地方密度稍微高了一些。

在這個時候，你就能移開那些器具了，不過還有一個要留著。強核力是你要建立或是破壞質子、中子，或其他重子所必須的，不過現在它們已經被綁進原子核裡了；弱核力只有在你想要製造或是破壞原子核的時候會用到，不過它們現在都安穩地待在原子的中央了；電磁力老是忙著把電子維持在原子裡，並且確保宇宙裡的物質都是電中性；在未來的幾億年裡，唯一重要的器具就是重力，不過其他的也別放太遠。

有一個很關鍵的原料我們至今都還沒提到，主要是因為它已經存在於準暴脹的宇宙裡了，這個東西叫做暗物質。我們在其他地方已經講過很多了，所以在這裡就不多說。重點是，大部分的力對於暗物質的衝擊都很小，只有重力可以造成一些影響。雖然事實上你根本看不見暗物質，但它還是存在。所以當你的宇宙演化到重力成為主要的力量的時候，暗物質就變得很重要了。

如果你盯著你的宇宙看，你就會發現那些密度稍微大一點點的地方正在把其他區域往裡拉，使這裡的密度變得更高，體積也更龐大。如果看得夠久，那些密度最高的點的中央，熱度與密度會高到足以啟動核心的核融合。弱核力這時又會出現，創造出愈來愈重的元素，製造出大量的光。這時，強烈的放射線會引發電磁力，電磁力則讓周圍的導體離子化，把它們的電子從原子核剝離。

這個「再電離」的階段，是宇宙最後一個重大的改變。而宇宙剩餘的演化和大爆炸發生幾億年後所出現的相對小的條件變化有關。恆星集結成群，稱為星系，有些恆星的周圍最後會出現行星。在以十億年為單位的很久以後，可能才會開始出現生命形式。如果你很大方，你可以考慮讓一些物種有智慧，不過我不會有太高的期望（我聽說你要注意的是那些比較小的水生哺乳類）！如果你真的要測試牠們的智慧，我建議你留言給牠們吧！

Q 203 我常聽到文獻中用「純能量」描述早期的宇宙。「沒有物質的能量」是可能的嗎？

洛福瑞（南威爾斯，波斯考爾）

愛因斯坦讓我們知道能量與質量是相等的，所以兩者可以互相轉換，這就是有名的 $E = mc^2$ 等式的基礎，E是能量，m是粒子的質量，c是光在真空裡的速度。這是一個簡化了很多的版本，實際上愛因斯坦的等式更為複雜，描述的情況是靜止的粒子的狀況——移動的粒子能量會更高，也就是大強子對撞機這類的實驗基礎。

粒子物理學的標準模型有一個特徵，就是粒子會衰變成各式各樣的粒子，這就是核分裂的機制。這裡討論的粒子是次原子粒子，其中有些我們可能比較熟悉，像是質子、中子、電子等組成原子的粒子；不過其實除了它們之外，還有五花八門的各式粒子，例如組成質子和中子的是夸克，此外也有所謂π介子、K介子、微中子等等。這些粒子互相撞擊時可能轉換成其他的粒子，不過前提是要有足夠的能量，才能創造出所需的質量。但是它們也會衰變成另外一種有能量但沒質量的東西，比方說光的光子。光子可以被視為沒有質量的能量，也會回頭衰變成為有質量的粒子，而質量則是由光子的能量所決定的。

在瑞士CERN的大強子對撞機進行的實驗，靠的就是這種質能轉換。他們把質子之類的粒子，或是鉛原子的原子核，加速到接近光速，使這些粒子具有巨大的能量，因此當它們相撞時，就會產生超級大量的粒子。大強子對撞機進行實驗的目的，是檢視在這個過程中產生的這些粒子，有沒有我們未知的新粒子。

最早期的宇宙比現在熱很多，密度也高很多，粒子的平均能量比大強子對撞機裡使用的粒子還要高非常非常多。在能量比現在更高的一片粒子海中，這些粒子一直都在改變形式。有些能量會變成光子的形式，這是沒有質量的。能量一定會鎖在某一種粒子裡，但這些粒子不一定有質量。

Q204 我曾讀到在非常早期的宇宙「暴脹」階段，當時擴張的速率是比光速還要快的。這和「沒有東西可以比光速還快」不是矛盾了嗎？

伯特（斯坦福德郡，坦沃斯）

並不矛盾，因為相對於彼此來說，其實沒有東西是以超過光速的速度在移動的。而空間（或是精確來說，時空）的擴張，是在快得不得了的轉瞬間發生的。就某種層面來說，時空的定義是什麼都沒有，所以一方面可以說沒有東西可以比光速還快，另一方面也表示沒有東西能以任何速度擴張。

暴脹理論認為，在最初的十的負三十次方秒裡（相當於〇．〇〇〇〇〇〇〇〇〇〇〇〇〇〇〇〇〇〇〇〇〇〇一秒，小數點後有二十九個〇），宇宙擴張的倍數是十的六十次方。宇宙的各區域一開始都非常接近，現在卻相隔非常遙遠，所以光沒有足夠的時間在這些區域之間穿梭——我們會說它們已經超出了彼此的光穿梭範圍之外。這一點很重要，因為這些超出彼此範圍的區域應該無法互相交換能量，所以也沒有理由看起來相同。可是在快速的暴脹發生之前，它們彼此很接近，在互相可以進行光穿梭範圍之內，代表在短時間內，光是可以在它們之間移動的，而且這樣的接觸使得它們達到了平衡，密度和溫度幾乎都相同。

暴脹的這個特色解決了大爆炸理論數十年來的一個問題，也就是宇宙在各方向看起來都是一樣的。我們所能看見、在天空另一邊的宇宙最遙遠的部分的光才剛剛進入我們的範圍，所以應該還沒有進入其他區域的範圍；因為這些地方太遙遠了，光沒辦法在它們之間移動，所以它們彼此間也不應該是平衡的。而我們在研究我們所見到的遙遠宇宙時，發現宇宙從各個方向來看都很相似，暗示它們一定在某個地方有接觸。宇宙的各區域現在都相隔非常遙遠，可是其實在膨脹之前，它們彼此的距離都比現在還要近很多很多。在大爆炸後短短不到一秒鐘的時間裡，現在這些距離遙遠的區域都還在彼此的光可以進入的範圍內，這就能解釋為什麼它們現在這麼相似了。

Q205 科學家怎麼可以這麼確定大爆炸後不到一秒鐘裡發生了些什麼事？

哲維斯（蘇格蘭，愛丁堡）

我們在思考宇宙很早期、很早期的階段時，其實是非常容易理解的，主因是那時候的結構沒那麼複雜。在大爆炸後的幾億年裡，宇宙幾乎只有氫氣和氦氣。早期這些氣體比較熱、密度也比較高，所以宇宙在剛開始的四十萬年裡，其實比較混濁、不透明。高溫會把原子的電子剝除，造成稱為電漿的離子化氣體，持續將光散射。這是我們能直接看到的最遙遠的過去，通常稱為「最後散射面」。從這裡出發，在宇宙中行進的光被我們現在稱為「宇宙微波背景」，是最初的火球留下的餘暉。我們可以測量宇宙的年紀大約在四十萬年的時候的特質，但是要看更久以前的話，就必須要從我們的觀測結果與理論，推論到底發生了什麼事。

在比較接近大爆炸發生的時候，各種條件都太熱了，連組成原子核的質子都分裂了。這需要非常大量的能量，而我們可以利用大強子對撞機之類的粒子加速器，重新製造這樣的反應。我們在實驗室與實驗中的觀察結果，能為我們的理論提供資訊，了解真正的早期宇宙在剛開始的那幾毫秒裡是什麼樣子。不過我們在地球上的實驗還是有一個極限，到了某一個點，我們就再也無法重現當初的條件。到了這個點，我們只能靠理論了，那就是可測試的預測的結束。

宇宙學家可以天馬行空想出很多關於初期宇宙的古怪理論，但是要證明這些理論，就必須做出可驗證的預測。暴脹理論和所有的觀測結果都相容，但它還沒能做出可驗證的預測。更糟糕的是，就我們目前有的資料來說，有很多不同的暴脹理論都是可能的，但我們無法分辨哪一個是正確的——如果當中真的有正確的話。

既然我們無法直接回到暴脹的階段，我們就只能看它對於後來的宇宙必然發生的影響。各種的暴脹理論都預測，在宇宙微波背景裡，應該會有一個細微但可見的特徵。這個暴脹的特徵可能是不可思議的微小，但是普朗克衛星的這類近期的實驗，應該可以偵測得到。如果普朗克衛星能看到這個暴脹的特徵，我們很有可能就有立場說我們比較確定暴脹理論是正確的。不過要推論出確實發生了什麼樣的細節，就要靠尚在規畫中的未來其他任務了。

Q206 大爆炸發生的時候有聲音嗎？

戈登（南約克郡，謝菲爾德）

首先我們先想想什麼是聲音。聲音是壓力波，會穿越某一種的物質。我們很熟悉它穿越空氣的情況，不過壓力波也能穿越液體和氣體。舉例來說，地震會產生可以穿越地球內部的壓力波。當壓力波前進時，物質有些部分會被擠壓在一起，密度變高；與這些部分相鄰的區域反而被拉開了，密度也因此變低。聲波會以這種密度過高與過低的路徑穿過物質，而前進的速度則會根據物質的密度與組成而有所不同。在早期的宇宙裡，有些區域比其他區域密度高。這些密度過高造成的結果，就像是水塘裡的波紋一樣，而其所造成的密度波會通過宇宙，這些密度波很輕鬆就能通過，前進的速度大約是光速的一半。這些壓力波會在早期的宇宙裡，創造一個密度過高與密度過低的模式，是我們現在在宇宙微波輻射背景中看到的。這是大爆炸過後四十萬年時發生的，最早的原子也在這時候形成，密度波也不再能那麼輕鬆地在宇宙中前進。維持下來的模式被凍結在宇宙的物質中，密度比較高的區域最後變成了我們現在看到的巨大星系團。

聲波的強度，也就是大聲的程度，是以過高的密度相對於過低的密度，具有多大的密度而決定。傳統上我們會以分貝這個略為不尋常的單位來測量。這是一個有用的刻度，因為人類耳朵能聽得見的聲量範圍很廣。每增加十分貝，就代表較高密度區域的密度是較低密度的十倍緊密。所以二十分貝是十分貝的十倍大聲，三十分貝又是二十分貝十倍大聲，以此類推。

早期宇宙裡的密度變動驚人地弱，大約是一萬分之一，不過還是相當於一百一十分貝左右。如果你可以回到當初聽聽看，可能不會大聲到造成任何的傷害，差不多就像是大聲的搖滾演唱會一樣吧！而這個聲音頻率也太低，所以人類的耳朵是聽不見的；明確地說，大約是低了五十個八度音階。

暗物質與暗能量

Q207 暗物質和暗能量是什麼？它們真的存在嗎？

佛斯特（倫敦，克萊普漢）、伊薄菈恩（倫敦）、麥金塔舒（西索塞克斯，荷善）

要討論這件事，應該先考慮有暗物質和暗能量存在背後的證據。從一九三〇年代開始，就出現了暗物質存在的證據，當時天文學家茲維基發現，后髮座星系團（在后髮座裡面發現的巨大星系團）裡的星系比預期的還要緊密。星系集結的緊密程度，會由它們的重力吸引力所決定，也就是因它們的質量有所不同。

當時測量星系質量的標準方法，就是看它們的亮度——基本上就是測量星光的量，再除以來自像太陽這樣的恆星的星光量，接著再乘以太陽的質量。但是茲維基發現，要解釋這些星系團的密集程度，所需的質量是從它們的星光計算出的質量的好幾百倍。他把這些剩下的物質稱為「暗物質」，因為他推論這些物質一定不會是亮的。

在接下來的幾十年裡，當科學家發現星系用兩種方式算出的質量估計值出現差異，大部分就會把落差值歸咎於一種以不同波長發光的物質。例如電波天文學就發現，恆星之間的氫氣和氦氣的質量，將近恆星本身質量的十倍。可是除此之外，還是有很多的物質是沒有算到的。

一九〇年代時，美國天文學家魯賓研究星系本身的自轉，發現它們的行為模式出乎預料。因為星系的質量大部分集中在中央，所以你會預期比較遙遠的恆星公轉速度會比較慢，就像我們的太陽系裡的外行星公轉速度比內行星慢一樣。但是魯賓和他的研究團隊發現，在星系比較外面、邊緣位置的恆星，公轉的速度卻太快了。可能的原因有兩個：一是星系比預想的還要大，二是重力的公式錯了。如果星系比預想得大，那麼額外的質量一定分布得比恆星本身還要均勻、平順，而且天文學家花了很長的時間想找出那是什麼。當時所知道的是，這個額外的東西發出的光很少，或者不發光，但是還是有質量，所以會對其他物質產生重力。

漸漸地，各式各樣的可能性都被排除，因為根本找不到這種東西。天文學家細心、仔細地尋找散布在星系裡的小型黑洞，但是一無所獲。接著他們改變方向，在星系的球狀暈裡尋找小型的、黯淡的天——這些天體被稱為大質量緻密暈體（MACHOs），念起來就像英文的「男子漢」！雖然有很多恆星和其他天體都很黯淡，不過它們的質量根本無法和那些找不到的質量相比。剩下的可能性就是：有一種新的、完全不會和光作用的物質。這個物質其實不是真的那麼暗，比較像是完全透明的，或是隱形的，不過茲維基取的那個名字「暗物質」已經深植人心了。粒子物理學家發展出的理論認為這些粒子是存在的，不過目前還沒有人找到過這些粒子。天文學家把這些粒子統一稱為弱作用大質量粒子（WIMP），英文裡念起來就是「弱」，非常適合用來取代MACHOs啊！

在尋找這個找不到的質量時，另外一個更有力的證據是對遙遠宇宙的研究。物質在星系當中的分布情況，只能用裡面還有任何望遠鏡都看不見的物質來解釋。目前科學家還在尋找暗物質粒子，而且已經有點進展了。CERN的大強子對撞機正在用巨大的能量製造反應，產生極少量的暗物質。既然我們看不到暗物質，那就不是能直接偵測到的東西。不過我們預期粒子會衰變成可以偵測到的「正常」物質粒子。

儘管現在還沒有確切的證據說明暗物質是什麼，但大部分的天文學家都認為它會是我們過去看不到的這些粒子。有少數人還覺得也許能修改愛因斯坦的重力理論，以解釋這些觀測結果，不過在這方面還沒有什麼太大的進展。

關於暗能量的討論就比較少了，因為我們所知道的很少。就算把暗物質也算進來，宇宙裡大約百分之七十的能量（也就是「東西」），還是沒有被算到。此外，似乎有某樣東西造成了宇宙的擴張加速。有些人提出了幾個可能的理論，最受歡迎的一個就是真空的太空本身的能量所造成的。隨著宇宙擴張，物質的密度和輻射線都會減少，但是這個真空能量的密度會維持一定。如果這個理論是對的，那這個東西早從幾十億年前，就開始促使宇宙向外的擴張速率不斷地增加。

我們完全沒有辦法從理論來預測這種真空的能量是什麼，就算想盡辦法猜測，也絲毫無法解釋宇宙的加速擴張。簡單地說，我們就是不知道啦！

Q208 關於暗物質與暗能量最新的資訊是什麼？

吉拉諦（斯坦福德郡，坎諾克）、衛塔克（曼徹斯特）

最新的暗能量與暗物質資訊，來自於針對數十萬個星系的調查結果。雖然暗物質不會發光，因此也看不見，但是它還是有質量，因此會產生重力。而像是星系這種巨大的質量帶來的副作用之一，就是它們會讓接近它們的光線扭曲。這種光線受到巨大重力場影響而彎曲的現象，稱為「重力透鏡」，愛因斯坦的重力理論中就曾經預測到這個部分。巨大的星系團會扭曲來自背景星系的光線，改變它的形狀。大部分時候，星系看起來只有一點點被拉長或扭曲，但是有時候影像會被擴大成很大的弧形。如果這個效應夠強，同一個星系甚至會出現許多個影像！

重力透鏡使得天文學家可以定出星系團裡的物質位置。這樣一來，我們不需要直接看見暗物質，也能看到最大片的暗物質集中處在哪裡。這方面的研究技術已經日新月異，愈來愈成熟，現在可以在遼闊的天空中定出星系的扭曲位置。

而這些受到重力透鏡扭曲的光線，通常來自於遙遠得不得了的背景星系。這個龐大的距離，代表這些測量值可以讓我們更了解宇宙的擴張。任何關於宇宙擴張的研究都會讓我們更了解暗能量，而這些研究也幫助我們確定它的強度。

可是有一個測量結果，對於我們了解暗物質與暗能量有關鍵性的影響，也就是宇宙微波背景。這是我們所能觀測到最古老的宇宙，是來自大爆炸後才四十萬年的初期宇宙輻射；我們可以在宇宙微波背景中看見結構，這是在初期的宇宙裡密度略高一點的地方所形成的。我們可以模擬初期的宇宙，研究產生我們看到的這些測量值需要的條件。

這些仔細的技術顯示我們已經確實進入精準宇宙學的年代。配合各式各樣的測量結果，我們現在知道宇宙有百分之七十二是暗能量，大約百分之二十三是暗物質，剩下不到百分之五才是組成我們周遭東西的原子和分子。如果這樣你還不覺得很少，那我就不知道要怎麼樣才行了！

Q209 如果所有的東西都有相等且完全相反的相對物，比方說物質和反物質，那麼有沒有「反暗物質」存在的證據呢？

里斯（索立，康伯利）

物理學家在二十世紀早期的研究顯示，每一個已知的基本粒子都有完全相反的粒子存在，也就是它的「反粒子」，所以有反質子、反電子、反中子……以此類推，所有組成我們物質的粒子，都有相反的粒子。

我們認為暗物質是由不同種類的粒子組成的，這種粒子不會和光作用，所以看不見。儘管它們的本質如此怪異，這些粒子在某些方面還是和我們所熟悉的「正常」粒子相似，所以它們應該也有反粒子。最有可能的發現暗物質的反粒子的方法，就是使用大強子對撞機這種粒子加速器，很有可能同時發現暗物質與它相伴的反粒子。

Q210 氣體雲會因為來自恆星的重力而崩塌。我們也認為暗物質會在重力下崩塌嗎？這會造成什麼結果？

瓊斯（貝德福）

重力是主導暗物質在宇宙中如何分布的力。我們在研究暗物質的分布時，發現整團的東西都集中在星系和星團的中央部位，但事實上是反過來的：暗物質之所以會形成這種團塊，是由在它們中央形成的重力和星系導致。

當氣體雲裡的這些正常物質因為重力而崩塌時，其他的效應就開始發揮效果：粒子間的撞擊表示氣體雲會冷卻，再進一步崩塌。氣體也會散發出能量。輻射線加上撞擊，讓雲的核心密度變得更高，最終形成恆星。以星系的規模來看，同樣的過程也造成組成我們的銀河主要結構的物質盤形成。

另一方面，暗物質並不會和任何東西作用，連和自身都不會，因此也不會散發出任何能量，或是因為撞擊而冷卻。因為沒有這些交互作用，所以暗物質不會比巨大、約略成球體的東西崩塌得更多。

暗物質和一般物質是因為互相的重力吸引力綁在一起。早期的宇宙裡，幾乎滿滿的都是完全一致的物質海（包括一般物質與暗物質），只有一點點密度較高的區域。這些區域的密度略高一點，重力比較強，也因此會在重力下崩塌，繼續維持較高的密度。既然宇宙裡有百分之八十的物質都是暗物質，就主導了重力造成的崩塌。正常的物質會跟著暗物質，最後因為密度夠高而形成恆星。

意想不到的是，既然暗物質只會感覺到重力，而且不會受到崩塌或輻射線的影響，所以我們模擬它的行為反而比模擬一般物質容易。針對宇宙大部分區域進行的龐大電腦模擬，可以重現一開始的宇宙條件，預測暗物質在宇宙歷史中各階段的分布。複雜的部分在於要精確預測正常的物質會怎麼樣，因為這牽涉到很多其他的物理學。畢竟，恆星與星系的形成極端地複雜，這是我們還沒能完全了解的東西。

這些模擬的結果似乎滿符合我們對暗物質分布的觀測結果，在正常物質方面也相去不遠。比方說，在我們宇宙中可觀測到的最大尺度——數十億光年——的範圍內，星系的分布就和模擬結果一致。然而，在銀河這種單一星系的較小尺度上，正常物質的物理學的細節就會變得重要許多。多年來，模擬預測我們周遭應該有很多比較小的星系，分散在四周，數量大過我們實際上所觀測到的。部分的問題在於，這些小小的星系都非常黯淡，又很難找，不過我們現在找到的數量相對來說已經很多了。而觀測結果，也使得我們對於暗物質與正常物質的行為理解有所改變，而這個重大的理解使我們更清楚暗物質粒子應該是什麼樣子，讓粒子物理學家可以開始在粒子加速器中尋找這些粒子。我們也許還要很多年才能明確地辨識出暗物質，但是我們已經愈來愈接近它了。

Q211 如果我們不能偵測到或觀察到暗物質，我們怎麼能確定它真的存在？說不定這只是一個我們發明出來，好讓我們的觀測資料符合預測的東西？

佛斯特（西約克郡，斯蒂頓）、索海爾（倫敦）

為了證明如暗物質是否存在的科學理論或是假設的有效性，就必須有一套符合目前已知的所有觀測結果的理論。但更重要的是，理論必須能提出可以經驗證的預測，並使其與其他理論有所不同。關於暗物質最早的證據來自恆星與星系所感覺到的重力，我們發現這個重力比我們所看見的物質所能產生的還要大得多。一個可能的解釋是，有相當大量的物質並不會以任何波長發光，但是當時還有其他的理論。比方說，也有可能在比較大的尺度上，重力會比愛因斯坦的重力等式所算出的還要弱。

最近幾十年裡，有其他的資訊使得大部分的科學家都傾向同意暗物質存在，而不是重力理論需要修改。其中一項資訊來自宇宙微波背景，我們可以在當中看見宇宙最早的結構，而在最初期的宇宙裡，暗物質與一般物質的行為不同，暗物質只會在重力下崩塌，但一般物質同時會受到周遭強烈輻射線的影響。現在的宇宙結構，只能用如果暗物質的量是一般物質的四倍來解釋，而且這個數字驚人地符合我們在恆星與星系的研究中所得到的發現。

我們現在可以將暗物質的分布定位，雖然我們不能直接看見這些物質，但可以透過暗物質對我們看得見的一般物質的重力效應做到這一點。暗物質驚人的質量會使來自遙遠星系的光變形，創造出扭曲的影像，幫助天文學家找出星系團中大部分質量的所在位置。這種效應是能用愛因斯坦的重力理論預測到的，稱為「重力透鏡」，現在被用來定出暗物質在龐大宇宙中的分布位置。

定位的結果也非常符合預測，顯示每一個星系和星系團都被大量的暗物質暈圈圍繞。一項關鍵資訊來自針對兩個正要相撞的星系團的研究結果。這兩個「子彈星系團」最近（以天文學的標準來說啦！）互相擦身而過，不過這兩個星系團裡的成分與行為都截然不同。當兩個星系團互相擦過時，恆星和星系一般來說不會真的相撞，而是只會受到彼此的重力吸引力影響，擦身而過，和兩個星系團周圍的暗物質暈圈的行為類似。但是另一方面，在星系團內散布的氣體可以被視為是液態的，所以兩個氣體雲確實會相撞，並創造出巨大的震波，通過整個太空。

這兩個星系團的研究結果出乎意料地帶來一道曙光：一如我們所預期的，研究顯示星系團裡的氣體形成了強大的震波，相反的，互相擦過彼此的星系就像是在夜晚航行的船隻一樣，依舊維持大體上是球體的兩個星系團形式。科學家預測，暗物質的行為應該類似恆星和星系，所以應該會維持在原來的位置。如果沒有暗物質，那麼星系團的主要質量就應該是由氣體所組成，如果有暗物質，那它應該很接近星系。觀測重力透鏡效應的結果顯示，星系團主要質量所在的位置，就和所有的星系一樣，這符合了我們以暗物質存在為基礎所做的預測。現在，暗物質的存在幾乎已經被大多數的天文學家接受，不過也有相當程度的懷疑論存在，必須等到組成暗物質的粒子被發現並辨識出來時，懷疑者才會真的接受。

Q 212 你是否認為暗物質與暗能量的存在已經被證實了呢？它們合理嗎？比較可能的應該是我們的總和算錯了，或是沒算完整吧？

克普曼（肯特）、因斯（蘭開夏，普雷斯頓）

暗物質與暗能量的論點非常特殊，部分是因為這兩個理論的成熟度所致。以暗物質來說，目前的理論認為它可能是由粒子所組成的，因此我們可以在粒子加速器裡尋找那些粒子。暗物質是由會受重力影響但不會發散、吸收或是散射光線的粒子所組成的證據，其實非常有力，但是除非在實驗室裡看到它，不然很多人都無法想像這是真的。

暗能量就完全不同了。目前的證據顯示，有個**東西**造成了宇宙擴張加速，可是我們不知道是什麼東西。就算是一般認為最有可能的暗能量來源，也就是在太空的真空本身裡存在的高密度能量，都無法預測這個效應的強度。事實上，針對這個真空能量，目前算得上最好的理論預測值，都比我們看到因為暗能量所造成的效應，還要高百億億萬兆倍！

重要的是要記得，暗能量只是一個我們還不知道的東西的名字，而且是一個才成形十幾年的概念而已。相較之下，牛頓的重力理論在一六八七年形成，而愛因斯坦發現牛頓的重力理論並非完全正確，也不過是不到一百年前的事。所以三百年來，科學界都得面對他們對宇宙的理解就是有點不太對的這個事實。例如牛頓的重力理論就無法準確預測水星的公轉軌道（不過已經很接近了），但是愛因斯坦的理論可以。

但是就連愛因斯坦也不是什麼都對的！他的等式預測宇宙不是在擴張中就是收縮中，但當時他認為這是難以想像的概念，所以他加上了一個條件，說明宇宙是完全靜止的（因為他如此相信），但後來他為這個決定感到懊悔不已，因為十年後，哈柏就發現宇宙事實上是在擴張的。

就算有這個小插曲，愛因斯坦的重力理論配合量子物理學領域的同步發展，為物理學帶來了基礎上的改變，也為關於我們現在所居住的世界極為重要的研究，打開了一扇新的大門。如果沒有量子物理學和相對論，我們就不會有電腦、沒有雷射，也沒有衛星導航系統等等許多東西。所以一旦發現暗能量到底是什麼，很有可能會是為物理學揭開新的序曲。

就算我們最後的發現結論是，暗物質和暗能量根本不是真的，那我們也會知道我們對宇宙的理解在某些層面上是錯誤的，反過來也會推動下一個階段的密集研究，讓我們了解為什麼會這樣。

Q213 大強子對撞機的發現會對天文學的相關學科造成任何重大影響嗎？

愛斯克（列斯特夏）

天文學和粒子物理學密切相關，特別是在關於宇宙初期的研究更是如此。大強子對撞機（ＬＨＣ）的實驗會讓原子核互相撞擊，釋放出巨大的能量，足以和大爆炸後不到一秒裡的強度相提並論。在這麼強大的能量下，質子和中子可能會分裂成組成它們的夸克，出現所謂的「夸克膠子電漿」。這些夸克會組合成各種其他的粒子，使得粒子物理學家可以研究無法用其他方式觀測到的——尺度，這是就算研究恆星的中心也看不到的。

這種實驗使宇宙學家得以了解宇宙中物質的起源，也研究為什麼宇宙裡的物質會多過反物質。大爆炸創造出兩者的量應該相同，但大部分的反物質都被消滅了，而兩者數量上的細微差異，表示至少我們在這一區的宇宙裡，物質贏得了勝利。

過去幾十年裡，粒子物理學家證明了有許多不同的基本粒子存在，名稱各有不同，包括電子、渺子、夸克、微中子等等。然而，也有其他理論認為其實還有另外一個全新層級的粒子，在某些方面和我們所知道的粒子相似，但比我們所知的粒子還要大很多。這種所謂「超對稱」粒子是最有可能組成暗物質的粒子。這類粒子的特色之一，就是它們不會和一般物質作用，所以只有在它們衰變成我們可以測量的粒子時，我們才看得到它們。

真正有意思的物理反應發生的機率非常低，所以我們唯一可以觀察到它們的方法，就是創造出每秒數億次的反應。大部分的反應結果都相對普通，但是偶爾會出現一組很有意思的產物。透過強大的運算能力，這些有意思的反應會被挑出來詳細研究。這個過程很花時間，不過如果這些超對稱粒子確實存在，那LHC就應該可以找到它們。

Q 214 既然如同大爆炸理論的預測，我們能觀測到宇宙微波背景，那麼為什麼微中子探測器還沒有發現宇宙微中子背景？

夏特藍（美國亞利桑納州，聖多娜）

微中子是一種次原子粒子，我們現在知道它們是存在的，但是我們對其所知不多，主要是因為它們很難測量，因為微中子根本不太和物質有什麼交互作用。事實上，我們根本不會偵測到微中子，而是偵測到它們對於自身經過的物質所造成的影響。隨著微中子通過物質，它們有極小的機率會和其中一個原子內的一個電子有作用。於是這個電子會極快速地開始移動，比光通過水的速度還快，接著散發出一種特定模式的光。這種輻射模式和音爆相等，是以俄國物理學家切侖科夫為名。切侖科夫描述了這種光的特性，並且於一九五八年得到諾貝爾物理獎。

因為微中子產生切侖科夫輻射的機率實在太低了，所以大部分的偵測器都會使用大量的物質來增加微中子與其他物質產生作用的機會。舉例來說，日本的「超級神岡探測器」的實驗就使用了一個寬四十公尺的水箱，裡面裝滿五萬噸的水。如果微中子通過水，和任何一個電子產生互動，那麼當場在球體邊緣的一萬一千個偵測器就會抓到切侖科夫輻射一閃而過的光。

宇宙裡的微中子數量驚人地高，短短一秒裡就有大約三百兆個微中子通過你的身體！還好它們不會對你造成任何影響。如果要確實讓一個微中子停下來，你需要一面一光年厚的鉛牆才行。

微中子在宇宙中有許多來源，地球上所偵測到的大多來自太陽以及核反應裝置。超新星也會散發出大量的微中子，這些在生命末期爆炸的巨大恆星，其實也透過這個方式釋放大量的能量；超新星爆炸的閃光可以照亮一個星系，但是微中子釋放的能量更是它的數百倍。一九八七年，人類在大約十六萬光年外的大麥哲倫星雲這個小星系裡，觀測到一顆超新星。就在這顆超新星爆炸的閃光被觀測到的同時，人類也偵測到了短時間內大量釋放的微中子，這是關於超新星的成因最強而有力的一個證據。雖然在當時所有的實驗裡，大約只偵測到二十個微中子，但是這個事件已經成為微中子天文學的開端。而微中子既然這麼難偵測，所以也很難指出它們來自哪一個方向，不過實驗還是愈做愈好。

宇宙初期也有微中子被創造出來，大約在大爆炸後一秒被釋放，釋放方式類似宇宙微波背景。這些微中子在太空穿梭，我們在地球上就能偵測到它們。根據宇宙初期的標準模型預測，每一立方公分的空間裡，隨時都應該有幾個最初的微中子。不過因為很難偵測到微中子，所以它們的存在也還沒有被確認。儘管宇宙微波背景是直接來自宇宙形成大約四十萬年時的探針，但測量宇宙微中子背景卻能讓我們直接研究宇宙形成還不到一秒時的情況——這就更接近大爆炸本身了。

Q215 微中子有質量嗎？如果有，它們會是暗物質嗎？

泰樂（洛支旦）

粒子物理學的標準模型一開始是假設微中子完全沒有質量，就像光的光子一樣。然而用核能電廠產生的微中子和來自太陽的微中子進行的實驗結果顯示，它們可能確實有質量，只是非常小而已。這是因為微中子其實有三種（可以說是三種口味），而且微中子可以在不同口味中轉換。如果理論正確，那麼它們的確有質量，但是所有的實驗都顯示這個質量非常小，而且這三種口味的質量都有些微的差異。

關於微中子的質量，最好的資訊其實來自於宇宙學，因為針對宇宙擴張速率的測量值，有助於為微中子的估計質量畫出範圍。在二〇一二年，微中子質量的上限是電子質量的百萬分之一，而電子的質量大約是質子質量的兩千分之一，所以微中子真的很輕！這個質量太小了，以致於還不能被精確地測量出來。我們只能列出一個最大值，而且這個數字還是這三種微中子的質量總和的上限，所以個別的質量還要更小。

我們知道微中子有質量，因此會受到重力影響。既然我們無法輕易看到它們（見前一個問題的回答），那它們似乎是暗物質的可能候選人。不過問題是，它們的總質量還不夠大，就算它們的質量達到我們說的上限也還是不夠。所以也許某些我們認為是暗物質造成的效果，其實是微中子所造成的，不過它們不會是暗物質現象的全部原因。研究還在繼續——千萬別轉台喔！

湯馬斯（曼徹斯特）

Q216 宇宙「消失的質量」有沒有可能其實在黑洞裡呢？

我們一知道宇宙裡有「消失的質量」，大家就開始提出各式理論，解釋這些質量到哪裡去了。黑洞是一個很顯著的目標，因為它們相對來說很巨大，而且不會發光。它們是所謂的大質量緻密暈體，簡稱MACHOs，這類的天體還包括中子星、棕矮星，還有又老又黯淡的白矮星。

關於黑洞的第一件事，就是我們從來沒有真的看到過它，不過我們有很充足的證據證明它的確存在。愛因斯坦的相對論預測，當物質到達某個密度時應該會崩塌，使密度達到極高，造成光無法逃離。黑洞基本上分成兩種。第一種是超大質量黑洞，我們認為每一個巨大的星系中央都有一個這種黑洞——包括我們的星系在內。這些黑洞的質量是我們的太陽的好幾百萬倍，和星系本身的形成有關，不過目前還不是完全清楚究竟是星系先形成，還是黑洞先形成，這是天文學上的雞生蛋、蛋生雞問題。這些黑洞應該不難找，因為它們周圍有巨大的星系，所以當然不會在我們銀河系的外圍部分。

第二種叫做恆星質量黑洞。這些黑洞被認為是質量為太陽數十倍的恆星，在生命即將結束時形成的。當恆星核心的核融合停止，它就無法再對抗自己巨大的重力，也無法支撐自身巨大的質量，此時某一塊的物質會崩塌，在中央形成黑洞，這種黑洞的質量會由原始恆星的質量所決定。有些可能只有太陽質量的一小部分，不過大部分可能都是太陽質量的好幾倍。如果有很多巨大的恆星在周圍，那麼就應該有很多這類的黑洞。

於是問題變成：你怎麼在外太空的黑色背景裡，看見一個黑色的東西呢？愛因斯坦這時候又出來救援了，還好有他針對巨大質量對光的影響做出的預測：一個巨大的天體所創造出的重力場會讓光彎曲，會放大並扭曲來自後面的光。我們看到這種例子的情況，相對來說頗頻繁的，不過通常是星系或是整個星系團所造成的。這的確也會發生在比較小的天體上，不過影響也會比較小。如果我們的銀河系外部區域有黑洞，那麼它們看起來會像在遙遠的恆星與星系所形成的背景前移動。此時如果有恆星的光通過我們和背景恆星中間，那麼黑洞的重力就會放大恆星的光，造成短暫的亮度增加，稱為「微透鏡現象」。如果任何巨大的天體——比方說棕矮星，或甚至一顆行星——直接從黑洞前面通過，也會發生相同的現象，所以這個方法也很適合用來尋找各種的 MACHOs。亮度的變化很容易預測的，不過這種事發生的機率很低。

為了增加找到它們的機率，由天文學家組成的小組一直都把望遠鏡對準大小麥哲倫星雲。這兩個小星系距離我們有十六萬光年，因為夠近，所以可以看見數百萬顆的恆星。我們和它們之間有銀河系暈，是大部分的 MACHOs 所在的地方——如果它們真的存在的話。目前我們所看到的微透鏡現象事件非常少，但是如果消失的質量真的在黑洞和其他的 MACHOs，而不是在暗物質，那麼預期的例子應該會更少。

元素的起源

Q 217 最早的氫原子是在大爆炸的時候形成的嗎？

洋斯（倫敦）

氫原子是最簡單的原子，只有一個電子繞著一個質子。氮、氧、鐵這些比較重的元素會有一個原子核，質子的數量比較多，還有類似數目的中子，周圍也有比較多的電子。質子和中子喜歡黏在一起，但是如果溫度超過十億度，兩者就可以分離。同樣的，電子喜歡繞著原子核公轉，可是如果溫度高過幾千度，就能阻止這樣的運動。

大爆炸後的幾萬年裡，溫度高到足以讓電子不再附著在原子核周圍，所以那時的宇宙是離子化的。在這個時間點之前，我們只需要考慮原子核——也就是質子和中子就好。大約在大爆炸過後的前三分鐘，宇宙還太熱了，以致於中子和質子無法黏在一起。既然質子是氫原子的核，所以可以合理認為最初期的宇宙裡的物質，應該是氫原子以及眾多的自由中子所組成的。任何四處飛散的中子都會漸漸衰變，形成質子（更多的氫原子核）和電子。

隨著宇宙擴張，宇宙的溫度也會冷卻。大約在大爆炸過後三分鐘，溫度會降低到足以讓質子和中子開始結合，這個過程稱為核融合，在太陽的核心也有相同的反應，只會在溫度超過數千萬度時才會發生。而在先前的過程裡還沒有衰變成質子的中子，這時就會被固定在比較重的元素的原子核裡，包括氦（有兩個質子和兩個中子）以及氫的其他變體——所謂的氘（一個質子和一個中子），以及氚（有一個質子和兩個中子）。氘和氚大致上來說都和氫非常類似，因為它們的化學性質一樣，多了額外的中子其實不會有太大的影響。

這個過程只維持了大約二十分鐘，因為溫度在這之後就會降低，無法再進行核融合。此時宇宙中的物質大約百分之七十五是氫，百分之二十五是氦，另外有很少量的重氫、氚，還有鋰（有三個質子和三或四個中子）。在溫度低於這個上限之前，比較重的氧、碳、鐵等元素都無法製造出來。

接著宇宙繼續擴張與冷卻，到了大爆炸過後大約四十萬年左右，宇宙的溫度已經冷卻到足以讓電子開始繞著原子核轉，第一個算得上原子的東西就形成了。宇宙維持著充滿中性的氫和氦氣的狀態數億年之久，大約在這個時候，最早的恆星也形成了，周圍的氣體也被離子化，開始在核心進行核融合。核融合持續將氫轉換成氦與其他更重的元素，但是這對於氫在宇宙裡所占的比率影響不到九牛一毛——依舊維持在大約百分之七十五的比率。

Q 218 **我知道元素是在恆星裡產生的。在超新星的爆炸中，比較重的元素會快速產生。但是這麼多種的元素是怎麼在宇宙中廣泛地散布開來，形成我們在地球上看到的混合物呢？**

席格（伍斯特郡）

宇宙裡的元素一開始並非如預期般廣泛散布。我們在地球上的確有豐富的元素種類，但其實是因為我們所在的位置非常特殊。整體來說，宇宙的成分在大爆炸後其實沒有很大的改變，當時宇宙裡的物質（我們只說一般物質，不管暗物質）百分之七十五是氫，百分之二十五是氦，以及很少量零碎的鋰。恆星一形成，核心就會開始核融合，將氫轉換成氦與其他重元素。宇宙中大部分的碳、氮、氧都是從這裡來的，其他的元素，比方說矽、鎂、鈣、鐵等等也是。而例如鉛、金、鈾等這類更重的元素，是在非常龐大的恆星進入死亡時的超新星爆炸中誕生的。

必須要了解的是，恆星的組成物質占不到宇宙中物質總和的百分之十，剩下的都是在大爆炸後就出現的中性的氫和氦氣。這主要是因為恆星的形成過程，相對來說是很沒有效率的。在濃密的氣體雲裡，大約百分之九十的物質最後都不會出現在恆星裡，而是會被推回太空裡，因為恆星本身所施加的壓力會把大部分極輕的原子推開。

恆星在形成的過程中，對於氣體雲沒有任何影響，而它們的生命中大部分時間裡，都會產生吹過太空的星際風。比較熱、比較亮的恆星，風也會比較強，強大到足以在太空中吹出巨大的泡泡。這種泡泡的例子之一，就是在獵戶座中央的巴納德環，寬度達到六百光年。但是這些星際風只是開始而已。在接近生命終點時，恆星會膨脹成原本尺寸的數百倍，外層也很容易脫落。外層主要還是由氫和氦所組成的，但是裡面也有些微的較重元素痕跡。這些外層會腫大，形成所謂的行星狀星雲，實際上只是瀕死的恆星放射出來的外層。在最後一刻，巨大的恆星會發生猛烈的爆炸，形成超新星。這些爆炸非常強烈，創造出巨大的震波，通過整個太空，將豐富的化學成分物質散布到周圍的區域裡。震波相遇時會造成氣穴的密度增加，展開新一階段形成恆星的過程。

這個過程會重複許多許多次。我們的太陽已經五十億歲了，超過宇宙年齡的三分之一，相對來說，很多巨大的恆星存活的時間都比太陽短很多。質量為太陽二十倍的那些恆星，比方說參宿四，大約只存活了一千萬年，更大的恆星存活的時間就更短。在宇宙存在的過去一百三十億年裡，有足夠的時間讓恆星形成又死亡，過程重複了數百代，使得環境中的化學物質變得豐富，並且將這些產物散布到四周。

我們的太陽在五十億年前形成時，銀河內的氣體雲便得到了豐富的化學物質，擁有少量的碳、氧、矽、鈣，還有鐵等元素。太陽的成分有百分之七十五是氫，百分之二十四是氦，百分之一是氧，以及極少量的其他元素。這些較重的元素在恆星中可能非常稀有，在整個宇宙裡可能也是如此，但是在行星裡就比較常見。一開始，在太空的冰冷真空裡，這些元素傾向互相反應，形成分子，比方說水（氫和氧）以及一氧化碳（碳和氧）。另外還有星際塵埃這些細微的顆粒，主要由碳、氧、矽，和鐵組成。

這些塵埃顆粒以及較重的元素因為太重了，所以無法被太陽這種恆星的光推開，最後在周遭形成了塵埃盤。和星際氣體雲相比，這些物質盤內的重元素數量非常豐富，而行星就是從這些物質盤中誕生的。整個過程最後的結果使得地球這樣的行星有非常多樣化的化學元素。概略地說，地球大約有百分之三十是鐵，百分之三十是氧，百分之十五是鎂，百分之十五是矽，還有百分之二的鈣。剩下的則是由非常多樣的元素所組成，只有不到百分之〇．三的地球質量是氫。

然而要記得的是，恆星組成了宇宙裡大約百分之十的物質，而行星占的比例又更小了。儘管我們這裡的化學組成很豐富，但是整個宇宙基本上還是和最剛開始的時候一樣。

一切的結束

Q219 宇宙會有結束的時候嗎？關於宇宙末日最好的理論是什麼？

古德曼（艾色克斯，科赤斯特）、帕亭頓（西班牙）、貝特（格洛斯特夏，赤爾滕納母）

如果「我們來自哪裡？」是最大的問題，那麼「一切都會在哪裡結束？」應該算得上是第二大的問題了。這兩個問題密不可分，因為宇宙過去的演化就暗示了它的命運。然而，我們只能用我們現有的理論去推論，及我們現有的物理學基礎去猜測。

在大約五十億年後，太陽會死亡，結束它的生命，變成一顆黯淡的白矮星。地球可能還是會在這裡，但會先因為太陽成為紅巨星而被燒得焦脆，接著因為光都消失了，地球會成為一顆冰凍的星球。不過也會有更多恆星接著誕生，過程可能會延續好幾十兆年。然後銀河可能會消耗掉所有的氣體與塵埃，裡面全部都是白矮星、中子星，還有棕矮星。這些星都無法發出什麼光，所以銀河系就會變得比現在黯淡許多。

同時，銀河將會和仙女座星系相撞，形成一個更大的星系，但就算是那個星系，也不會永遠維持一樣。過了十億年後，恆星不是會飛到星系間的空間裡，就是會失去公轉的能力，往中央落下。很多落到星系中央的恆星都會掉到黑洞裡，質量膨脹成原本的數千倍。在星系團裡的星系也會經歷相同的過程，大部分可能會飛進星系間的太空，其他會往星系團的中央落下，形成超大星系。

以更大的尺度來看，宇宙的命運還是很不確定。我們目前的模型認為宇宙是以不斷增加的速率在擴張，擴張除了會把星系團往外推，也會使得宇宙的溫度下降。就我們目前的觀測，大爆炸後剩餘的輻射線幾乎一直維持在絕對零度以上三度的溫度，也會因為擴張繼續下降。我們看到的遙遠星系波長比較長，因為來自那裡的光會因宇宙的擴張而被拉長，這個過程也會繼續維持下去。之後，宇宙會變得幾乎一片漆黑。

不過這還不是結束。如果充滿了黑洞以及恆星殘餘物的黯淡、漆黑宇宙聽起來不夠令人絕望，其實還有可能更糟。著名的天文物理學家霍金提出，黑洞會釋放輻能量，逐漸失去質量，所以就連黑洞都可能會衰退。就算是最簡單的物質形式也不是安全的，因為我們認為就算是質子也會衰變成更輕的粒子。這表示棕矮星、白矮星和中子星都會漸漸消融，只不過是以十億百萬億萬年以上做為時間單位來計算。既然質子的衰變非常非常慢，要測量這樣的過程就顯得非常非常困難，而且時間單位一錯，倍數就會差了非常多，所以實際的數字是難以估計到了極點。

這種悲慘的未來看起來只有一個可能性。這是我們所能做出的最佳猜測，是以我們在自己所能看到的這一小小部分的宇宙做的觀測結果為基礎的。可能我們這一部分的宇宙和其他地方不一樣，這樣一來，所謂的最終末日可能也會不一樣。宇宙的其他部分可能密度更高，所以一切都會在「大崩墜」（大爆炸的相反）裡崩塌。我們就是不知道，而且可能永遠也沒辦法知道。不過這並不會使得一些宇宙學家放棄努力找到答案。你永遠不會知道他們會不會成功，我們最終將會更確定知道宇宙的命運如何。現在我們只能等著看了——不過可能會等很久很久很久哦！

多重宇宙與額外維度

Q220 大爆炸有沒有可能在不同的地方發生過？

亞伯拉罕（利物浦）

大爆炸可能曾在別處發生過，有些科學家會說可能性很高。有些高度懷疑論的理論認為，以大爆炸的本質來說，這應該曾經發生過很多次，甚至可能是無數次。有很多宇宙的這個概念稱為「多重宇宙」，其他這些擴張中的宇宙可能和我們的宇宙很不一樣，有著不一樣的物理法則。也許我們的宇宙是唯一一個條件足以讓原子更別說恆星、行星、生命——得以形成的宇宙。

想像一個二維平面的宇宙，大約就像一張紙那樣，此時如果有另外一個平行的二維宇宙存在它的上方或下方有點距離的位置，那麼在第一張紙上的人，永遠不可能知道還有第二張紙存在。在真實的三維宇宙裡，另外一個宇宙不會存在於傳統觀念的「上面」，而是可能存在於某段距離之外的第四個空間維度。就算我們的宇宙一直以三維在擴張，也永遠不會碰到另外一個宇宙，就像兩張紙可以一直變大，但永遠也不會碰到彼此。

Q221 如果真的有另外一個宇宙，我們對於宇宙末日的預測會有什麼改變？會不會因為其他的宇宙可能會和我們的宇宙「相撞」，而有不同結果？

吉爾（達勒姆縣，彼得利）

這要看是什麼樣的相撞。如果其他的宇宙和我們居住的宇宙一樣，以三維的方式擴張，那麼兩者可能會以「傳統」的方式相撞。這麼接近我們的一個宇宙所帶來的影響，也許可以從它對我們所能見到的最遙遠的天體的影響來判斷，不過目前還沒有看過這樣的跡象。這暗示那個宇宙整體的特質，可能和我們所能見到的區域的特質不一樣，而這些特質是會影響宇宙的最終命運的。

另外一個宇宙可能是在第四維的空間中和我們分開，這是個滿難想像的概念。這相當於兩張平行攤開的紙，只是兩者間的距離很小。霍金在更高維度空間的理論提到，三維的宇宙是「膜」（branes，我相信是從薄膜〔membrane〕這個字而來的）。有一個理論是這些「膜世界」間的撞擊造成了大爆炸，不過目前還沒有辦法能證明或是推翻這個理論。

Q222 在量子宇宙學的多重宇宙解釋裡，有多少宇宙裡會是青少女偶像明星麥莉擔任美國總統？

阿格巴爾（威爾特郡，沙利斯柏立）

關於宇宙的解釋裡，有一個可能是我們只是住在其中一個宇宙而已。事實上，的確有可能有數不清的宇宙。在數不清的宇宙裡，隨時隨地都會有各種可能的組合發生。也許在某些宇宙裡，莎士比亞的所有作品都是猴子在打字機上隨便打字而完成的；也許在其他的宇宙裡，麥莉真的就是美國總統。這些事發生的可能性高低，會影響它們發生的次數有多少，不過還是有可能發生過無數次——就算是無數次的一小部分也還是無數次！這是不是很可怕的想法？

Q223 你覺得除了大爆炸之外，關於宇宙的起源有沒有其他的科學解釋？

亨達馬區（索立）

我（諾斯）認為大爆炸理論有非常穩固的科學證據為基礎，不會被推翻。然而，我們的宇宙學模型還是有其他部分的基礎沒那麼穩。比方說暗物質就還沒有真的被找出來（不過在這本書裡這樣寫有點大膽，因為在準備出版的這段時間裡，這方面的積極尋找似乎愈來愈接近成果）。因為沒有觀測結果能證明它存在，所以也很難認為這個理論可以被證實，不過和其他相關的理論相比，關於暗物質存在的證據當然還是比較多。暗能量很有可能會成為科學進展的犧牲品。我之所以會這樣評估，主要是因為我們只能說，我們認為有某個東西造成了影響，但我們不知道那是什麼東西。

很重要的一點是，科學界不會躲到角落，對其他的可能視而不見。在過去數百年裡，某些科學進展上產生重大的延誤，都是因為有些人拒絕接受新想法。就像商業界一樣，競爭會帶來很多好處。科學家用不同的方式來詮釋結果，因此會支持相反理論的意見，通常也會支持新的實驗。最重要的關鍵是，不能被個人的感受所影響。只是因為你比較喜歡這個理論，或者因為這樣可以讓事情比較簡單，就相信某些事情是真的，不是從事科學研究的適當態度。

其他的世界

其他行星

Q224 我們會不會有一天能做出一個夠大的望遠鏡，直接觀測外太陽系的行星？

卡肯（伯明罕）

這個問題很容易回答——我們已經有了！二〇〇八年，在夏威夷使用雙子星和凱克望遠鏡的小組宣布，他們已經觀察到有三顆行星繞著距離飛馬座一百二十八光年的一顆恆星公轉。這兩座望遠鏡名列地球上最大的幾座光學望遠鏡之二，凱克望遠鏡的主鏡直徑達到十公尺。儘管如此，要看得那麼仔細，就必須考慮大氣的影響，只有使用最新的科技才能讓這些觀測成功。

在這些觀測影像公布後沒多久，天文學家就深入分析哈柏太空望遠鏡得到的資料，發現有一顆行星繞著雙魚座裡的北落師門（南魚座 α 星）這顆恆星公轉。這顆行星和木星沒有什麼不同，但是和公轉母星的距離更遠，嵌入在一個塵埃盤中。

我們現在可以直接拍到這些行星的樣子，不過我們還看不到上面的細節。因為那需要更大的望遠鏡，以達到更好的解析度。這些望遠鏡的光圈孔徑是二十到四十公尺。這些極大的望遠鏡還是必須對抗大氣效應，但是原則上是可以看到更多細節的。不過，我們還要一段時間才能看到其他行星上的海洋與陸地！

Q225 科學家怎麼知道一顆行星的重力？

瑪瑞莉娜（賽普勒斯）

行星表面的重力會依照它的質量還有尺寸而不同。比較大的行星通常質量比較大，表面的重力也應該比較大。比方說雖然木星的質量是地球的三百倍，不過因為它大很多（直徑是我們的十倍），所以它的表面重力就只有地球的兩倍半。在太陽系裡面，我們都很清楚每個行星的質量，因為我們只要研究它們和其他天體（比方說它們的衛星）的交互作用就可以知道了。

在其他太陽系裡的行星質量就比較難確認了。這些外太陽系的行星，很多是因為我們在檢視它們對恆星的影響時發現的。理論上，行星不是繞著恆星公轉，而是恆星和行星都繞著這個系統的質量中心（所謂的「重力中心」）轉。既然恆星比行星的質量大那麼多，受到的影響就比較小，但還是會有一點不穩定的傾向。仔細觀測就會發現這種輕微的搖擺，天文學家藉此知道恆星和行星兩者的質量。情況有一點點複雜，是因為其他這些太陽系正常來說相對於地球會有未知的傾斜角度，而這樣的傾斜會影響這種搖擺的顯著程度。

行星表面的重力也會根據它的尺寸而異，這是我們無法以上面的方法得知的。一般來說，除非這顆行星恰好直接通過我們和那顆恆星中間，我們才能使用上述的方法，但只有在那顆行星的公轉軌道，幾乎完全和我們從地球看出去的視線呈一直線才可能。在如此遙遠的距離，我們只能看到一點點的光，因為這顆行星會擋住這個恆星的少量光線，不過我們可以從被阻擋的星光有多少，判斷這顆行星有多大。如果我們知道一點，也偵測到了這個現象造成的恆星搖擺程度，那麼我們就能算出這顆恆星的表面重力。比方說有一顆行星叫做 CoRoT-3b，繞著天鷹座裡一顆距離我們兩千光年的恆星公轉，它的表面重力是木星的二十倍以上。不過我們不太可能真的想去那顆行星，因為它繞著那顆恆星公轉的距離，大約只是地球和太陽距離的一小部分，大約每四天多就會完成一圈公轉。

Q 226 克卜勒衛星現在只能調查小小一片的天空，目前也只記錄了大約一千多個可能的行星。克卜勒現在調查的是天空的哪一個區域？

克威爾（加拿大）

「克卜勒任務」在二〇〇九年出發調查天鵝星座裡的那一塊天空。之所以會選擇這個區域，是因為這裡的恆星很多，而且不管從哪個角度都不會被太陽擋住。克卜勒的視野大約橫跨十度，差不多是把手臂伸長後看見的拳頭大小，不過這只是整個調查區域的四百分之一左右。儘管如此，這樣已經能看到非常多的恆星，而克卜勒監督的大約是其中十五萬顆。大部分被選上的恆星都和太陽相似，不過並不是每一顆周圍都有行星。

行星經過母星前面時，克卜勒會偵測到一點點的亮度變化，看起來有說服力的那一點就會被貼上行星候選人的標籤，這些候選人的數量目前大約有好幾千，而且還在快速增加。要偵測到底是不是真的有行星，就必須要觀測到三個等距的亮度變化。以像地球一樣的行星來說，大概需要三年才能找到。所以確認行星真的存在是需要花點時間的。

Q227 隨著克卜勒探測計畫的結果愈來愈令人感到興奮，我們還有多久可以找到第二個地球？

希克斯（里茲）

我們目前透過望遠鏡的搜尋與實驗所發現的行星，有各種質量、尺寸、公轉方式，主要是因我們用來找到這些行星的方法所導致的。這些方法比較容易挑出比較大、質量比較重、離恆星公轉距離比較近的那些行星。克卜勒任務的目標是找到像地球的行星，也就是尺寸、質量、相對於母星的公轉位置，都與地球相似的行星。為了做到這一點，克卜勒的偵測器都極端敏銳，這樣才能在行星通過恆星前面時，看見最細微的亮度變化。

我們不斷朝著發現像地球的行星接近，結果出現的速度快得超乎想像。在寫這本書的同時，也有行星在它們恆星的適居帶裡被發現，所謂的適居帶就是岩石型行星的表面能存在液態水的區域。不過目前我們所知，這些行星都不是岩石型態。克卜勒任務也已經發現和地球類似大小的行星，不過它們繞母星的公轉距離都比較近。

Q228 系外行星被發現有衛星的機率大嗎？你覺得繞著一顆像地球的行星的大型衛星，對於生命的演化是必須的嗎？

攸佛賴德（倫敦）

我們的太陽系裡，幾乎所有的行星都有衛星，巨大的行星還有好幾十個，所以不太可能其他太陽系的行星沒有衛星。不過地球的月球是相對大的衛星，這是很獨特的，因為大部分的衛星相對於自己的母行星都比較小。

我們認為月球的形成，是在大約四十億年前，一個大約像火星一樣大的天體撞到地球，因此有很大量的物質被彈出去，一段時間後形成我們的月球。真的比較難了解的，是這種撞擊發生的機會有多大。既然我們還沒在我們的太陽系之外發現衛星，所以我們只有一個例子，也就很難進行統計分析。針對早期太陽系的各種條件的模擬顯示，這樣的撞擊並非絕對不可能，但也不是一定很常見。最近的估計是，以像地球一樣大的行星而言，大約有四分之一到四十五分之一之間的機率會有一顆像我們月球一樣的衛星，不過這些研究裡包括了很多假設。

月球對於生命演化的影響很難評估。我們知道月球對地球有影響，但是不知道到底對於生命有沒有重大的影響。比方說，有一個巨大的衛星存在會使行星的軸比較穩定，而地球的軸相對於公轉太陽的軌道有二十三度的傾斜，而這樣的軸傾斜一直沒有什麼改變。相較之下，火星有兩個小小的衛星，直徑分別只有十二公里和二十公里，而火星在太陽系的歷史中，軸傾斜角度就曾出現劇烈的變化。

如果早期的地球曾經經歷這麼巨大的轉變，那麼生命是否受到影響？這很難說，不過地球的氣候一定曾經歷巨大的改變。原始的生命對於溫度的改變容忍程度偏大，比較進步的生命也許已經能夠適應不同的條件，因為這些條件的變化速度夠慢。

月球對於地球的另一個主要影響是它所引發的潮汐。月球形成的時候，距離地球比現在稍微近一點點，所以當時潮汐也比較高。我曾經聽說潮汐也許有助於生命離開剛形成的海洋，進入陸地。潮汐的現象可能代表將海岸線推高，可以讓海洋生物有更長的時間可以脫離海水，以幫助牠們慢慢適應比較乾燥的環境。這是可以想像的，但是這麼遙遠的過去的化石紀錄還不夠完整。因此到底缺乏潮汐會不會延後，或是阻止生命進入陸地，到現在還不清楚。

別處的生命

Q229 有沒有人曾經提出一個可被接受的公式，算出在我們的太陽系以外的地方，或是宇宙任何地方有生命存在的機率？

布拉得（倫敦）

針對這個目的所設計、而且最常被引用的一個等式，或者說是公式，是在一九六〇年代，由天文學家德瑞克提出的。這個等式如德瑞克所說，是探討決定其他地方是否可能有生命存在的各個要素，而不是要給出一個決定性的答案。在原始的形式裡，德瑞克的等式，是用來得到我們能進行溝通的文明數量的估計值，這種文明的數量以字母N表示，等式通常如下：

$$N = R \times F_P \times N_E \times F_L \times F_I \times F_C \times L$$

這個數字是把各種數字和機率，乘在一起後算出來的。第一個R，是適合生命生存的恆星形成的速度。在我們的銀河系裡，大約每年會有一顆新的恆星誕生，我們相信原則上大部分的恆星都可能有生命存在。所以我們猜這個R是一。

第二個符號F_P，代表這些恆星周圍有行星存在的比例，這也是我們可以估計的。我們認為大部分的恆星都是以類似的方式形成，也就是來自巨大的氣體與塵埃雲。一旦恆星形成了，剩下的物質會在周圍形成物質盤，行星便會從當中誕生。我們看過很多恆星與這些充滿塵埃盤的例子，還有很多周圍有行星的恆星，包括雙星的情況。所以我們樂觀一點，假設每一個恆星周圍都有行星。所以F_P也等於一。

N_E代表在每一個其他的太陽系裡，會出現幾顆類似地球的行星，這也可以解釋成「在適居帶內的行星數量——這個在恆星周圍的地帶的溫度，是液態水能存在的溫度。這個數字我們還不知道，不過也正是克卜勒任務希望能找到的答案。我們當然知道在很多星系裡，都有質量很大的氣態巨型星，位在接近恆星的地方。這些行星可能先在更遙遠的地方形成，之後才往內移。這種現象也許會使得像地球的行星無法形成。可惜這些巨大的、接近中央的行星都比像地球的行星容易被偵測到，所以也主導了我們目前的行星名單。不過我們還是知道有一些岩石型態的行星存在，而且和它們的恆星保持著合理的距離；事實上，有些行星和恆星的距離，幾乎就接近適居帶的範圍。雖然這部分我們只能用猜的，不過我們就猜所有的行星系統裡，有一半裡面包括位在適居帶裡的行星。所以N_E就等於〇・五，不過這只是猜的，幾年後當克卜勒帶著調查結果回來，我們應該會更了解這個數字。

第四個符號F_L，這是位在適居帶的行星當中，有生命形式的行星所占的比例，而這個猜測的數字就開始引人爭議了。既然地球上的生命存在於範圍非常廣泛的環境中，那麼我們很容易猜想生命可以出現在任何地方。但是生命的適應力很強，所以最早的生命形式，可能在地球初期完美、舒適的條件（溫暖又潮濕）中誕生，接著在數億年中適應了嚴苛的生存條件。如果是這樣，那麼生命出現的機率可能就是十億分之一，或者更低！但也有可能我們根本只是僥倖下的產物，生命出現的機率根本就微乎其微，不過這就有點令人沮喪了。因此關於這一點，大家有很多不同的想法，也沒有確實的證據證明任何想法是對的。所以這個數字只是代表最基礎的生命形式形成，目前我比較樂觀，假設生命會在任何可能的地方出現，所以F_L等於一。

如果我們先在這裡停下來，把目前算出的所有數字乘在一起，那麼我們就能得出新生命在我們的銀河系裡形成的速度。我們會得到：

$$N = R \times F_P \times N_E \times F_L$$

根據我們估計的數字，每兩年就會有生命在一顆新的行星上形成。銀河已經存在滿久的時間了，至少大約有一百億年，所以這表示生命已經演化了數十億次了。可是要記得，這個等式裡面有好幾個數字是用猜的。也有可能像地球的行星根本不像我們猜的那麼多，或者生命也不會像我們假設那麼容易形成，兩者都會讓算出來的數字大幅下滑。舉例來說，如果十個恆星裡，只有一個周圍有像地球的行星，那麼生命在上面出現的機率就是一百億分之一，那麼算出來的數字就會從好幾百億掉到一左右。如果是這樣，那麼地球可能就是整個銀河系裡面唯一一個有生命的行星。

在德瑞克的等式中，剩下的就是關於生命如何演化的部分。F_I是這些生命得以存在的行星裡，生命演化出智慧的行星比例。這顯然曾經發生在地球上，但這會不會只是運氣好呢？如果我們不存在，黑猩猩或是海豚會不會取代我們，演化成地球上的主宰呢？誰知道呢？

F_C代表的是擁有傳訊到外太空的科技能力的文明所占的數量。一樣的，誰能斷言電力和無線電通訊是必然的呢？

最後一個符號代表文明繼續傳送訊號的時間長度。傳送可能會因為數個原因而停止：這個文明可能因為自然災害而被摧毀，或者在核戰中自我毀滅，或者他們可能就**決定**停止傳送訊號。比方說，隨著我們的技術愈來愈有效率，輻射到外太空的能量愈來愈少，脫離地球的訊號也會愈來愈弱。

針對這些數字，我們能以各種知識為根據做出猜測，但也就是這樣而已。在一九六〇年代，只有第一個數字是已知的，也就是恆星形成的速度，現在我們已經稍微比較了解行星的形成了。不過儘管如此，關於可以存在我們的銀河系裡的生命形式的估計值從一（只有我們）到數十億都有，只要改變我們假設就會有所不同。

Q230 為什麼生命對宇宙來說如此重要？

撒莫維爾（紐約）

有兩個方法來討論這個問題。你可以問：「宇宙在乎生命是否存在嗎？」當然，只要我們體認到宇宙本身並不會思考，就知道這個答案最多只有哲學上的意義。我們身為一個生命形式，實體上對於任何我們行星之外的任何東西都沒有影響，只有少少的一些太空探測器會在太空中移動，而其中就算最遙遠的也不至於超過太陽系的邊緣太多。

另外一種問法是：「生命是否存在，對於我們來說重要嗎？」那這就可以說是一個社會學上的問題。從個人與科學的角度來看，很多人都很想知道到底其他地方有沒有生命存在，而這當然有助於讓我們找到自己的定位。如果其他地方有生命存在，會不會讓我們身為一個物種的特殊性變低？如果那一個文明和我們一樣有智慧，那又會怎麼樣？這也許對於有宗教或精神信仰的人有隱含的意義，但我（諾斯）完全沒有資格在此談論這件事。

在科幻小說裡，發現其他地方的生命通常會被描述成進入新的世界和平的階段，所有的戰爭都會終結，不過這可能是比較烏托邦式的想法。在其他的作品裡，世界團結通常是因為主宰地位受到威脅，或是有敵意的外星種族大舉入侵所導致的。

討論地外生命的發現，常常到了最後變成討論其所代表的隱含意義，所以我的結論可能是：生命的存在對我們來說是重要的，但對宇宙本身就不一定了。

Q231 地球上的這種生命，有沒有可能在幾百萬或是幾十億年前，就曾在宇宙的其他地方形成過？

帕亭頓（西班牙）

當然有可能，不過可能性有多高就很難說。地球大約在四十五億年前形成，就在太陽剛形成後不久。地球在剛形成的階段是一顆融岩球，不斷被早期太陽系中還存在的許多碎片撞擊。火山作用使得地球表面一片荒蕪，還會噴發有毒的瓦斯到大氣層中。從那時候開始大約過了五億年，地球的環境條件才變得適合生命生存，這些生命大約在距今幾十億年前開始在此扎根。從初期開始至今，生命已經有相當大的演化；這段時間內出現的所有物種階級，有些滅絕（恐龍）了，有些繁榮發展，填補了空缺（靈長類）。一般認為，一旦在生存條件允許，生命便立刻誕生出來。透過演化與天擇，生命會快速演化成為更進步的物種。不過誰能肯定在地球歷史剛開始的幾十億年裡，不曾發生過很多次的「錯誤的開始」，只是因為小行星的衝擊而迅速被毀滅了呢？如果那些生命形式夠原始，他們可能就沒有留下任何化石紀錄。

存在了大約五十億年的太陽，還算不上是宇宙裡最老的恆星，宇宙的一百三十億年歷史中，有數十億顆和太陽一樣的恆星出現。非常早期的宇宙是一個很原始的地方，像是碳、氧、矽、鐵等重元素的濃度比後來低很多。行星主要是由這些重元素所形成的，我們所知的生命如果沒有這些元素，可能也無法存在。生命（至少是我們所熟悉的這些形式）也許不可能在宇宙剛形成的階段存在，原因很簡單，因為那時候的化學元素相對有限，無法使這些成分存在。宇宙的化學演化在早期的速度快很多，所以很有可能在短短幾十億年裡，就出現了適合生命存在的化學成分了。這代表，可能在像地球的行星繞著太陽公轉前，就已經有恆星形成了，而任何在這裡形成的生命形式，原則上都比在地球上的生命形式先跑了幾十億年。

至於那種生命現在是否還存在，就是另外一回事了。太陽在接下來的幾十億年裡會漸漸增加亮度，因此所造成的地球上溫度增加，以人類的壽命而言雖然只有些微差異，可是再過個十億年左右，海洋可能就會沸騰乾涸。到時候微生物也許還可以生存，不過動物王國裡大部分的生命大概都會滅亡，再過幾十億年，地球會因為太陽變成紅巨星而被燒成一塊炭渣，甚至可能會在這個巨大恆星的外層裡被摧毀。再過幾百萬年，太陽會萎縮成黯淡的白矮星，使得任何需要陽光的生命形式都無法在整個太陽系生存。同樣的情況可能也適用於其他的太陽系，也因為缺乏任何形式的星際旅行能力，其他生命也可能就此死去。當然囉，十億年後的科技可能會有長足的進步，我們也許就能發現這些遠古的文明其實已經住在恆星之間了。

Q232 我曾經讀過無機化學物質創造出生命的機會，是超過宇宙裡所有恆星的數量的兩倍才有出現一次成功的可能。如果這是真的，這樣低的機會已經被打破過一次了，有沒有可能被第二次打破呢？

克萊普曼（肯特）

所有的生命都需要組成我們的蛋白質與ＤＮＡ的複雜分子，而這些分子對於組成它們的原子排列非常敏感。單股的人ＤＮＡ主要是由氫、氧、碳、氮與磷所組成，但此外還有幾十億的分子，改變分子的順序就會改ＤＮＡ，大部分的組合都不會適合生命生存。這種特定的原子與分子排列自然出現的機率，絕對是微乎其微，就算考慮到生命演化所需要的大量時間，這個機率還是非常低，低到連生命在整個可見宇宙裡「只」出現一次的機率都幾乎不存在。雖然我們知道這曾經發生過一次（就是我們！），不過這些假設也暗示了再發生一次的機會非常小。

也許有某一種力量驅使生命得以誕生的組合，變得比較穩定，或是比較容易出現。這是一個很有意思的想法，不過這涉及到一些我們還未知的化學層面。也或許有一種初始的生命型態是簡單許多的，可是我們也還沒發現。

不過我們也知道，上述的假設並非完全正確。我們不斷地在宇宙的深處找到愈來愈多的化學物質，甚至在掉落在地球的隕石上，看到了蛋白質的基礎——胺基酸出現。這表示生命不一定是從零開始的，就像玩組合遊戲一樣，可能曾有某些積木出現過。不過生命發生的機率還是很低。生物學家試著了解生命是以什麼方式形成的，不過在實驗室裡試圖創造出生命的努力，目前都還是徒勞無功。

Q233 最近發現的系外行星葛利斯 581g 上有生命存在的機率是多少？

卡爾（斯托克，特倫特河畔）

葛利斯 581g 是一個備受爭議的行星。它的母星是葛利斯 581，目前知道這顆恆星周圍有四顆行星，分別是葛利斯 581b、c、d，還有 e（葛利斯 581 這顆恆星的正確名稱應該是「葛利斯 581a」）。後來在二〇一〇年，有一個使用凱克望遠鏡的團體宣布發現了兩顆更遠的行星（葛利斯 876 和葛利斯 581f），但是另外一個使用歐洲南方天文台「高精度徑向速度行星搜尋計畫」（HARP）的三．六公尺望遠鏡工具觀測的團隊，卻無法在資料裡找到這兩顆行星。兩邊的結果之所以不一致，是因為這兩顆另外出現的行星比較微弱，這可能是因為其他行星（特別是葛利斯 581d）對觀測資料造成污染所致。

這顆行星究竟是否存在，還需要更多的觀測才能確認，這個爭議可能還會持續下去。不過在此同時，我們還是可以做一點推測。如果這顆行星真的存在，那麼葛利斯 581g 的質量只比地球大幾倍，公轉周期大約是三十六天。它很接近它的母星，但既然它的恆星是黯淡的紅矮星，這顆行星會還在

「適居帶」裡，是恆星周邊溫度適合液態水存在的區域。

這顆行星上有沒有生命非常難說。因為它的太陽是涼的、紅的，所以那裡如果有生命，也一定會和我們熟悉的一切完全不同。要知道答案，必須更仔細地觀察這顆行星，讓我們建立起關於它的大氣化學組成的資訊——如果它有大氣層的話。

Q234 我們有沒有在太陽系外，發現的數顆氣體巨行星的衛星上，尋找潛在的生命跡象？

佛斯特（倫敦）

以我們目前的技術，是無法在其他太陽系裡發現衛星的，因為它們太小了，我們無法用一般找行星的方法去找到它們。不過，來自我們自己的太陽系的證據顯示，氣態巨行星有衛星是很常見的，所以我們還滿確定它們一定存在於某處。

像我們的月球這麼大的衛星，對於自己的行星可能會有可測量到的小影響。衛星公轉的時候，會稍微拉住自己的行星，使得行星略有搖擺。這種行星的搖擺會改變行星繞著恆星運動的確切時間，利用克卜勒任務這樣的實驗可能就能偵測到了。

呼叫所有生命形式……

Q235 我們把訊號從地球送出去已經超過五十年了，在接收端的那一頭如果有其他文明，會不會偵測到這些訊號呢？

艾德華茲（列斯特）

我們的無線電訊號洩漏到太空中已經大約六十年了，最早傳出去的無線電波已經前進了六十光年。不過，隨著訊號愈來愈遠，它們也會愈來愈分散，更加難偵測。大部分的訊號也受限在很窄的無線電波頻率範圍內，所以它們會和大部分的自然天文訊號有所區別。

當我們尋找外星文明的訊號時，目標是找到與我們相似類型的傳輸，因為那就是我們發射出去的東西，可是誰說外星文明和我們使用的技術是相同的呢？也許他們會用X光通訊，而且一直都在發射X光束到太空中。如果他們和我們的想法一樣，可能也一直在尋找從其他行星放射出的X光，而我們根本沒有大量放射出這種東西。

Q236 在地球無線電訊號發射的範圍內，有沒有任何星系裡出現「適居帶」裡存在行星的跡象呢？

何蘭（聖海倫）

我們假設地球已經散發出六十年的無線電波了，這當中有奇怪的、特意發出的訊號，也有來自地面的電視與收音機傳輸時無意間「洩漏」出去的訊號。最早的無線電波以光速前進，所以已經達到了六十光年之外，我們知道在這個範圍內有大約一百顆行星。其中大部分都是氣態巨行星，而且和它們的母星公轉距離都非常接近，不過還是有幾顆距離母星比較遙遠。

「適居帶」一般的定義是在恆星周邊，液態水能夠存在的區域。相對於比較大、比較亮的恆星，比較小、比較黯淡的恆星的適居帶會比較接近母星。而液態水是否存在，則要靠行星的大氣層決定，一般來說有大氣層會稍微增加行星表面的溫度。

值得一提的一個星系是巨蟹座 55，這裡有五個行星是我們知道的。這顆恆星本身比太陽略小，以名義上適居帶會比較靠近恆星一點。在這五個已知的行星當中，有三個的公轉位置比較接近恆星，第四個比較遠一點。從適居帶的角度來看是很可惜的，因為其中一顆比較靠內的行星稱為「超級地球」，只比地球的質量大八倍多，直徑大約是兩倍。可惜巨蟹座 55e 這個行星距離母星的公轉距離只有兩百萬公里，公轉一圈不到十八小時，所以可能會被燒成煤炭渣。不過有一個比較大的行星公轉的位置，大約像金星和太陽之間的距離。它所繞行的恆星比較冷一點，就位在接近適居帶的地點，可是這顆行星是一個氣體巨行星，質量大約在海王星與土星之間。如果它有比較大的衛星，而且大氣層夠厚，那麼也許是個可以居住的地方。可惜我們還不能偵測到外太陽系行星的衛星是否存在，所以必須等待進一步的推測。

第二個很有意思的例子是繞著 HD 85512 恆星公轉的行星，距離我們大約三十五光年。這顆恆星比太陽略冷一些，不過這顆行星公轉的位置比較近，大約比水星繞著太陽公轉位置再近一些。這顆行星的質量比地球大幾倍，所以可能是岩石型的。行星表面的溫度會依照覆蓋其上的雲量而定，不過可以大約推測一下。利用一系列的假設，比方說這裡的大氣層和我們的大氣層，組成成分不會相去太遠等，我們可以計算出這裡的表面溫度，確實適合液態水存在。不過這些只是很概略的計算，要到我們真的能研究直接來自這顆行星大氣層的光，才能夠確定。

這個領域的研究進展快得驚人，所以很有可能等你讀到這裡的時候，我們已經在鄰近的恆星的適居帶裡發現了一顆像地球的行星。在二〇一一年十月播出的《仰望夜空》裡，我們邀請任職於歐洲太空總署以及倫敦大學學院的泰提妮博士，猜猜看我們再過多久會發現這種行星，而她打賭在一年之內，人類就會發現一顆像地球的行星了！

Q 237 針對「如果外星生物聯絡我們，我們應不應該回應？」這個問題，有沒有任何科學上的研究呢？

佛萊賀提（利物浦）

關於這個問題的討論，通常圍繞著「一開始到底為什麼要聯絡？」也許外星生物想要分享它們的知識，讓大家對宇宙的了解更為透徹，這樣的話，真誠與坦白的對話，是對於雙方都有益處的。但是也有可能外星種族是在尋找征服的目標，也許是為了開採地球的資源，或者只是要把人類打包到自己的午餐盒裡。如果是這樣的話，我們可能最好不要回應，不過等到我們了解這一點時，可能也太晚了。如果這種溝通看起來是特別針對地球的，那麼可能他們已經發現了我們的存在，也可能已經在路上了！

很多人都提出意見，認為我們不應該與外星人聯絡，因為他們可能是來毀滅我們的。可是也有人會認為，如果他們成功做到了星際間的通訊，並且來到這裡，那麼他們可能不僅僅是為了毀滅與戰爭而來。不過如果他們的科技都比我們先進呢？我們眼中的他們，可能就像牛羊眼中的我們，那麼他們會不會穿著人類的毛皮，用香草和香料搭配我們的肉食用呢？

如果我們真的接到來自其他地方的通訊，那麼比較立即需要克服的問題是：誰要代表我們發言？我們會希望像許多的科幻電影那樣，讓美國來主導對話嗎？在國際間已經有這樣的討論，比方說聯合國就討論過在這個情況下要怎麼做，包括該怎麼回應，以及我們該說什麼。這樣的決定有時候彷彿可以當作科幻的領域而一笑置之，不過如果來自外星生物的通訊真的來了，到那時候再來想可能就真的太晚了。在此同時，一般的共識傾向我們既然無法把自己的存在隱藏起來，那麼應該不要太大肆宣揚自己，等到我們已經決定好一旦收到回應時該怎麼做，再改變做法。

Q238 利用低頻電波陣列（LOFAR）進行「尋找外星智慧計畫」（SETI）是否合理與值得？

塔夫（摩立，艾爾金）

低頻電波陣列是建造在歐洲各地的一個巨大無線電波望遠鏡，當中有一個站就在漢普夏的奇爾波頓。不過這個陣列並不是由我們所熟悉的無線電波望遠鏡所組成的，而是一個由無線電天線組成的網絡。它們的作用類似電視與收音機的天線，會同步收集來自廣大天空中的訊號。低頻電波陣列的強大之處在於可以同時集合來自大量天線的訊號，使天文學家能詳盡地觀測任何一個特定的位置。既然結合訊號是由電腦分析所進行，所以基本上低頻電波陣列是可以同時研究各個方向的訊號的。

感覺起來，這對於尋找外星智慧計畫是非常理想的工具，不過這個望遠鏡其實還要符合很多其他目的需求。當然囉，沒有什麼能阻止人們從低頻電波陣列中取得資料，並且加以過濾，找出人造的訊號。

家鄉附近

Q239 我們有沒有可能在這個太陽系中的其他地方，發現任何的生命形式？

路伊斯（美茲頓）

如果我們在太陽系的其他地方發現了生命，那可能也是很簡單的生命形式。不過有一些熱門的地點是我們覺得微生物有可能存在的地方。大家會看的第一個地方是火星，不過現在看起來上面不太可能有任何生命存在，除非這種生命存在於表面底下的深處。根據這樣，大部分的實驗都在火星上尋找過去的生命跡象，而非現在有生命存在的證據。我們知道火星在幾億年前比現在溫暖、潮濕許多，部分原因來自於那裡曾經有過厚重的大氣層。我們已經在火星上面發現黏土的沉積物，這絕對是在熱帶環境中才會形成的東——不過早期的火星上面看來也不會有任何雨林存在。

在一九七〇到一九八〇年代，航海家號太空船飛越了巨大的木星和土星。這兩顆行星都是氣體巨行星，幾乎完全由厚重的氣體大氣層所組成，我們不相信這是適合生命存在的條件。但是天文生物學家感興趣的，並不是這些行星本身，而是它們的某些衛星。木衛二是被冰封的世界，但是這裡密集的山脈與裂縫網絡，暗示了表面上的這塊冰，其實是飄浮在有液態水的湖泊上。這裡的水被木星的強烈潮汐力加熱，所以能保持溫暖。如果次地表的海洋連接到岩石的內部，那麼生命有可能就存在於黑暗的深處。這樣的生命不會是我們所熟悉的，因為它們需要從太陽以外的地方得到能量。我們知道地球上有微生物仰賴來自岩石的地熱所生存，也有些是靠著海床上的「黑煙囪」產生的熱生存。不過這些生命形式，可能都是從地表上的微生物演化而成的。已經有人提議要融化或是探鑽木衛二表面的冰，覆蓋這整顆星球的冰塊厚度大約是一百公里，就實際層面而言，這可能還要幾十年才做得到。

環繞土星的卡西尼號，在二〇〇〇年代也觀測到類似的現象。在土星的土衛二這個小衛星上，接近南極的地方有一個裂縫，會噴出鹹水的間歇泉。觀測結果顯示，土衛二有一個類似木衛二的次表面海洋，不過我們知道這個海洋是鹹的，因此它確實和岩石型的海床相連接。這片海洋以及「土衛二噴泉」到底是不是永久存在的，現在還是未知數，因為它們可能只存在一段相對較短的時間。

另外一個可能會發現生命存在的地方是土星最大的衛星，也就是泰坦。在火星之後，這裡是我們的太陽系裡最像地球的地方了，不過兩者還是有些關鍵的差異。這裡夠大，所以抓得住一片厚的、薄霧狀的大氣層。惠更斯探測船在二〇〇四年到二〇〇五年通過這片大氣層降落，讓我們在它的表面看到了雲、湖泊、河流，還有季節雨的作用，填滿湖泊後，沿著河流倒空。不過泰坦和太陽的距離超過十六億公里，所以太冷了，液態水無法存在，更別說是由水蒸發所形成的雲了。相反的，在這裡進行蒸發和下降循環的液體是甲烷和乙烷，它們是由碳和氫組成的碳氫化合物，不過生命也可能會在這些條件下存在。

Q 240 我們應該把未來的注意力放在何處，去尋找太陽系裡的生命？

佛斯特（倫敦，克萊普漢）

就尋找生命而言，我覺得最有意思的衛星應該是木衛二。如果那裡的次表面海洋有生命，那麼我們會知道它一定是在和地球非常不一樣的條件下演化的，也就表示在其他太陽系裡有生命的可能會更高。當然火星離我們近得多，因此去那理也簡單得多（還便宜得多）。尋找生命的測試非常精細，所以直到有人前往火星進行任務，挖開那裡的土地之前，我們也許都無法確定火星上到底有沒有生命。

Q 241 雖然太空船是在非常乾淨的實驗室條件中建造的，但是我們到底能夠多確定我們沒有用地球的物質污染了其他的天體的大氣層與表面？而且我們離開的時候一定會留下碎石或岩屑啊。

茉根（美登赫）

針對基於地球的物質對於外星世界的污染，其實有嚴格得不可思議的規定。規定的嚴格程度會依照我們討論的是哪一個天體而定，而主要的考量是那裡是否可能有生命存在。比方說，月球和水星是完全不會有生命的，所以相對於登陸可能有生命的火星或其他外行星的規定來說，這裡的規定就比較沒那麼嚴格。太空船一定都在非常乾淨的實驗室裡建造，主要是因為如果有塵埃或其他污染物，都可能會造成太空船本身的問題，更別說任何潛在外星微生物的影響了。

另外我們也採取了一個更進一步的預防措施，就是在太空船可能污染其他世界之前，就先毀掉它。儘管太空船在前往可能有生命存在的行星或衛星時，不會被刻意放在會發生撞擊的路線上，但是如果只讓它們靠自己的裝置操縱，那麼它們可能最終會被一個衛星的重力抓住，接著墜落。在二〇一七年卡西尼探測船任務結束的時候，它會刻意飛到土星的大氣層裡。這樣一來，除了讓我們獲得雲層的原位測試之外，也能確保太空船不會撞上泰坦、土衛二，或土星其他眾多衛星的表面。

Q242 我們難道不應該仔細看看彗星，尋找外星人留下的跡象嗎？

珊迪（蘇格蘭）

有一個理論認為生命原本就是在彗星上演化的，而且在一次衝擊中來到地球。一般相信，地球上有合理比例的可能是全部 是透過彗星來到地球的。我們也曾於掉落在地球的隕石上偵測到胺基酸存在，這是組成蛋白質與ＤＮＡ基礎的複雜分子，不過還沒有發現任何生命本身存在。

當然這並不能確定生命絕對不存在。彗星接近太陽的時候溫度會大量增加，不過一旦遠離太陽，就會陷入深深的冰凍之中。在彗星上面也沒有液態水，只有固態的冰。太陽使彗星表面的冰昇華，直接變成蒸汽，直接從彗星散發出去。如果生命曾經在彗星上演化，那一定就能存在於冰封的內部深處，在彗星經過外太陽系的漫長旅途過程中陷入冬眠。

大部分人都不相信彗星上可能有生命，我（摩爾）也覺得不太可能。但這意思不是說我們就不要找了。最好的做法是去拜訪一個彗星，測量它的表面，或是把一些樣本帶回地球。多虧了星塵號探測器，我們現在有來自彗星尾巴的樣本，但沒有來自表面的樣本。雖然我對此可能還抱持著懷疑，但永遠都願意可以被證明我是錯的！

Q 243 有些最近發現的外太陽系行星公轉周期驚人地短，我們怎麼能確定我們不是只觀測到建構了一部分的或是片段的戴森球體呢？

福特（海頓橋）

這是一個非常有意思的問題。戴森球體是一個理論上的概念，源自於美國科學家戴森。他提出一個理論，認為足夠進步的文明會建構出一個完全包圍它們的恆星的球體。使用的物質會是從該行星、衛星與小行星所開採出來的，需要的技術遠超乎我們最狂野的想像。這種球體的好處是，原則上內部表面應該是全部都可以居住的，且相當龐大，而且幾乎恆星的所有能源都可以被完全利用。這個主題的一項變化就是「環狀世界」，也就是建構出一個環，而非一個球體。

當然，這樣的結構目前還穩穩地停留在科幻的領域裡，絕對沒有任何可觀測到的證據。有很多原因可以說明為什麼我們觀測到的行星不會是球體的一部分。首先，大部分的測量結果都來自於偵測到恆星的搖擺現象，這是因為行星的重力所造成的。如果行星被一個物質球體取代，那麼相對的那部分的重力就會不見，導致搖擺程度變小。第二，我們現在可以研究某些行星的大氣層，並且偵測到各種的分子存在。

當然，最後一個不相信它們是球體的原因應該是所謂的「奧卡姆剃刀」。下面哪一件事的可能性比較高呢？是有一個行星存在於接近一顆恆星的地方，或是有一個先進的文明建造了一個巨大的球體，恰恰好就讓它看起來像是經過一顆恆星前面的一個行星呢？雖然想到這種奇異又迷人的概念真的很有吸引力，不過我恐怕無法認為我們真的有可能是在觀測這種球體。

人類的太空探索

目前的進展

Q244 我們在二〇一一年四月，慶祝了人類進入太空探索的五十周年。你認為這段時間裡最重大的成就是什麼？你希望未來的五十年又會有什麼進展？

尼克森（哈德斯菲爾德）、歐玟（蘭開夏，初利）

在太空旅行的頭五十年裡，最重大的成就是什麼？我（摩爾）覺得我必須要說，是證明了「這是做得到的」。在加蓋林於一九六一年上太空之前，有很多著名的天文學家，包括皇家天文台台長，都覺得人類上太空是無稽之談。但他們被證明是大錯特錯的，而且大家已經看到，人類可以在太空中生活並工作，這就是前半個世紀最重大的成就了。

在未來的五十年裡我們可以期待什麼？如果我們一起努力，能做的還有很多。我認為一切都靠兩件事決定：政治與經濟。因為太空旅行一定要是國際性的，而這需要仰賴世界各國領袖的素質。（看看現在的世界各國領袖，我一點都沒有信心，不過我也希望我是錯的。）

如果一切順利，我們將會有更多的人類進入太空的任務，我會希望在月球表面有一個基地。目前以我們的太空旅行來看，我不認為我們還能做得更多，因為要到火星就涉及在太空中待好幾個禮拜，而且完全暴露於太陽的輻射線之下。在我們克服輻射線的問題之前，火星是遙不可及的。我確定我們能做得到，但是能不能在未來的五十年裡做到就很難說——我們只能往最好的方向想。

泰樂（格洛斯特）

Q245 哪一個太空人的職業生涯裡，在太空中飛得最遠？

就我們所知，目前的紀錄保持人是俄國太空人克里卡列夫，他到目前為止已經在太空中待了八〇三天九小時又三十九分鐘。他第一次太空飛行是在一九八八年，前往俄國「和平號」太空站。他第二次飛行是在一九九一年，以維持時間超過十個月而出名。這段時間這麼長，背後的原因很簡單，因為要把替換的飛行引擎送到軌道上時出了問題，因此克里卡列夫必須在太空中連續值兩個班，可是在此同時，蘇聯就解體了。所以他有時候也被稱為是蘇聯的最後一個國民。

但是和平號太空站不是克里卡列夫離家後唯一的家。在一九九〇年代和二〇〇〇年代，他搭乘太空梭飛行，並且在國際太空站服勤。但是克里卡列夫的紀錄很快就會被打破了。在他的帶領之下，另外一位俄國太空人尤列維奇目前已經在太空中待了七百七十天。一般在太空站的滯留時間最長大約在六個月左右，所以尤列維奇在下一次太空飛行時就會奪下時間最長的紀錄保持人位置。

在太空中待八百天，相當於繞了地球軌道轉一萬多次，如果用里程計來算，就是高達驚人的一千四百億公里！這個數字比阿波羅任務的距離還要多上許多，因為到月球的來回大約只有八十萬公里的里程。不過阿波羅號的太空人當然是從地球往外，前進得最遠的太空人了，他們離開地球的距離大約是四十萬公里，而太空站所在的近地軌道距離地球大約才幾百公里而已。目前飛得最遙遠的人類是阿波羅十三號的乘員，他們的太空船出了意外，造成引擎燃燒，把他們送到了月球背向地球的那一面，之後又安全地返回地球（那部電影忠於事實，值得讚賞）。這個在一九七〇年由洛佛爾、海斯，以及斯威格特所保持的紀錄，在近期內是不太可能被打破了。

Q246 在你遇過的所有美國與俄國太空人當中，你覺得誰是最有趣的？為什麼？

葛林、英國星際航行協會、皇家天文學會會員（劍橋）

這是一個很難回答的問題。我（摩爾）在二〇〇〇年認識了大部分的太空人朋友，有些後來和我變得很熟。我只說一件事：他們都是相當與眾不同的人。比方說最早登上月球的兩個人：阿姆斯壯和艾德林。阿姆斯壯不喜歡出名，非常低調；艾德林卻很會作公關，而且是好的那一種。我覺得美國和俄國的太空人儘管有很多不同，但也都有一兩項共通的特質。他們都有超乎尋常的勇氣、能力，以及常識。

我覺得很難選出任何一位最有趣的，不過第一個進入太空的人是加蓋林。在他不幸地因為尋常的空難意外英年早逝之前，我曾在數個場合碰過他。我喜歡加蓋林，因為他當時前往的是完全未知的地方。有人說，所有從事太空旅行的人都會經歷恐怖的「暈太空」，也就是暈眩感，但事實並非如此，而且加蓋林證明了他們是錯的。當他回來的時候，大部分大家熟悉的「恐怖經驗」都被推翻了。接著加蓋林腳步的人，至少都對於會發生什麼事有點了解——但他出發的時候卻是一片空白。

從上方看到的景象

Q 247 為什麼太空人從月球表面拍的影片，或是從遙遠的地方看地球的影像裡都沒有其他星星，周遭只是一片漆黑？

米勒史普（斯托克波特）

這只是簡單的對比問題。因為和最接近地球的恆星相比，太陽看起來亮了十億倍，因為它就是比較接近我們。照射到地球和月球的光，會有合理的比例被它們反射，所以它們的表面和其他恆星相比，都還是非常、非常地亮。如果你試著拿相機拍下夜空中的星星，你會發現需要相當時間的曝光，可能要好幾秒鐘，才能拍出有樣子的照片。再試試看拍攝月球，你就會發現，就算曝光的時間短，月球拍起來還是非常亮。你看到所有同時有月球表面和背景星星的照片——除非是在月食時拍攝——幾乎都肯定是利用不同曝光時間長度的數張照片合成的。

Q248 有沒有太空人真的從太空裡看見過萬里長城？

蓋文（利物浦）

長久以來都有人說從月球上可以看到中國的萬里長城。這當然是不可能的！萬里長城根本就不完整，而且要從那麼高的高度看見它也非常困難。在國際太空站拍攝的一些照片裡，可以找出萬里長城的某些部分，不過當然不是很明顯，因為長城太窄了。

Q249 為什麼太空任務總是讓我們看到地球，但從來看不到其他星星？有沒有可能從太空站認出獵戶座之類的星座？

宣尼施（雪菲耳）與胡波（漢普夏，貝辛斯托克）

其中一個主要的原因是，他們大部分時候都看錯邊了。國際太空站裡有一個朝向地球的觀測室，叫做「圓頂」，但是另外一邊卻沒有這種房間。當國際太空站在地球白天的這一邊時，行星的亮度和太空站本身會完全蓋過背景恆星的亮度，原因我們剛剛說過了。如果太空人在晚上往太空站的另外一邊看，也就是太空站本身和地球都是黑的時候，那麼他們就會面對幾個問題。首先，天空的移動速度會相對快很多，因為太空站繞地球轉的速度很快。這表示，除非可以精準地追蹤天空位置，否則長時間曝光的照片會很難拍。再來，這時候可以看見的星星太多了。如果你去過天空真的很黑很黑的地方，你就會知道在這種條件下觀測天空，其實會讓人非常混亂。那些我們平常看不見的、比較黯淡的星星，這時候都看得見了，所以我們根本很難挑出組成星座的那些最亮的星星，並且找出我們熟悉的獵戶座或是仙后座這些形狀。

Q 250 我們都很熟悉太空人拍到的地球和月球照片，但是從軌道上看到的太陽是什麼樣子？

哈波（布里斯托，耐爾西）

我們都沒有去過太空，的確這方面的照片也很少，所以我們必須靠看過這景象的太空人的描述。英國出生的太空人塞勒斯曾經上過《仰望夜空》節目，他說太陽是放在漆黑背景前的一個亮得不可思議的白色球體，而且看起來移動的速度非常快，因為國際太空站大約每一個半小時就會繞地球一圈。日出和日落是幾秒鐘裡的事，整個地平線會短暫地染上古銅色與金黃色的光芒，然後太陽會突然帶著明亮的光輝出現。因為太空站會反射陽光，所以也會經歷類似的色彩變化，你只能想像若能親眼目睹，這會是多麼美妙的畫面。

Q 251 從太空中看到的地球有多大？

培林，八歲（威爾斯，紐波特）

大部分太空人其實都沒有到離地球太遠的地方。比方說，國際太空站大約在地球表面上方三百公里的地方，哈柏太空望遠鏡則在大約是兩倍的距離。在這樣的情況下，如果地球縮小成一顆足球的大

阿波羅十七號的太空人在一九七二年從太空中拍攝的地球照片。

小，那麼太空站和哈柏望遠鏡就會變成地表上方不到一公分的大小。

所以從地球軌道上看，地球表面是挺大的，會占滿半個天空，因此大部分從太空拍攝的地球照片都只能照到地球的一小部分。不過如果你到月球上，情況就不一樣了。在阿波羅八號上的太空人是最早從這樣的距離看到地球的人，而那樣的景觀一定很令人震撼。事實上，一般常說世界上被複製最多的地球照片，就是阿波羅十七號的太空人前往月球的途中所拍攝的。我們很難判對這個說法的正確度，特別是在現在的數位時代裡，不過這聽起來還是很有道理的。

當然，還有飛得更遠的太空船，以及各式各樣的任務，出名的有卡西尼探測船與航海家一號太空船，它們都拍到過地球是一個小小的藍色點點的照片，這當然會讓我們覺得自己的渺小！

Q252 太空看起來是什麼樣子？

曼史普，八歲（威爾斯，紐波特）

嗯，人不能直接看到太空本身，因為太空的定義就是什麼都沒有，不過從太空看到的景象一定非常棒！其中一個最大的差別是天空會非常非常黑，就算太陽升起也不會有影響，因為沒有大氣層會把光線散射到周遭。塞勒斯描述當時的色彩非常生動，而地球上的海洋會是你看過最藍的顏色。

另外一個有人去過的地方是月球，通常我們會想像那是一個灰濛濛的地方。但是去過那裡太空人說並非如此，在月球表面上其實有一些色彩的斑點。

Q253 太空人在太空裡過得好嗎？

波坦，七歲（威爾斯，紐波特）

就像前面的幾個問題一樣，我們只能找在這方面經驗比較多的人來回答。塞勒斯告訴《仰望夜空》節目，他在太空裡過得很開心，而且會推薦大家都可以飛上太空。看到整個世界呼嘯而過一定很棒，而且整體而言一定是超過一切、最刺激的經驗。我確定要描述這究竟多有趣是很困難的，所以塞勒斯提議大家都跟他一起去——可惜這不是他能決定的。如果你真的有機會自己去一趟，一定要讓我們知道那有多美喔！

Q254 是不是所有人都有可能成為太空人？如果是，我要怎麼準備？要向誰申請呢？

山姆（北英格蘭）

太空人的訓練需要很長的時間，通常必須先受過良好、健全的教育。通常你必須是科學家、工程師、醫學博士或是駕駛員，不過也有少數的學校老師曾經上過太空。主要是因為太空人在太空中，必須要扮演這些角色，進行他們的工作。當然也有負責駕駛太空船的飛行員，不過在任務中，還是需要科學家和工程師進行科學實驗和比較技術性的工作。

另外太空人也必須通過很多嚴格的生理測試，因為到太空中旅行會對身體產生很多負擔。我們希望你一切成功，不過你可能要向歐洲太空總署或美國太空總署查詢完整的細節。

Q255 我今年九歲（快滿十歲了）。你覺得等我成為天文物理學家時，我有沒有可能成為第一個登陸火星的女生？到了那時候，去火星是可能的嗎？

蘇西菈（得文）

沒有理由說你不行。當然，你必須先通過所有的訓練，並拿到所有資格。去火星最大的問題是輻射線，這是我們至今還沒有解決的。等到你長大的時候，也許我們已經解決了這個問題。

如果你到了火星，我們的節目也還在，那別忘了發一封電子郵件或是傳訊息給我們！

國際太空站

Q256 國際太空站有多大？裡面看起來是什麼樣子？

爾林，八歲（威爾斯，紐波特）

國際太空站滿大的，可居住空間大約相當於兩架噴射客機的座艙空間，而且內部的長相其實也差不多，因為這些主要的空間會排成一個長管狀，不過兩側還有不少相連的空間。美國、俄國、歐洲等各國，分據不同的區段，每一個區段都有各自的風格。塞勒斯在《仰望夜空》的節目中，描述俄國區很像是法國小說家凡爾納在作品中描寫的舊世界居住地，而美國區就比較有未來感。

除了可居住區之外，太空站也有很多其他的結構。有一個主構架裝有太陽能板和散熱器，還有一些機械手臂和泊接埠裝在其他地方。

Q257 歐洲太空總署的自動運送飛船（ATV）是一個驚人的硬體。有沒有任何計畫讓人員搭乘ATV到國際太空站呢？在任務完成後讓它燒毀，難道不會浪費了這個珍貴而且完全可以運作的飛船嗎？

偉爾德（東索塞克斯，伊斯特本）

簡稱ATV的「自動運送飛船」雖然可以轉型成人工駕駛的飛行器，但是也需要相當大量的基礎建設配合才行。首先，負責發射ATV的亞莉安五號火箭原本的設計，就不是發射搭載人類的座艙，所以在發射時的震動可能就會讓上面的乘員死亡。再來，搭載人類的任務在座艙回到地球時，會需要額外的地面或海面支援。美國雖然會部署海軍去回收阿波羅號的座艙，但是在歐洲並沒有相等的機制，所以會需要數個國家共同投入海軍資源，才能達到相同的目的。

ATV目前扮演三個主要的角色。首先，它會載運包括食物和水在內的數噸關鍵物資到達太空站。再來，它也會把太空站抬到稍微高一點的軌道，這一點也同樣關鍵，可以保存太空站裡的燃料，等到太空站需要進行移動以避免碰撞等情況時再使用。第三，它還是一輛垃圾車。雖然所有物品的包裝都已經降到最低了，但太空站裡還是會產生相當分量的廢棄物。如果只是把這些垃圾從氣閥投出去會太草率，因為這樣只是增加太空垃圾的問題，所以ATV會用來儲存這些舊設備與其他廢棄物。

ATV不可能永遠停泊在太空站，因為泊接埠需要用來進行未來的任務，所以一旦它完成了這些任務，就有三種可能的處理方法。第一個是把它移走，但這可能會讓它撞上其他的太空垃圾；雖然它繞著地球的公轉最終會失去動力，使它在大氣層中燒毀，不過某些零件可能還是會落到地面上。

國際太空站的照片，背景是地球。

第二個選項是把它移到更高的軌道上，這樣它就會遠離軌道上的主要垃圾，也不會經歷到嚴重的軌道衰減。然而，既然它裡面會裝滿垃圾，那我們就不確定未來還可不可以使用它。第三個選項是讓它回到地球的大氣層裡，以我們可預測的方式燃燒殆盡。在受到控制的情況下，任何到達地球表面的東西都可以被導引到海中，而不會掉到人口稠密的地方。

當然，如果ATV真的變成人類搭乘的座艙，那麼裡面的乘員一定不會喜歡這些選項，所以在控制之下重回地球就是唯一的可能。

Q 258 我曾經在我頭頂正上方的天空看過一顆好像非常亮的星星，突然一閃而過。那會不會是因為太空站的太陽能板移動時的反射呢？我們能不能追蹤太空站的位置？

托巴賀（法國，朗維克）

這是很有可能的。國際太空站看起來可能會很亮，在太陽能板的位置對的時候，甚至會超過金星的亮度。在可見範圍內，太空站在天空裡的移動速度相對來說很快，通常由西到東繞完一圈，大約只要幾分鐘的時間。因為它距離地表只有幾百公里，所以在日落之後幾個小時裡，它依舊在太陽光可照到的範圍內。雖然它會隨著時間略微改變方位，但不會是突然的移動，可能會隨著進入地球的陰影而消失。你可以在線上追蹤這些最亮的人造衛星的位置，www.heavens-above.com 是其中一個很棒的網站。

太空旅行的危險

Q259 和地球相比，到達月球表面的輻射有多少？太空裝怎麼能抵擋輻射？太空裝可以用來保護太空人避免輻射嗎？

瑞思迪克（亞爾夏，厄凡）

在近地軌道接收到的輻射不太危險，相當於一天照射兩到三次的胸腔X光。這樣聽起來好像很高，但和我們一生中通常會接收到的輻射相比，這樣的量其實很低。在月球上的情況就不一樣了，那裡的輻射危險得多。事實上，在日焰發生時，任何在月球表面的太空人可能都會死掉。

太空裝的設計能保護他們免於受到一些輻射影響，但不能抵擋所有輻射。至於在知識轉移方面，其實和問題提到的剛好相反：我們是用在核能產業使用的技術來保護太空人，所以太空裝其實本來就是用來在地球上避免輻射的。目前我們在核能反應爐方面的經驗遠多於太空飛行，但也許未來會有改變，太空飛行也能為在地球上的應用提出建議。

可預見的未來

Q260 既然太空梭已經功成身退，未來搭載人類的太空旅行有些什麼樣的展望？

史蒂芬（愛丁堡）

目前我們靠的是俄國人還有他們的聯合號太空艙，不過中國、日本、印度在可預見的未來裡也許都會出現搭載人類的工具。由美國的商業太空載具開發公司「SpaceX」所設計的「龍」太空艙就是一個可能，而他們也有一些競爭對手。這些私人公司的產品可能可以和俄國的飛行器一起載運太空人到太空站。我們也應該記得，歐洲可能也會以目前運送貨物的ATV為基礎，開發載人的太空艙，不過這還需要一段時日。

NASA正在開發多功能乘員載運工具，用來搭載太空人到各種地點：繞地軌道、附近的小行星、需要修繕的衛星，或甚至是火星。搭載乘員的飛行器要用新的火箭發射，但它的第一次定期飛行最快也要再十年左右。

Q 261 所謂的「太空觀光」未來是否可能不限於超級有錢人，而是一般大眾都能參加？

賀摩斯（德比夏，斯沃得林科特）

我（諾斯）認為沒有理由不會。畢竟太空觀光對我來說，就像是維多利亞時代的人心目中搭乘飛機旅行那樣。雖然目前太空飛行的費用非常高，但是搭乘飛機旅行剛開始時也是同樣地昂貴。關鍵的發展會在於，使用低高度的太空飛行從一處前往另外一處，到什麼時候才會變得經濟又可負擔——至少在燃料消耗殆盡之前。

Q 262 當美國決定要打敗蘇聯，搶先登陸月球時，他們放棄了優雅的 X-15 太空飛機計畫，而採用比較方便的農神五號巨型火箭發射系統。為什麼現在的太空計畫在搭載人類的太空飛行方面，不採取同樣的態度？

羅伯茲（諾森伯蘭，克蘭林頓）

現在有很多這方面的計畫正在籌備，在英國也有一項計畫，稱為「史凱龍」，不過它們都還在相對初期的階段。比方說史凱龍計畫目前就只是專注於怎麼證明這個概念是正確的。太空飛機最明顯的一個好處就是可以重複使用，而以太空梭來說，這點就從來沒有完全達成過。接下來的重要步驟，是開發出一種能像在空中的噴射引擎那樣運作，實際上卻是在太空裡運作的火箭引擎。兩者都是使用氫和氧的化合物做為燃料，但是在比較低的大氣層，可以直接從空氣中抽取氧，在太空中則做不到這一點。主要的挑戰是開發出在低速和高速都能運作的引擎，而且還要讓一切都維持在相當的冷卻程度。像史凱龍這種太空飛機可能至少還要十年才會出現（除非軍方突然揭露他們一直都在祕密進行的神奇新設計！），目前為止，我們還是只能用舊式的火箭。

Q 263

我還記得人類進行太空任務以及第一次登陸月球時，全世界的那種興奮感，那時候是一九六〇年代，我還只是個小孩。而當時就有人預測在世紀末時，我們就可以登陸火星了，甚至還會有人類登陸木星的任務。可是在可預見的未來裡，人類似乎不太會脫離繞地軌道進行探索，對此你是否感到失望？我絕對是失望透了！

瓊斯（利物浦）

我（摩爾）的確覺得失望，但我想我應該早就料到了。因為讓世界各國的首領一團和氣，齊心合力，是我們至今從未達成過的事。而除非我們做到這一點，否則是不會有任何進展的，而且這也不會是我們應得的進展。就像我一再重複說過的，主要的問題在於輻射。我們總是得找到辦法處理這個問題，才能出發前往火星。

Q 264 現在有沒有任何搭載人類前往外太陽系的計畫？

弗勞爾（赤夏，斯托克波特）

現在就開始想外太陽系有點太早了。我們必須先確定我們可以安全地前往月球還有火星。要進行這麼長途的旅行，也有滿多的物流挑戰必須克服，其中還不小的一個問題，就是要能帶足夠的糧食！

Q 265 既然前往行星的機械任務非常成功，從阿波羅任務至今的電腦計算能力也有長足的進步，那麼除了在近地軌道上進行的生物實驗之外，搭載人類的太空飛行是不是到此為止了？

亞利山大（愛爾蘭，多尼哥郡）、唐那利（漢普夏，南安普敦）、史考特（得文，普利茅斯）

我會說：不是的。你要怎麼說都行，不過還是有些事是人類能做，機械就是做不到的。有些事就是只有智慧、面對事件有靈活反應的人才能做到，目前的機械人和人類大腦的思考能力還是有很大的差距。我很難想像人類的使命不是探索太陽系，而且在冰冷、艱困的太空真空裡舒服地工作。我最後會希望搭載人類的太空探索成為一種常態，就像我們現在去近地軌道，或者像冬天在南極洲做實驗一樣。

Q266 你覺得英國人應該要更積極參與人類進行的太空探索嗎？

史萊特爾（瓦立克郡，克萊爾頓）

英國在人類進行的太空探索方面的參與程度是相對較低的，那是因為我們的研究主要是針對非人類進行的機械型任務。搭載人類的太空任務有其目的，通常是因為人類的彈性以及適應性會主導任務的成功與否。比方說，大部分在國際太空站進行的研究都是由人類處理的實驗。

但是搭載人類的任務，是激勵人們學習科學的強烈誘因。有很多人都因為看見人類在月球漫步受到啟發，這件事對於物理學和天文學的影響，恐怕大到難以估計。儘管過去五十年裡，很多主要的科學發現都是由非人類進行的任務所帶來的，但在太空梭時代，還身為小孩的我（諾斯），成長過程裡都知道太空飛行就算不是定期，也是常態。

這些非搭載人類的衛星並不怎麼受到太空望遠鏡的歡迎，它們很多都和電信與地球觀測有關。歐洲環境衛星就是一例，這是一個觀測地球的衛星，一直在監測我們的行星表面，在全球各地發生天然災害後提供關鍵資訊。英國有一些公司在生產衛星方面，是世界知名的領導者；此外，英國在世界上，天文學與太空科學的領域，也扮演了舉足輕重的角色。舉例來說，英國主導了赫歇爾太空望遠鏡上的光譜和光度影像接收機（SPIRE）的設計、建造與操作，也領導了接任哈柏太空望遠鏡的韋伯太空望遠鏡的中紅外線譜儀（MIRI）。英國目前在微型衛星的領域，正在發展許多專業技術，這是可正常作用的小型衛星，建造與發射的成本會相對便宜。等我們不需要現在的大型衛星時，這些微型衛星的效率會高很多，而且很多產業可能都會朝這個方向發展。

自從「黑箭計畫」在一九七〇年代取消後，英國一直都沒有其他的火箭計畫，所以要發射這些衛星，就要用國外的發射系統。通常是使用歐洲太空總署的亞莉安火箭，不過未來有可能，也有些人說是「極有」可能，我們主要會使用民間設計與建造的火箭，把衛星和儀器發射到太空中。

我的看法是，搭載人類的任務需要為支援上面的乘員所花費的額外費用與精力找到正當的理由。世界各地有很多這方面的專業知識，主要來自美國和俄國，但最近像是中國等其他國家也有。建立我們自己在這個領域的專業知識所需要的成本非常高昂，我認為我們最好守著自己已經很在行的東西，也就是非載人的任務。

不過我們也不是不能參加未來的載人任務。舉例來說，大家針對未來運送人類到火星的任務已經有很多的期待。我的看法是（當然歐洲和美國的太空總署都沒問過我啦！），這種任務是需要為搭載人類的可行性進行評估和證明的。就算不是光鮮亮麗地站在紅地毯上，英國當然還是可以利用我們在行星科學方面的專業知識，在任務中占有一席之地。

月球基地

Q 267 到底要怎麼樣才能讓美國、歐洲、俄國一起合作，在接下來的三十年裡，在月球建立一個像南極那樣有人類的科學基地呢？

瑞思維爾（諾威治）

那將需要所有的國家都選出理智的領導人，為全人類謀福利，而不是只求一己之私。可惜這一點可能還是遙不可及的，在我現在寫下這些的時候，還絲毫看不到任何實現的跡象。除非我們可以學著一起合作，否則我們是不會有多大的進步的——解決的方法就在我們的手中。（我（摩爾）個人會想把現在所有的世界領袖都放到一艘太空船上，讓他們進行前往南門二的單程旅行！）

當然有很多其他國家都對太空研究表現出興趣，中國、印度、日本只是其中三個。如果再出現一次的太空競賽，我想西方與中國會成為競爭對手。不過我希望不要有再一次的太空競賽，因為那樣又會讓真正的團結合作延後許多年才會實現。

Q268 我們知道月球是一個多變又迷人的地方。如果突然又有下一次登陸月球的任務，你覺得哪裡是最棒的任務地點？為什麼？

沃金森（藍開夏，洛支旦）

我（摩爾）確定在第十七次登陸月球之後，取消這個任務是正確的決定。如果我們真的繼續了，那麼我們會了解月球更多不同的領域，但可能不會得到什麼基礎的知識；而早晚都會有什麼東西出錯，造成悲劇性的後果。如果我現在要選擇下次任務的地點，我絕對會去愛里斯塔克坑，那是整個月球最亮的坑洞，表面很不尋常，曾經發現過多次的月球暫現現象（ＴＬＰ）。所以我的選擇是愛里斯塔克坑。其他人可能會有不同的想法。

我（諾斯）會去月球的南極，因為那裡有一些幾乎永遠都受到太陽照射的山峰。最接近南極的坑洞叫做夏克頓隕石坑，是以地球著名的南極探險家命名的。這裡會是為太陽能板提供能源的最佳地點，而且要前往地球看不見的月球部分也相對容易。也有人曾提出巡迴基地的構想。雖然這樣可以移動到各個地點，更仔細地研究月球，不過月球任務的主要目標應該還是要證明我們可以在另外一個天體上建立基地。就這一點來說，我認為靜態的基地比較合適。

Q 269 等我們在月球有基地以後，我們會最先進行什麼樣的實驗？

威斯特（凱尼爾沃斯）

我（摩爾）覺得是醫學研究，還有建造一個物理實驗室與天文台。一間月球醫院現在聽起來可能很遙不可及，但是很快就可以變成事實。有很多的醫學研究可以在月球上進行，但不能在地球上進行。

我們可能還會進一步研究在月球的土壤種植植物的可能性。另外一件聽起來也很遙不可及的，是我們也許會開發出可以在那裡成長茁壯的物種。當然，那裡會有很多年沒有豐盛的作物，所以月球居民可能必須要靠地衣、苔蘚，還有蒲公英過活。

Q 270 透過國際合作，進一步登陸月球是應該的嗎？或者我們應該直接把眼光放在火星？

迪恩（魯特蘭，奧康）

我（摩爾）認為我們必須先征服月球。我相信第一次到火星的旅程，根本不會是到達火星本身，而是到達它的小衛星火衛二，並且在那裡發展一個國際基地。美國政府已經提議前往一個近地小行星。這與登陸月球或火星的挑戰截然不同，會讓我們證明人類可以遠離行星或衛星的重力，在太空深處生活與工作。如果我們要把太空船送到距離地球很遙遠的地方，那麼這樣的經驗就至關重大。

Q271 月球上會不會有一天出現自動化工業，建構科技、發電，以及開採風化層？

馬提卡夫（蘇佛克）

我（摩爾）覺得沒什麼不可能的，也沒有理由不要這麼做。有些人認為這樣會破壞月球的純樸表面，但月球上也從來沒有任何生命對此提出抱怨。自動化工業在地球上已經發展得很好，月球正是一個理想的部署環境。人類前往宇宙的任務，應該要轉變成那些需要有智慧的、具適應能力的操作者的活動，那些一成不變的工作就留給機械人吧。

居住在火星

Q272 人類會在我們的有生之年登陸火星嗎？

帕克（艾色克斯）、豪威斯（威爾特郡，徹希爾）、阿瑞茲（倫敦，京斯頓）、艾瑞（肯特，邦威）

如果我們解決了輻射問題，那麼答案就是肯定的；如果沒有，那就不會。我們已經有把太空船送到火星的技術，也正在開發把太空船帶回來的能力，但我們在如何處理太陽輻射方面，還是一籌莫展。但這對火星探索隊而言，卻是一個致命的問題。

Q273 如果要把人類送到火星出任務，所需要的後勤支援有哪些？而包括來回旅程，及在火星上停留時間，會需要多久的時間？

安德森（漢普夏，南海）

我（摩爾）覺得我們會在登陸火星之前，先在火衛二上建立一個基地。要登陸火衛二會簡單得多——其實會比較像是泊接而不是登陸。從火衛二到火星就很簡單了，以來回的旅程來看，大約是幾年的時間。前往火星大約需要六個月，回來也差不多，可能每兩年就有一次機會。所以花六個月到達火星，在表面待一年，接著花六個月回來。

當然囉，離開火星比離開月球還要難，因為火星的重力比較強，也就需要更多的燃料。取得燃料最簡單的方式就是從火星本身取得關鍵成分，也許可以從在次表面結冰的水取得。當然，探索隊也一定需要吃東西，所以在火星上製造糧食和飲水也是關鍵需求。在國際太空站的水已經是回收使用的，不過生產糧食就困難許多了。火星的土壤其實也有養分，不過要培育出堅強到可以在那裡生存的植物，會是一大挑戰。

Q274 以需要花費的時間，以及太空人會暴露在輻射中的情況來說，前往火星的任務真的是可行的嗎？

布朗（肯特，惠斯塔布）

目前我們還沒有具備前往火星所需要的所有科技，不過我們已經在開發當中的很多科技了。比方說，我們知道我們已經可以讓探測船登陸火星，並且正在開發把探測船送回來的技術，所以來回旅程其實是科技工程而不是基礎科學。另外還有一些技術，包括在火星上生產燃料，我們知道做到這一點所必須的程序，但我們還無法在夠大的規模證明這樣確實能成功。發展這些技術需要時間，而很有可能在我們嘗試把人送上火星之前，就已經有很多次的非載人探測船登陸火星後成功返回。

Q 275 你支持送自願者到火星進行單程任務嗎？

康奈利（曼徹斯特）

很少有人願意為科學犧牲自己的生命，就算有，也不會是眾所周知的例子。目前還不清楚這樣的冒險是不是真的能讓我們獲益良多，我認為大眾對此的抗議聲浪一定會非常激烈。此外，自願者的人數也可能寥寥可數，我們兩個就絕對不會去！

要在火星建立一個永久的殖民地還需要很久的努力，不過我（摩爾）相信，這件事在未來總有實現的一天。等到有這樣的設施出現，再把人送到火星去過生活，就絕對是可能的。我確定到那時候自願者一定會比較多。

Q 276 如果美國太空總署同意，你會願意用七百集的節目交換到火星的單程旅行嗎？

豪爾（威爾斯，巴里）

答案很簡單：不要，謝了！

Q 277

我出生於太空競賽與登陸月球之後，我覺得我們這個世代已經放棄了人類太空探索。在我有生之年，針對火星的探索會再度點燃新一波的太空競賽嗎？

索摩維爾（北愛爾蘭，科爾蘭）

我（摩爾）希望不要再有太空競賽，而是要有蓬勃的合作出現。如果有好的領導人，這就指日可待。事情很簡單，就是要選對領袖，讓他們的政策能持續，超過任期——而我們到目前為止總是做不到這一點，真的很奇怪！

Q 278

我聽說火星沒有磁場，所以無法保護大氣層免受太陽風侵襲。如果是這樣，我們怎麼在它抓不住大氣層的情況下，將火星地球化？

安斯華茲（曼徹斯特）

如果我們決定將火星地球化，就必須要補充這裡的大氣層，而這樣的技術是未來（非常久以後的未來）才有可能做得到。比較厚的大氣層可以抵禦更高能量的粒子，也許就足以保護探索隊或殖民開拓者。火星表面其實也有小型的磁場，應該是因為某些的岩石成分所造成的，只是和地球的磁場相較之下，它們都很弱，不過也許還是能稍微抵禦太陽輻射。

別的世界

Q 279 你覺得我們有沒有可能住在另外一個行星上？還有多久能做到這件事？

葛漢（倫敦，伊令）、海伍德（肯特，西庭伯恩）

我確定有一天這會實現，人類一定可以住在另外一個行星，甚至在那裡繁衍後代。在我們的太陽系裡，火星彷彿是唯一可能的地點，而第一次到那裡的人類任務再過幾十年就能實現。至於大規模的殖民，我想至少還要等一個世紀，不過也是有些質疑的聲音，認為這根本不會實現。問題只是在於能不能克服技術上的挑戰而已。

Q 280 有沒有簡單的方法能讓一顆行星地球化？還有多久才會出現行星工程？

吉柏斯（達勒姆）

行星地球化是工程學上的壯舉，我們現在根本還沾不上邊。這個產業的規模極為龐大，行星大氣層複雜得難以想像，而且需要在許多的因子中取得謹慎的平衡。行星地球化涉及如何在氧氣和二氧化碳中取得平衡，在地球上這是由植物所控制的，還有如何重現海洋吸收碳的功能等等。最大的一個問題，是要在另外一個行星上重新創造出地球的大氣層，但我們根本還不知道該怎麼做，我們也一定會遺漏某個關鍵點。地球上一些最大規模的物種滅絕，都被懷疑與氣候變遷有關，也許是因為火山爆發，或是海洋突然釋放甲烷所導致。畢竟我們如果把一顆行星地球化，讓上面住滿了人，結果卻讓那裡發生大滅絕事件，那我們就真的超蠢的。

目前來說，行星地球化還只能存在科幻作品中。不過我要提醒你，電視本身在幾百年前也只是科幻作品中的東西喔！

遙遠的未來

Q 281 如果可以去太陽系的任何地方，你們想去哪裡？為什麼？

艾希利（伯克夏，窩京罕）、哈福德（倫敦）、艾特伍德（伯明罕）

這又是一個我（摩爾）覺得很難回答的問題。有很多地方我都想去，前提是一定要有回程票。我想講了這麼多，我應該還是會回到火星這個選項。畢竟這裡和其他行星相比，和地球的差異比較沒那麼大；雖然沒有火星人或是小綠人，不過還是有可能在這裡發現很原始的生命形式。

我想我（諾斯）會想去土星最大的衛星，泰坦。這是太陽系裡另外一個我們知道有湖泊和河流的地方，不過它們的成分不是水，而是甲烷和乙烷這種碳氫化合物。那裡完全就是一個截然不同的世界，會有令人驚異的景色。當然囉，那裡的天空不會太清澈，因為大氣層太厚了，不過我希望在路上可以近看到土星，還有壯觀的土星環！

Q282 如果你們現在可以立刻去宇宙的任何地方而且活著回來，你們想要去哪裡？

庫姆伯（格洛斯特）

我（摩爾）覺得，如果我更了解宇宙，那這個問題才會比較好回答。我們必須記得，一旦我們離開了自己的小小太陽系，我們的知識就非常有限了。我當然想去一個生命比較不這麼難生存的地方，但我現在無法說出哪一個行星是這樣的。我想，諾斯，這比較像是你在行的了……

我（諾斯）會藉這個機會去看看一些大自然的奇景。我想離開了銀河系後，應該會有一個理想的地點，可以看到我們在宇宙中所在的這個區域，同時遠觀銀河和仙女座星系。這樣我就能從遠處看見銀河系，這是前所未見的景色，可以讓我對於宇宙的尺度有全新的視野，這是在地球上絕對無法得到的。我也想帶一架不錯的望遠鏡，這樣我就能從這麼遙遠的地方拍一張家鄉的照片——或至少拍到太陽。

Q283 你們覺得我們有沒有可能前往另外一個星系呢？

史樂特（瓦立克郡，克萊爾頓）、羅斯威爾（曼徹斯特）、羅梭得（艾色克斯）、佛斯特（倫敦，克萊普漢）、葛拉罕（索立，泰晤士的京斯頓）、菲力浦（坎特柏立）

我（摩爾）不會說這不可能，因為沒有什麼事是真的不可能的。不過我會說，如果我們採用目前可以想像的推進式方法，那就永遠做不到這件事。我們一定要有某種基本上的突破才行，而我不知道那會是什麼樣子。時間旅行、遠端傳送、扭曲旅行……這些目前都還在科幻作品的範圍，可是我們必須記住，電視在一個世紀以前也是科幻作品裡的東西。當然，其他比我們更先進的種族可能已經做到了這件事，而且掌握了星際旅行的祕密。這代表如果他們想要，他們也可以來拜訪我們，而飛碟和不明飛行物體也不是絕對不可能的。我只能說，我希望能看到其中一架降落。如果真的發生了，有個小綠人走出來，那我會說什麼呢？我會說：「晚安，你要喝茶還是咖啡？」

Q 284 電視影片是經過拆解、傳送，接著重新組合，讓我們能即時看見影像，那麼在未來，等到接收設備完成後，有沒有可能用同樣的過程傳送人體到遙遠的行星？

摩爾（里茲）

這就是遠端傳送，目前還是科幻作品的範圍。在電視裡，組成影像的粒子和原本的粒子已經是完全不一樣的東西，它們並非即時傳送的。電視的訊號是利用無線電波傳送，所以傳送速度是光速。在地球上，這樣的時間差是不重要的，可是如果要把影像用這種方式從地球送出去，就算是到最近的恆星也需要四年以上的時間。

記錄每一個原子在人體裡的狀態（位置與速度），傳送這個資訊，再讓所有原子回到原本的狀態，原則上好像是可行的。可是這樣會帶來物流上的挑戰，因為人體裡的粒子數量是以十億為單位計算的，而且這個過程裡，還有一個很根本的問題，叫做「海森堡測不準原理」。這個原理說明，我們不可能完全精準地知道任何東西的位置與速度；換句話說，記錄下人體裡所有原子的確實狀態是不可能的，因此要在另一端夠精準地重現這些狀態也是不可能的。

太空任務

太空航行

Q285 我們現在還和多少太空船保持聯繫？我們怎麼知道它們的位置和旅程？

克比（倫敦）

在太空時代發展六十多年後，已經有很多衛星和太空船，為了各種不同目的發射出去。在數千次的發射當中，大部分太空船都不會離開地球的軌道，它們主要是有軍事用途或用於環境監測的地球觀測衛星，也有些是通訊衛星。數量之所以會這麼多，是因為世界上有五十多個國家都在製作衛星。而在發射出去的衛星當中，除了軌道太高的那些以外，大約一半都會在軌道衰減後，在地球的大氣層裡燃燒殆盡。

少數繞地球公轉的衛星是以研究為目的，最出名的兩個應該是國際太空站和哈柏太空望遠鏡。在這些研究型的衛星中，有一些是專門進行天文學研究的，另外大約有四十座可運作的軌道天文台，分別使用不同的波長；另外還有將近五十座還在軌道的天文台已經不再運作，但都受到地面雷達與望遠鏡的追蹤。

再遠一點有超過二十個運作中的探測船，分散在我們的太陽系裡，有的繞著其他行星或月球公轉或停留在表面，有的會在太陽系中前進。至於在太空中某處遊蕩，但已經無法運作的人造太空船，數量大約是這個數字的三倍。通常我們不會主動追蹤這些太空船，不過透過預測它們的公轉軌道與飛行軌道，大約還是能準確預測它們的位置。

在目前仍運作中的衛星裡，最遙遠的是「航海家一號」，現在和地球的距離是驚人的一百七十億公里。所以我們怎麼追蹤這麼遙遠的物體？

多虧了由世界各地的碟形天線組成的「深太空網路」。在世界上三個彼此距離差不多的地點（加州、西班牙、澳洲）有三個機構，可以提供和整個太陽系裡的太空船二十四小時的通訊。這個網路包含了世界上最大的幾個電波望遠鏡，最大的直徑約七十公尺，可以非常準確地測量太空船的位置與速度。不過當然還是得先精確知道它們的位置，因為這些大型電波望遠鏡一次只能觀測天空裡的一小部分，手動搜尋則需要很多的時間。此外太空船也必須要能正常運作，因為它們要一直朝著地球的方向發射無線電波，否則我們會很容易「失去」太空船的蹤影——一九九三年的「火星觀察者號」就是這樣不見的！

一旦電波碟形天線鎖定太空船的位置，就能用傳輸訊號的「都卜勒偏移」計算出它的速度，而太空船的方向是朝向地球或是遠離地球，都會稍微改變無線電波的確實頻率。在太空時代剛開始的時候，大約是阿波羅號的時代，這是需要靠望遠鏡操作員勤勞地手動調整的過程，不過現在已經有自動化的電腦處理器，讓這個過程更快、更有效率。

在望遠鏡針對傳輸訊號調整好之後，就可以開始通訊了。以大部分的任務來說，通常是要把資料送回地球，讓太空船將訊號回頭對準我們。太空船上的天線比地球上的樸素得多，傳輸速率也出乎意料地慢。比方說，如果用航海家太空船傳送資訊回地球的正常速率，在地球上傳一封簡訊，大約需要十秒鐘的時間才會完成。而且通訊不一定都是單向的，有時候任務操作員必須在同一段期間把新的指示送出去。操作員幾乎不會「即時」和他們的任務對話，而是會預先排好所有指示的傳送順序。

Q286 可以請你們解釋讓太空船可以神奇地和行星、彗星……等天體會合的太空航行基本原理嗎？

比頓（牛津郡，泰晤士的亨利）

移動一架太空船和在地面或空氣中移動一架交通工具很不一樣，主要的理由有兩個：首先，太空中沒有空氣的阻力，所以如果你要用火箭或是推進器推動一個東西，你必須從反方向施加另外的推力，否則它永遠不會慢下來。這就是為什麼有些探測船會從行星或小行星旁呼嘯而過，而不會停下來。唯一讓它們能慢到足以進入公轉軌道的方法，就是讓它帶著大量的燃料。

再來，**一切**都在移動，所以所有的速度都必須相對於其他東西才能測量。我們習慣用每小時幾英里來表達汽車或飛機的速度，而這通常是相對於地面的移動速度。在地球上這當然非常合理，畢竟地面不會往任何地方移動！可是在太空中，這就很不一樣了。因為地球會移動，地球繞太陽公轉的速度是每秒移動三十公里，每小時就接近驚人的十萬零八千公里！

可是如果我們想把一艘探測船送到火星上，那這個速度就很有用了。因為我們要移動得更快，才能克服太陽的重力，讓我們脫離地球，到達火星公轉軌道的距離，大約是比地球和太陽的距離再遠七千五百萬公里。只要一點計算，加上對重力法則的了解，你就會知道這樣需要多少的燃料，接著就可以去打造一枚夠大的火箭了。事實上，我們需要的等式就是牛頓在一六八七年算出來的那些。

不過那只是一部分的問題而已，因為當你的探測船要飛出去，進入火星的公轉軌道時，你還需要確認火星依舊在原來的位置，不然這趟旅程就沒什麼意義了。這其實只是時機的問題，也是為什麼前往火星的任務大約每兩年才有一次：因為這是地球和火星在各自的軌道中，達到最佳相對位置的時間。

不過就算探測船好幾個月後真的到了軌道裡，這個可靠的探測船相對於火星飛得還是太快，如果我們不加以控制，它就會直接飛過火星旁邊然後離開。它的速度必須降低得夠多，才能夠進入火星的軌道，這又需要更多燃料了——不過有些探測船飛過火星稀薄大氣層的最外層時，會得到一些幫助，利用這樣的摩擦力減速。至於和小行星或彗星這種比較小的天體相遇時，太空船正常而言都會直接飛過去。不過日本的隼鳥號探測船是一個例外，它在系川小行星上著陸，取樣後回到地球（不過這趟回來的旅程上意外頻傳，這艘探測船可說是厄運不斷）。

那如果你還想去更遠的地方呢？嗯，用正常的火箭就只能到這麼遠的地方了，而且我們做不了那麼大的火箭，所以不能把太空船送出我們的太陽系。不過，幾乎所有的太空船都會使用重力彈弓技術增加速度。只要以正確的方式飛過行星或衛星，太空船就能加速或減速。這是航海家太空船在一九七〇與八〇年代廣泛使用的技術，使得航海家二號在十二年的行星任務中，飛過了木星、土星、天王星，以及海王星。用來計算這些的公式，可能在四百多年前就已經出現了，不過一旦要處理的是會移動的行星，以及會隨著消耗燃料而改變質量的太空船時，計算過程就變得非常複雜。電腦運算的進步帶來了很大的幫助，讓科學家可以進行詳細的模擬，考慮所有可能發生的事件。然而有時候還是可能因為人為失誤，或是設備失靈，造成遺憾的錯誤。一九九九年，火星氣象衛星就因為在計算時，發生把公制和英制單位弄混了這種難堪的錯誤，以錯誤的軌道被送出去，於是深陷在火星大氣層裡，最後以全毀收場。最近日本的黎明號金星探測船在進入軌道時也失敗了，因為它的火箭出了問題。不過拂曉號的任務也不是全然失敗，因為等到它在二〇一六年再度經過金星時，還會有一次進入軌道的機會。

Q 287 在地球上要讓大眾交通工具準時都很困難了，科學家到底是怎麼做的，居然能讓進入太陽系的太空船，可以準時抵達另外一個世界，並且著陸？

達林（漢普夏，朴次茅斯）

幾乎太空船任務的所有面向，都已經事先經過鉅細靡遺的規畫。發射的時間會經過仔細計算，確保這趟旅程儘量不會拐彎抹角，推進器的點燃時機也都是事先規畫好的。太空船的位置與速度，在每次演練後都經過謹慎的檢查，如果必要的話，也會進行後續的演練。

不過事情不一定總會如同計畫般進行。最常見的罪魁禍首是設備失靈，通常和推進器或是可動機件有關，所以太空船的設計都會儘量簡單化，一般都使用可靠的零件，比方說會使用炸藥螺栓而不是電動機等。這類零件比較不會在發射時，因為探測船經歷強烈震動而發生的可能狀況中損壞。

但是太空飛行還是一件很複雜的事，而且在各種任務當中，其實有合理的數量比例是不成功的。早期通常是因為火箭的問題：可能是火箭在發射時爆炸了，或是無法把探測船送到軌道。現在這種情況比較少，不過還是有些零星的意外。一九九六年，第一枚亞莉安五號火箭就因為軟體錯誤，發射後不到一分鐘就自爆了。在二〇〇九年和二〇一一年，連續兩枚金牛座火箭，因為保護酬載的整流片沒有脫離，使得火箭重量過重，發射失敗。當然，最嚴重的發射意外發生在一九八六年一月二十八日，挑戰者號太空梭在發射後不到兩分鐘內解體，造成七名乘員全數死亡的重大悲劇。

到其他行星的任務通常也比大家想像得失敗。從一九六〇年代開始的三十八次火星任務當中，只有一半是成功的。主要的失誤發生在一九六〇與七〇年代，大部分都是蘇聯的案例，不過美國太空總署在一九〇年代也有一連串的厄運纏身，六次的火星任務就失敗了三次。

雖然任務失敗是悲劇，不過我們也必須記得，還有非常非常多成功的任務，它們的表現都比原先設計的參數還要好很多。航海家太空船在太空中待了四十年都還身強體壯，火星遨遊車「精神號」和「機會號」進行任務的時間，都比它們原本的九十天還要長。精神號運作了六年，才因為受困在沙地上而失靈；機會號則在火星這顆紅色行星的地表，旅行了三十多公里的距離。卡西尼號至今都還在持續發現許多土星與其眾多衛星上的壯麗奇景及美好的意外驚奇。例如泰坦的甲烷湖與木衛二的噴泉。針對土星這個行星系的探索，需要非常多的人為操縱，不過只要任務操作員能想辦法利用來自土星眾多衛星的重力彈弓，調整卡西尼號的路線，就能節省很多珍貴的燃料，留到真正需要時再使用。

在五十多年的太空時代後，人類把探測船送到太陽系各處的能力有增無減，也有愈來愈多讓我們引以為傲的任務誕生。

Q288 太空中可能有些無法觀測到的岩石以及其他碎片，可能會隨機闖入太空船既定的路徑裡。太空船怎麼能避免和它們相撞呢？

札拿德里（倫敦）

太空不是全然空曠的，我們的太陽系裡面有數十億小小的微塵粒子，還有比較大的岩石、小行星和行星。不過太空也真的很大，所以發生撞擊的機率非常低。問題在於，當這種情況真的發生時，物體的高速移動會使得撞擊造成的損害相當大。我們對撞擊是做不了什麼的，因為大部分的粒子都太小太小了，幾乎看不到，更別說追蹤它們。至於在前往目的地的路徑上失蹤的太空船，很有可能就是因為被太空裡的碎片撞上，不過我們也不可能確定。

為了避免這種撞擊發生，大部分的太空船前方表面都有防護層，而且上面都會有因為許多細小微型隕石的撞擊而坑坑疤疤的。不過最大的問題並不是來自微塵或岩石的粒子，而是來自宇宙射線。宇宙射線是非常高能量的粒子，通常是質子和電子，移動的速度接近光速，會造成電路的大災難。因為它們的能量太強，只要撞上一個電腦記憶體，就會改變裡面所儲存的東西。電腦通常會設計成避免這種狀況，不過這有時候會使得太空船進入「安全模式」。

不過這些東西有時候確實會造成嚴重的問題，我們也懷疑赫歇爾太空望遠鏡上的儀器會在二〇〇九年底失靈，就是宇宙射線搞的鬼。這次的失靈造成一個關鍵設備完全損壞，無法修復，還好有備用系統才救了這架望遠鏡。在這次事件後，為了確保同樣的問題不會再次發生，望遠鏡就做了軟體更新。還好這種問題非常少見。

Q289 我知道移動路線會撞上地球的小行星非常危險，我也很高興人類現在已經在研究這些小行星了。可是太空垃圾呢？我覺得那應該是由很多個別不會造成損害的小碎片組成，可要是它們變成一大塊呢？它們對於太空船或是地球是否會造成危險？有沒有收集這些碎片的方法？

愛倫（蘇佛克，伊普斯威治）、茱布（德比夏，格羅索普）

太空垃圾對於在軌道裡的太空船來說是一個嚴重的問題，而且太空中的這些垃圾有上百萬。大部分都很小，有時候只是沒有使用到的燃料，或是塗料碎片的結凍粒子。這些小東西通常不會穿透太空船，不過還是會造成一些損壞。大部分的太空船都有某種形式的防護罩，保護它們的關鍵元件，特別是那些可能有人在裡面的太空船更是如此。任何從軌道回到地球的物體，比方說太空梭，表面都會接受檢查，藉此收集關於這些微小碎片的資訊。有時候這些微小的衝擊會造成太空梭窗戶表面的傷痕，但不會對於太空船本身的完整或是乘員的安全造成威脅。

二〇〇六年，太空梭亞特蘭提斯號的載荷艙其中一面的門上，曾經發現一個小洞，直徑不到三毫米，但深度有一公分。如果造成這個小洞的物體撞上了在太空漫步的太空人，就會造成嚴重的傷害。根據估計，如果進行六個小時的太空漫步，那麼太空人在這段時間裡被一小塊太空碎片撞上的機率，是三萬一千分之一。

雖然這些碎片都很小，但它們撞到東西的衝擊力卻很強，因為地球軌道裡的物體基本上都以每小時兩萬七千公里的速度前進。這樣的撞擊通常不會是迎面而來，但是平均的相撞速度大概還是會達到每小時三萬六千公里。

只要是比一粒彈珠還大的東西，從地面用雷達或是光學追蹤望遠鏡就能看得到。儘管這些東西不能總是被追蹤到，它們還是對太空船有相當的威脅，而且已經大到無法靠結構擋板來防禦。舉例來說，一個直徑一公分的鋁製球體，大約是標準彈珠的大小，造成的撞擊能量相當於一顆以時速兩千六百公里的速度前進的板球（大約一百五十五公克），或者是一輛時速九十六公里的小車。

如果是比板球更大的物體，就會受到我們主動的監測與追蹤，衛星（至少那些有推進器的衛星）通常會在可能撞擊發生之前就改變方向。另外太空中還有更大的東西，可能是火箭節，也可能是廢棄的衛星。一九九六年，一枚法國通訊衛星就被多年前爆炸的一枚火箭的碎片撞上。這塊碎片大約公事包大小，撞擊力把一根長條管部分撕裂。十年後，中國引發了一次爭議，因為他們刻意破壞了一枚衛星，造成太空中多出了幾千個碎片。二〇〇九年也發生過一起無法避免的意外：一枚已經無法運作的俄國衛星撞上了美國的銥衛星，使得太空裡的碎片總數又增加了。

大部分碎片的公轉能力都會衰退，在幾天或幾年後墜落，在大氣層中燒毀。事實上，有些物體是我們故意要讓它在地球大氣層中燒毀的，不過為了以防萬一，它們掉落的地點也都對準了海洋，避免人口稠密的地方。儘管很少有碎片可以回到地面上，不過還是有例外。第一個美國太空站「太空實驗室」在一九七九年回到了地球大氣層，而它部分碎片就墜落在澳洲西部。目前為止重回地球的人造物體當中，最大的是一百三十五噸重的俄國和平號太空站——它服務了驚人的十五年後，在二〇〇一年有計畫地掉落在太平洋。

隨著太空愈來愈擁擠，大家也開始努力要減少太空垃圾。已經在上面的我們比較無能為力，不過任務控制員現在都在盡力減少未來任務會創造出的殘骸。針對這一點，已經有不少的提案，不過以目前的技術來說，都不是很可行。

Q 290

火星公轉到最近點時，可以接收到地球在三分鐘前傳出的電子訊號。所以送到火星車上的命令訊號是三分鐘以後才到達，結果也是三分鐘後才看得到。但是在此同時，火星車可能已經出了意外，卻沒有人曉得。科學家怎麼處理這個即時性的問題？

克萊恩（諾福克，諾威治）

火星和太陽的距離略大於地球和太陽的距離，它所在的軌道大約離太陽兩億兩千五百萬公里，地球則距離太陽一億五千萬公里。雖然這在天文規模上算是小小的差距，但還是值得注意，就算電波傳輸是以光速前進——超快的每秒三十萬公里——也不能忽視這個差異。當火星在天空裡轉到太陽的正對面時（天文學家稱為「衝」），就是它與地球最靠近的位置，和地球相距約七千五百萬公里。但就算是這個時候，光都還要三分鐘才能通過這段距離。而當火星在距離地球最遠的位置時，就是在太陽的另外一邊，光就需要十五分鐘左右才能通過這段距離。

所以克萊恩說的沒有錯：從地球送出去的訊號至少要三分鐘才會到火星，也至少要三分鐘才會回來。那麼精神號和機會號是怎麼避免撞上東西的？這個嘛，首先就像大部分的太空任務一樣，這些探測車不是「即時」駕駛，也就是說，並沒有人在拉操縱桿負責駕駛它們（雖然這樣一定很好玩）。所有的駕駛動作都是預先規畫好的。再來，這些車移動速度非常慢，六分鐘根本走不了多遠。當然，如果它們接近懸崖邊緣了，比方說機會號曾經開到了維多利亞隕石坑的邊緣，那麼這「走不了多遠」可能還是足以使它們摔下去，也因此駕駛者必須非常小心。

可是精神號和機會號也有自己的絕招。除了傳送出「往前兩公尺」、「檢查那塊岩石」之類的指示之外，任務操作員也會傳送軟體更新。這兩輛火星車都有自動化軟體，可以在前進的時候利用「避險相機」監控周圍環境，如果看到可能的問題，就會停車不動。可惜這樣還是沒能阻止精神號卡在一個看不出來的沙坑裡，最後失去功能；不過機會號現在還是很強健。它前進的速度與距離已經超越之前，現在達到驚人的十二公里，來到奮鬥撞擊坑的邊緣。

當然，還有飛到比火星還要遠的探測船。我們現在還能聯繫的最遠的探測船，是一九七七年發射的航海家一號，現在它已經飛到距離地球一百七十多億公里遠的地方。光要走十六個小時才能完成這樣的距離，因此訊號一次來回就要將近一天半的時間。還好我們不需要和它進行什麼重大的對話！

火箭與推進系統

Q291 要把阿波羅任務的隊員發射出去，需要一個巨大的火箭引擎；可是為什麼登月艇上那麼小的火箭，就可以把太空船抬起來呢？月球比較小，重力也比較小，但是這好像還不足以解釋兩者間的差距吧？

史東（多塞特，波恩茅斯）

史東說得沒有錯，月球比較小，所以表面的重力也比較低，大約是在地球表面的六分之一。但是重力不是唯一的差異。我們簡單比較一下這兩個案例：把阿波羅任務的太空人送離地球的農神五號火箭由三段組成，三段之間的推進力是讓登月艙離開月球的小型火箭推進力的五百倍左右。可是它們要抬起來的，也是非常不一樣的東西。農神五號的高度超過一百一十一公尺，發射的時候重量約三千噸，不過大部分的重量來自燃料與火箭段，在燃料用盡後重量就會減少。

事實上，農神五號的設計只需要把四十五噸的重量送往月球，其中約三分之二是指揮艙與推進艙，兩者都會停留在月球軌道上，只有一個十五噸重的登月艙會降落到月球上。而從月球起飛的時候，降落段會留在那裡，只有重約五噸的上升段會回到月球軌道。

質量上的差別才是火箭大小差這麼多的主要原因：一個是要讓三千噸的東西離開地球表面，另外

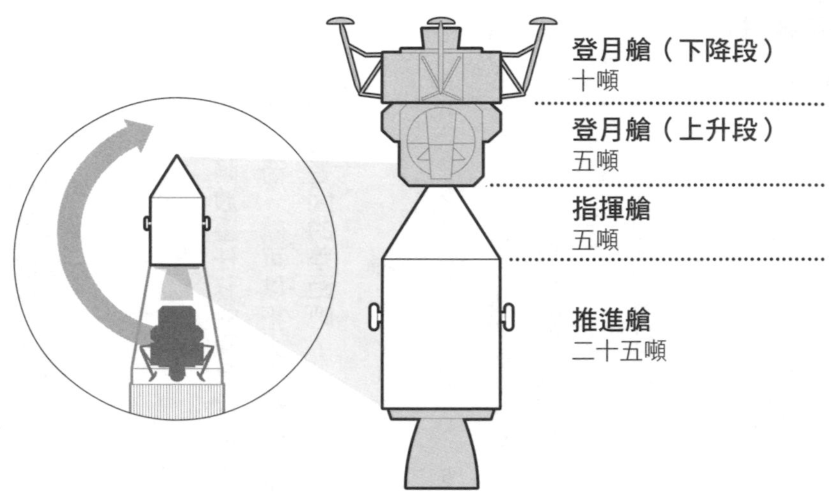

登陸月球的整個登月艙，藏在指揮艙和推進艙後面，重量只有十五噸，而要從月球升空的，只有五噸重的上升段。最後會回到地球只有五噸的指揮艙。

一個只要讓一個五噸的東西離開月球。原則上，不管我們要把多重的東西送到月球都可以，只要讓它加速得夠快，就能讓它脫離地球的軌道。但是質量愈大，就需要愈大的推進力。這就是為什麼農神五號火箭會直接建造在火箭段裡，而既然火箭箭體在燃料耗盡時就會掉落，火箭的質量就會逐漸減少，後面的箭體就不需要那麼強大的引擎了。

現在大部分的太空船和衛星都是發射到低軌道，距離地表只有幾百公里。只有相對數量很少的太空船和衛星會到同步軌道（距離地表約三萬六千公里）或者更高的地方，這時候才需要額外的火箭段。因此，農神五號還是史上最強大的發射工具。一九七三年，農神五號把美國太空站「太空實驗室」以及一個阿波羅形式的指揮與推進艙，總計約九十噸的重量發射到了軌道裡。偉大的農神五號完成了這項任務，而且沒有用到第三個火箭段，到現在還沒有任何火箭能與之匹敵。

Q292 一光年有多長？以目前太空船的速度，要多久才能飛越一光年？

大衛（斯羅普郡，奧斯威士垂）

光前進的速度很快，每秒約三十萬公里，相當於每十億分之一秒前進三十公分。愛因斯坦在二十世紀初了解到，這個速度就是宇宙的最高速度了，就我們所知，沒有比光更快的東西了。此外，因為光速（在真空中）是維持不變的，所以我們可以藉由光穿越空間的時間，測量出極大的天文距離。

三十萬公里雖然是很長的距離，以天文距離來說卻並不算太遠。事實上，這只不過是到月球距離的四分之三而已。所以傳送到阿波羅號太空人那裡的電波要一秒多鐘才會抵達，他們的回答也要一秒多鐘後才會回來。太陽在一億五千萬公里外，以光速來算大約是八分鐘，所以我們從地球看到的是八分鐘以前的太陽。我們可以把這段距離稱為八光分鐘。

舉例來說，冥王星大約在六光小時之外。所以如果你曾經在晚上從望遠鏡看過冥王星，那你要記得，你看到的是大約下午茶時間的它！不過就算是這樣，都還只是一光年裡的一點點而已。每秒鐘前進三十萬公里，經過一年之後，光跨越的距離大約是十兆公里，是從地球到太陽的距離的六萬倍，也是從太陽到最遙遠的行星，海王星距離的兩千倍。

但就算是這麼遙遠的距離，都還算在我們附近了。比鄰星是距離我們最近的恆星，大約在四光年

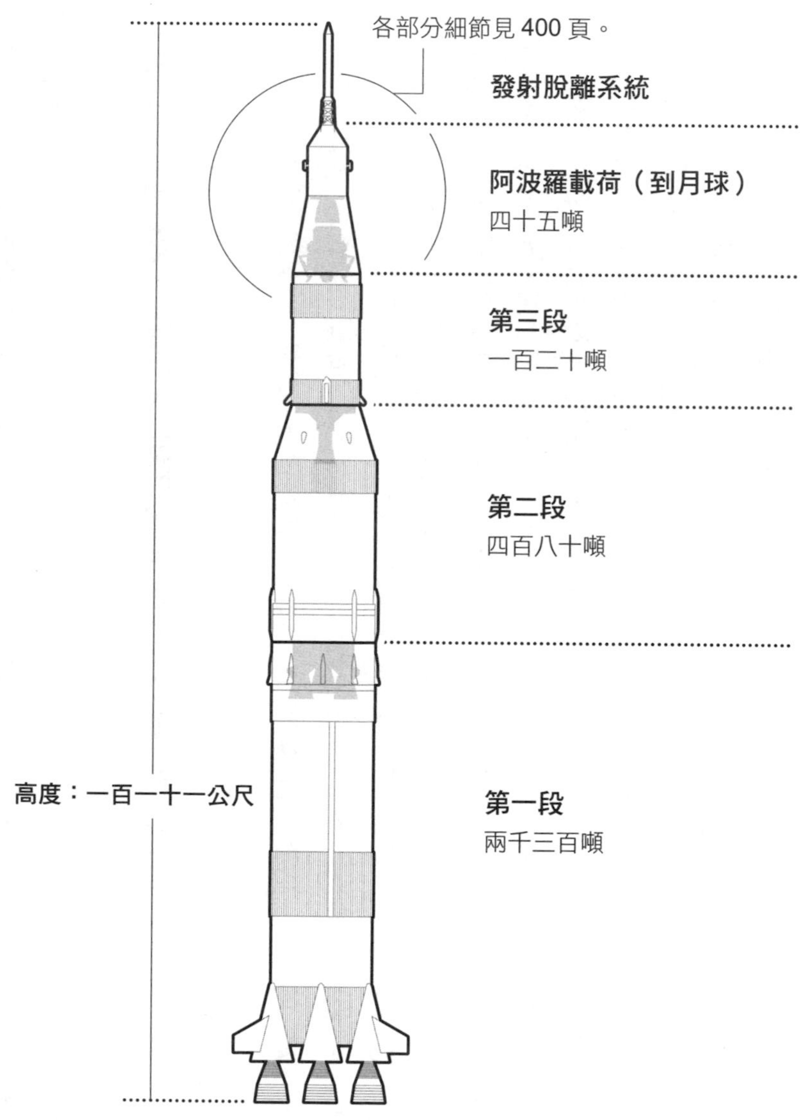

強大的農神五號是目前為止最厲害的火箭，重量達三千噸，高度有一百一十一公尺，是為了將只有四十五噸重的東西送到月球而設計的。

多之外。離開我們的太陽系最遙遠的人造物體，是航海家一號太空船。它利用土星和木星周圍的重力彈弓獲得前進的速度，現在距離我們十六光小時——還不到一光年的百分之五。雖然太陽的重力持續使得航海家一號的速度變慢，但它的速度其實是快到停不下來的。以目前每秒鐘十七公里的速度來看，航海家一號要一萬七千年才能前進一光年。靠現在的科技，星際旅行可是需要很有耐心的。

Q293

人類要到達我們的太陽系以外的地方，需要擁有超越現在的推進系統，你可以想得到有哪一種能量形式，可以推動未來搭載人類進行太空探索的工具嗎？愛因斯坦說，光速是無法超越的，但是他會不會是錯的？

史密斯（約克郡，克萊頓西）

我們現在用來發射太空船的火箭都是以化學反應為基礎，通常是氫和氧的化學反應。在一九六〇年代與七〇年代，農神五號火箭就是這樣把阿波羅任務的太空人送上月球的。火箭飛行的原則其實很簡單，基本上就是保存動量。一個物體的動量是它的質量乘以它的速率，在沒有外界力量干預的情況下，這個東西的整個動量一定是維持不變的。小小一部分的燃料點燃後，會把物質高速排出火箭末端。為了彌補排出的物質並且維持整體動量一致，火箭會加速往前（以火箭的例子來說，往前通常就是相對於地球的往上），但是因為與自末端排出的燃料相比，火箭實在是太巨大了，所以前進的速度很慢，因此需要耗費相當大量的燃料，才能讓火箭往上升，所以農神五號的高度有一百一十公尺，重量達三千噸，卻只是為了把四十五噸重的阿波羅太空船送上月球。如同前面所討論過的，農神五號的重量主要來自火箭，以及讓這個巨大物體脫離地表所需的燃料。

我們可以利用相同的原理，以不同的機制將燃料高速排出末端。大約在一九四〇與五〇年代，火箭剛開始發展的時候，美國科學家就考慮用核爆來取代化學反應。而因為在地面上發射可能會造成很多的核微粒（以環保與政治立場都是不可行的！），所以這似乎是能在太空中使用的一個選項。核能火箭儘管可能不會比現在的化學火箭提供更多的推進力，但它的燃料使用是比較有效率的，只需要相對少量的燃料就能達到相同的推進力。

這個所謂的「獵戶座計畫」一直都備受爭議，但最後因為國際禁止在太空中進行核爆測試而終止。就算沒有政治問題，這麼做還是會面臨幾項重大的技術挑戰。比方說，火箭必須要能夠承受後方的核彈爆炸威力，而且核爆發生的速率大約是每秒一次。有人提議可以在行星間或星際間的旅行中使用這種技術。理論上來說，這樣可以達到光速的十分之一左右，讓前往南門二的路程時間從幾千年縮短到幾十年。但是這種太空船構造，可能必須比我們現在能在太空中建立的還要大很多。甚至有人提議用反物質爆炸來取代核爆炸，不過反物質會消滅所有它們接觸到的一般物質，所以要創造並且儲存足夠分量的反物質，是遠超過我們現在的能力的。

目前太空船所使用的技術是離子引擎。這種引擎的運作原理一樣，會把少量的燃料以高速從末端排出，但是這裡使用的燃料是帶電的粒子，也就是離子。離子利用電場會加速到高速，所以不會有爆炸產生。儘管這樣產生的推進力很低，所以不適合用在火箭發射上，可是這種引擎本身的效率極高。這種推進系統對於長途旅程來說是很理想的，而且已經用在隼鳥號前往糸川小行星的任務上。此外，曙光號前往小行星灶神星與矮行星穀神星的任務也用了這個技術。雖然離子引擎提供曙光號持續但溫和的推進力，但它的力量並不足以發射火箭，所以在這方面我們還是需要原本的化學反應。

不過也有一些不需要把燃料帶上火箭的方法。舉例來說，太陽光帆就是利用太陽光撞到一個表面時，所產生的非常輕微的壓力，以藉此推動太空船。這個力驚人地小，而光帆則是把要用顯微鏡才能看得到的極薄物質，鋪在極大的區域上所形成的。日本的伊卡洛斯任務（IKAROS，「依靠太陽輻射加速的星際風箏」）就使用了一片厚度不到百分之一毫米，廣度大約二十公尺的光帆。這片光帆也被裝在太陽能板上，提供通訊器材與科學儀器所需要的電力，光帆的反射能力也可以調整，提供掌舵的功能。伊卡洛斯到了金星，成功地示範了這項科技；此外，美國太空總署較小的「奈米帆D」也在地球軌道進行了多項測試。日本太空總署JAXA的下一步計畫，是發射比較大的太陽光帆，結合離子引擎，前往木星。

這些技術都是以我們目前的科技能力為基礎，但是在科幻作品的世界裡，我們遠超過現在的能力所及。例如「超光速推進裝置」和曲速引擎等這類的推進方法，基本上都是以彎曲空間或是在另外一個維度旅行的概念為基礎。其他人則採取利用或是創造出一個蟲洞的概念，在太空中撕開一個裂口，連結遙遠光年之外的另外一個空間。雖然就數學上而言，蟲洞在某些情況裡是可能出現的，但是我們認為那並不穩定，而且我們當然沒有證據證明它們真的存在。更不幸的是，進入蟲洞的經驗可能就像進入黑洞一樣，而我們並不知道任何活著出來的方式。

所以那些關於超空間的天馬行空幻想就算了吧。我們比較可能發展出，或是發現到一種比離子引擎更有效率的推進技術，也或許是另一種比我們的化學火箭更強大的東西。如果一九六〇年代的美國物理學家巴薩德是對的，那麼我們也許能使用電場從星際空間中收集氫，為核融合引擎提供動力。那樣的推進力雖然很弱，但是經過一個世紀左右，太空船就能達到光速的合理比例，不過可能也永遠無法打破這個速限。星際旅行時間可能會減少到數個世紀，不過等到抵達目的地時，太空船上的太空人可能已經是原始成員的後代子孫了。我們不知道任何把東西加速到超過光速的方法。而這樣的限制也是愛因斯坦相對論的必要條件之一，目前還沒有任何證據說明相對論是錯的。所以看起來光速至少還有好一陣子，都還會是終極的速度限制。不過我（諾斯）對於後代子孫的成就不會有任何偏見。如果你是在一〇〇〇〇〇年讀到這個部分的人，我有點希望你是在一個伊甸園般的行星上，沐浴在兩個太陽的光輝中，一邊對當地居民說外星話，一邊躺在海邊看著這本書。不過我想，這應該只會在我的夢裡成真吧。

探索太陽

Q 294 有沒有可能把一個人送到金星上，不管金星地表巨大的壓力和熱，在那裡停留二十到三十分鐘，收集岩石樣本後離開？

馬提卡夫（蘇佛克）

第一艘降落在另外一個行星的探測船，是一九七〇年的蘇聯金星七號，它從金星傳了二十三分鐘的資料回來。其實蘇聯在金星任務方面有不少成就，一共有九艘蘇聯探測船曾經降落在金星表面，成功傳回資料。生存時間最長的紀錄保持者是金星十三號，傳送了超過兩小時的資料。

在金星停留最大的問題就像提問者馬提卡夫說的，是溫度和壓力。金星表面的溫度高達攝氏四百五十度（華氏八百四十度），而且地表壓力將近是地球的一百倍。在這些條件下，要讓人活著站在地表可能會是極大的挑戰。如果太空人只要收集岩石樣本就夠了，那我覺得根本不用派他們上去，只要派一台機械登陸艇就夠了。那樣比較便宜，過去也成功過，就算失敗後果也比較不嚴重！

目前還沒有成功過的，是把東西再送回地球。考量到回程火箭的合理尺寸，應該只能送回一個裝了岩石的小座艙。不過火箭和燃料也必須受到保護，以免受到溫度與壓力破壞。雖然火箭會產生高熱、爆炸性的反應，不過氫和氧的燃料正常來說是以液態方式儲存的，需要非常低的溫度。對於一個

金星地表：這張金星地表的照片是由蘇聯的金星十三號太空船拍攝。這艘太空船在極高的溫度與壓力下，只存活了兩個小時多一點而已。

地表溫度超過鉛的熔點（攝氏三百二十七度）的行星來說，這可不是個好兆頭。

Q295 你覺得木衛二是不是太陽系裡，最適合送機械人去探索的地方呢？畢竟這裡很有可能有外星生命居住吧？

史萊特爾（瓦立克郡，克萊爾頓）

我（諾斯）認為木衛二，這顆冰凍的木星衛星，具有重大的探索價值，不過我並不認為這是一件易事。目前我們認為，木衛二厚重的冰層下存在液態的海洋，所以如果木衛二上有生命，也應該會在出現在地表之下。這裡的冰層厚度目前還是未知，不過有些地方的厚度應該高達數百公里，所以非常難以穿透。

雪上加霜的是，木衛二的表面還布滿岩縫，所以可能會隨著時間有所改變。此外尋找降落地點也有各種困難，因為木衛二沒有大氣層幫助降落傘作用，所以太空船還需要一套非常成熟的降落系統。而且木星強烈的磁場會使得在這個星系裡的太空船受到極高的輻射線所害，大幅縮短它們的壽命。因此，儘管我很希望我們有一天可以去探索木衛二，這都不會是一件簡單的事，可能還要幾十年才會有顯著的進展。

Q 296 你覺得卡西尼探測船這樣的任務有沒有可能去天王星？你覺得我們可以期待它會發現什麼或者解釋什麼？

威歐克斯（牛津）

前往外行星的任務挑戰性都很高、非常昂貴，也需要多年——幾十年——的發展，才能開花結果。以前往土星的卡西尼任務為例，這個計畫一開始是在一九八〇年代所提出的，因為在一九八〇年代初期，航海家系列任務成功飛過土星，奠定了基礎；不過一直到了一九九七年，卡西尼任務才真正出發。這樣的任務都有它們預定要探索答案的一些問題，以土星來說，問題的數量可不少。任務小組想知道的一些特定問題，包括大氣雲層與其內部的關係，還有在行星的磁場環看到的變化。

土星也有龐大的衛星家族在旁邊增輝，大家特別注意的是泰坦，它是我們的太陽系裡最大的衛星之一，周圍有一層富含甲烷的大氣層繚繞。為了了解大小相當於一顆行星的這個衛星，卡西尼號上裝載了惠更斯登陸艇，它穿過了泰坦厚重的大氣層下降，拍攝到許多驚人的地表照片。

可是卡西尼號最了不起的一些成果，並不是直接為我們的問題提出答案。比方說，我們本來以為又小又結冰的土衛二這顆衛星，地表下可能有液態的海洋，可是出乎我們預期的，在土衛二接近南極的地方，發現一個會噴發出鹹水的岩石裂縫，這不只確認了次表面有海洋存在，還揭開了更多關於這種液體的成分細節。

相較之下，天王星又非常不一樣了。天王星有環系統，可是一點都不像土星環，天王星的衛星家族裡，也沒有泰坦或是土衛二這種有意思的例子。天王星本身很小，是一個冰態巨行星，不是氣態巨行星，它的外表有一層很厚的大氣層，覆蓋著相對大的固態核心，研究這片大氣層一定會能發現很有意思的結果。

但天王星最有意思的應該是它的過去。這顆行星可能在很久以前側面曾經經歷撞擊。當航海家二號在一九八六年到訪天王星時，天王星的北極是直接對著太陽的。二十年後，天王星大約運行了長軌道的四分之一，恰好剛通過它的分點。再過二十年，天王星的南極就會有永晝，北半球則是永夜。這種公轉所導致的季節變化，一定類似我們在地球兩極看到的例子，只是又更極端了許多。這樣的系統可能隱藏了造成天王星這種特殊方向原因的線索。

我們也認為天王星在太陽系的歷史當中，已經移動了非常大的距離，甚至可能還和最遙遠的海王星互換過位置。這種行星運動是電腦模擬的太陽系形成過程所預測出來的，據信在其他我們看到的行星系統中，是很常見的情況。研究天王星對於我們太陽系的歷史能提供很多重大的線索。除此之外，質量接近天王星和海王星的這類行星在銀河系裡是最常見的，所以如果能更了解它們，對於我們了解其他的太陽系也是很重要的。

和卡西尼號的土星研究一樣，最有趣的發現經常都來自於意外，而非我們預測的或是刻意尋找的。可惜科學界目前對於天王星的興趣，並沒有像對土星的興趣那麼濃厚。儘管有人提議要發射一趟任務到天王星，可惜卻被歐洲太空總署斥為這是沒有必要的進一步發展。儘管前往天王星的任務應該會很迷人，不過我（諾斯）認為，這樣的觀念會使得我們在可預見的未來裡，不太可能有這樣的任務出現。下一個大規模的行星任務應該是針對木星或土星，我確定那裡還有很多的驚喜在等著我們。

Q297 以投入前往冥王星的「新視野號」所有的努力和時間來看，為什麼它抵達冥王星的時候，只有那麼短的運作時間呢？它有沒有可能會接近另外一個古柏帶的天體，比方說鬩神星、賽德娜，或鳥神星呢？

庫伯（蘇格蘭，伐夫）

新視野號是所有太空船當中速度最快的，每小時前進將近六萬公里，這表示它的速度快得足以離開我們的太陽系，脫離太陽的重力。之前的探測船，比方說航海家一號和二號，在通過木星和土星這些巨大的行星時，就利用了它們的重力來達到這個脫離速度。新視野號也通過了木星，得到了足夠的額外速度，讓它的任務時間能減少三年。

等到新視野號在〇一五年抵達冥王星，它的速度會因為太陽的重力而變慢一些，不過還是會以時速五萬公里的速度前進。不過這樣的速度太快了，如果要讓它進入冥王星的軌道，就只能是這個速度的幾分之一而已，而它的燃料並不夠讓它減速到夠慢的地步。

新視野號在從木星到冥王星的八年裡，大部分時間是沉睡的，只會在近天體探測飛行時醒過來不到一年的時間。它會經過距離冥王星大約一萬公里以內的地方，還會到達與冥王星最大的衛星，冥衛一，距離兩萬七千公里內的地方。它會在最接近點的兩邊都進行約數周的測量，但是無線電訊號太微弱，所以太空船上的資訊需要九個月才能傳回地球。

冥王星位在古柏帶，這個區域在太陽系裡，距離太陽五十億公里，像是比較近的小行星帶，裡面有很多結冰的天體，從冥王星這種矮行星到只比碎石頭大一些的天體都有。冥王星直徑超過兩千公里，是古柏帶中數一數二巨大的天體，不過這個區域裡應該有數千個直徑超過一百公里的天體。既然冥王星和太陽距離那麼遙遠，中間有非常多的空間，所以這些天體的分布也很稀疏，而任務規畫員希望他們可以將新視野號引導到其中一個，或多個天體。可惜我們知道的其他大型天體，包括鬩神星、賽德娜，以及鳥神星，都在太陽系的另外一端。這些天體繞著太陽公轉的速度很慢，大約要數百或數千年才能完成一次公轉，所以新視野號沒辦法等它們。

目前我們已經在努力尋找新視野航線上的其他天體。天文學家會盯著一塊一塊的天空，試著找到任何移動的天體。這個工作比平常還要困難，因為冥王星以及新視野號的航線位在我們的銀河系中央，所以觀測的時候，會看到背景有數千顆的其他星星。

就算沒有碰到其他的行星，新視野號也會進入從未探索過的領域。兩艘航海家號會繼續往遠處飛去，而且前往的方向都是遠離我們太陽系的主行星盤的；相較之下，新視野號前進的方向是行星盤，所以它會是第一艘探索古柏帶的太空船。從地球很難觀測到這個區域，所以在地探測船可以揭開很多關於太陽系的祕密，可能還會得到關於太陽系形成的線索。

科內爾（比利時）

Q298 為什麼「深擊號」太空船的撞擊器是用銅做的？

「深擊號」任務是造訪譚普一號彗星，並且釋放撞擊器，在這顆彗星的核上創造出一個人造的坑洞。這個撞擊器的大小和洗衣機差不多，重量達三百公斤，以約三萬兩千公里的時速撞上彗星表面，形成一個足球場大小的坑洞，並在太空裡製造出大量的物質。近天體探測飛行的太空船會仔細觀察噴發物，並特別注意當中的化學成分。這個撞擊器是銅製的，因為這樣才能讓它與彗星本身的化學反應降到最低，*確保近天體探測船檢驗到的物質可以儘量接近原始。

Q 299 人類目前太空旅行最遠的距離是多少？

伯恩（倫敦）

要衡量這個有很多方法。以搭載人類的太空飛行來看，從地球飛得最遠的人類只不過超過了月球一點點，大約離地球四十萬公里，和太空的規模相比根本是九牛一毛，其他的探索大部分都是機械人進行的。如果考慮的是機械，那麼航海家太空船就是紀錄保持者了，而且至今都不會有任何任務比得上它。航海家一號太空船在一九七七年發射，現在距離地球一百七十五億公里，是地球和太陽距離的一百一十倍。這樣的太空船並不是直線前進的，航海家一號在離開太陽系的時候擦過了木星和土星，所以前進距離達到兩百三十億公里。

Q 300 摩爾爵士，你覺得太空任務中最驚人的發現是什麼？

泰姆（赤夏）

我覺得最大的驚喜，是在土星的小衛星土衛二上發現會噴水的間歇泉，這代表在地下一定有一片海洋。但是土衛二太小了，所以不可能有什麼東西存在，因此我們必須承認，對此我們毫無頭緒。也許我們發現得還不夠多，必須等到我們派出搭載人類的探險隊到那裡去，才會得到更多答案。這件事的發生可能也不遠了。

卡西尼探測船已經飛過了噴出的水霧，研究了它們的成分。這些噴泉看起來是來自地面上被我們稱為「虎斑」的標記處，而現在我們知道這些地方其實是一些深度最多只有幾百公尺的谷地。土衛二深處是否有液態水的海洋存在還完全是一個謎！

Q301 哪一次太空探索的任務對於人類生存的「真實世界」而言，是真的有助益的？

羅彬森（赫瑞福夏，列德柏立）

太空探索任務有兩大好處。首先是最明顯的：我們對於自身太陽系和大部分宇宙的科學知識會有進展。第二個好處，則是太空任務所帶來的科技發展與經濟影響。我們的日常生活中有很多這方面的科技發展，從無線工具到煙霧偵測器，從醫療用溫度計到高爾夫球的空氣動力學，都是這方面的例子。

如果要說沒有太空計畫，就沒有這些科技發展也不一定正確，畢竟美國太空總署也不是第一個想

＊原因是彗星上沒有銅，因此不會與彗星的物質混淆。

到把電鑽裝電池的！不過關鍵的影響在於，因為美國太空總署需要這些技術，所以這些技術就必須加以發展，因此對相關產業來說多少也帶來了刺激。

也許最有好處的任務是史波尼克一號，這是蘇聯在一九五七年發射的第一顆衛星，這顆衛星證明了太空旅行是可能的，並且鼓勵了後面幾十年的快速發展。今天，衛星對於我們生活中的很多方面都非常重要，從導航系統到在大規模自然災害後監督大規模區域，都是靠衛星做到的。

以太空探索的任務來說，我（諾斯）認為最大的亮點是太陽天文台船隊，它們深入研究太陽對我們行星的影響。長期來說。太陽對於我們的氣候會有重要的影響。事實上，地球相對於太陽的運動與方向，數千年來對於我們的氣候都有重大的影響。在較短的時間內，太陽對氣候的影響比較小，不過目前對此還有很密集的研究。我們獲得的知識可以讓我們知道，除了我們對地球的影響之外，長期而言，太陽會不會去影響地球，以致於讓情況變好或變壞。

除了氣候之外，閃焰與物質噴發也可能威脅到我們平日所仰賴的很多系統。因為這些太陽活動都伴隨著高能量粒子的噴發，會破壞在軌道裡的衛星以及地球上的電子與通訊系統。這些閃焰與噴發會對在太空裡的太空人造成嚴重的威脅，這可能會是我們目前最大的問題。隨著我們更深入太空，我們也愈來愈容易受到所謂「太空天氣」的影響，因此這方面的研究對於未來而言是一大關鍵。

異聞與未解之謎

Q302 如果用百分比來表示我們對宇宙的了解，目前的理論與事實各占了多少呢？

多利（北愛爾蘭，安特令郡）

有很多方法可以來思考這個問題，不過最好的方法，應該是想一想我們對宇宙的內容有多少了解。目前的宇宙學模型包括暗能量與暗物質，這些在前面已經講過細節了。暗物質是我們只能透過它的重力影響才能偵測到的物質。我們最多知道，暗物質大約是「正常」物質——也就是組成我們看到、聽到、摸到的東西的物質——的五倍。但雖然我們知道暗物質有多少，可是我們其實不知道它的成分到底是什麼，所以說暗物質只是理論，目前是完全說得過去的。

暗能量又更理論了，因為我們只知道好像**有東西**造成宇宙的擴張加速了，可是我們不知道那個東西是什麼，所以暗能量絕對只是理論，就連當初發現暗能量的顯著影響力的科學家之一珀爾穆特都說過，「暗能量」只是暫時代稱某個我們還不知道的東西的代號。真正令人驚訝的是，暗能量好像占了整個宇宙的能量密度的百分之七十三，將近四分之三。

剩下的百分之二十七是正常物質與暗物質，又可以分成百分之二十二的暗物質與百分之五的正常物質。所以宇宙裡只有二十分之一的「東西」，是我們相信自己了解得很透徹的正常物質。更慘的是，其中大約只有十分之一是恆星，剩下的都是在恆星之間的氣體和塵埃。

聽起來我們好像什麼都不知道，不過別忘記，天文學上幾乎所有的發現都是來自於觀測，而不是來自於理論。哈柏在一九二〇年代測量到宇宙的擴張，茲維基在一九三〇年代推論出「暗物質」的存在。一組在一九〇年代研究超新星的天文學家發現，宇宙的擴張好像在加速中。我們的知識一直在增加。暗物質的理論只不過發展了十年多一點，所以在這之前，我們只了解宇宙的四分之一。大約六十年前，我們對暗物質的存在根本一無所知，因此那時候我們只了解宇宙的二十分之一。在電波天文學出現之前，我們對於宇宙裡有多少氣體根本沒有真實的感覺，所以我們其實只知道恆星——這樣一來，我們只了解宇宙不到百分之一的內容。直到一九二〇年代，才出現了在我們的銀河系之外還有其他星系存在的證據；既然我們相信在可見宇宙裡，大約有一千億個星系，我們目前也只調查了當中的九牛一毛而已。

就算把我們很多已知的東西放在一起比較，有些還是比其他的可信。大爆炸理論與宇宙擴張論都廣為接受，不過還是有一小部分的科學家試著找到其他足以服人、符合觀測結果的理論，但目前都沒有成功。暗物質的存在並沒有完全被接受，有些天文學家（真的很少）正在研究，當愛因斯坦的重力理論應用在最大規模時，是不是需要修改。暗能量是當中最具爭議性的，部分原因是這個理論還很新（以基礎科學的發現來說，十五年根本算不了什麼！），部分原因則是我們不了解這可能會是什麼，這讓所有科學家都不是很舒服。這只是一個套在觀測結果上的名字。

相對論與光

Q303 我們怎麼測量光速？我們怎麼知道它是不變的？

霍桑（《仰望夜空》攝影師）、普雷（艾色克斯，曼寧特里）

最早測量到的光速，是我們利用木星衛星的運動，觀測它們經過木星陰影或是在木星的雲層頂端形成陰影的過程所得出的。一六七六年，羅默發現當木星比較接近我們的時候，木星衛星的凌日比預計的提早發生；如果木星比較遠，凌日的發生就比較晚。原因是凌日其實還是在預測的時間發生，但是因為木星比較遠的時候，光走得也比較久一點點，所以我們觀測到的凌日也晚了一點點。羅默接著計算出，光跨越地球的軌道大約需要二十二分鐘。

一七〇年代，英國天文學家布萊德雷觀察到，如果你相對於恆星有移動，那麼它們確切的位置就會改變。這和車子在下雨天前進時，前擋風玻璃會比後擋風玻璃濕的原因類似，只不過天文上的速度又比這快很多！地球在一年當中的移動就是這樣，布萊德雷透過觀測從他所在地區正上方幾乎直接通過的天培四（天龍 γ 星），計算出光的速度是地球繞行軌道的一萬零兩百一十倍，因此地球的公轉軌道長度大約是十四光分鐘。

關於光速，最精準的測量就是正確計算出一道光束的頻率與波長，這兩個數字乘起來就是光速。

我們現在定義的光速是每秒兩億九千九百七十九萬兩千四百五十八公尺。事實上，這就是確實的值，因為在一九八三年的國際度量衡大會上宣布：「一公尺等於光在真空下前進兩億九千九百七十九萬兩千四百五十八公尺之一秒的距離。」

因此，光速如果有改變，就會改變一公尺的長度定義。這個定義也和愛因斯坦使用的一致，他對空間和時間一視同仁，利用光速將一單位的空間轉換成一單位的時間。

如果光速在經過很長的時間後會改變，那麼我們就得好好重新想一想了。因為光速在一些非常基礎的物理法則中都會出現，如果它改變了，也會改變原子的行為。我們對宇宙初期的測量結果顯示，原子從來沒有改變過它們的行為，換句話說，光速要不就是一直都不變，要不就是其他的基礎「常數」曾經改變過它們的值，抵銷了光速的改變。

Q304 為什麼沒有東西能快過光速？如果我們能做到，會有什麼好處？

霍登（塢茲托）、海利（索美塞特，布里治瓦特）

首先，如果我們超過了光速，就會抵觸愛因斯坦的所有理論。第二，如果你能快過光速，那麼你的質量就會變得無窮大，而時間會維持不變，前者應該是個缺點，後者則是個優點。我們可以用粒子加速器將粒子加速到光速的百分之九十九．九九九，但是我們無法得到巨量的能量，所以無法再快了。

在日內瓦歐洲核子研究委員會的微中子振盪感光追蹤儀（OPERA）的實驗，曾經提出一些報告，表示他們觀測到微中子這種次原子粒子曾比光速快一點點。這個實驗是要精確測量微中子要花多少時間，可以從源頭抵達七百公里外的偵測器。當時觀測到，微中子到達終點的時間，似乎比以光速前進的預計時間，還快了十億分之六十秒，稍稍打破了這個基礎的速度限制。當然，進行這次測量非常困難，靠的不只是精準的計時，還要非常準確地測量它們所通過的距離。

針對這可能造成典範轉移的現象成因有非常多的研究，不過大部分的物理學家（包括當時進行測量的小組）都認為他們可能忽略了額外的異常作用，也許問題出在距離或時間的測量值。同時，世界各地也出現了不同的實驗，試圖重現這樣的測量結果，不過目前都沒有一個成功。當然，等你讀到這裡的時候，情況可能早有改變（這就是討論近代發現的風險！），不過我（諾斯）覺得愛因斯坦不太可能被證明是錯的。＊

Q305 如果一架太空船以光速前進，發出「車頭燈」的光束，這道光束會不會以光速的兩倍前進？

愛茉森（曼島，道格拉斯）

太空船不可能以光速前進，所以我們想像一下我們以光速的四分之三速度前進好了。愛因斯坦教我們的其中一件事是，光速是不變的，在所有觀測者眼中都是一樣的，不會受到觀測者的前進速度影響。所以太空船可以測量以光速遠離的光，而對於所有迎面而來的交通工具，也都會看到光以光速朝它們而來。這聽起來好像很矛盾，不過這只是以極高速度前進的眾多奇異效果之一。

對一個靜止的觀測者來說，太空船會以極快的速度接近，所以光也會出現極大的「藍移」，頻率會以極大的倍數往上移。在光速的四分之三時，這個倍數大約是百分之五十，所以車頭燈的波長會比太空船靜止不動時的波長少百分之五十。如果太空船的車頭燈是紅色的，看在太空船所接近的人眼中就會變成藍色。同樣的，如果太空船接近紅燈時，也會把紅燈看成綠燈，這讓人聯想到在星際高速公路上的蓄意違反交通規則的行為！

Q306 如果光速是無法超越的，那麼當兩個物體以超過光速一半的速度，往不同方向前進時，兩者間的相對分離速度是多少？

克拉克（東索塞克斯，布來頓）

愛因斯坦的相對論有一些奇異的特色，其中一項就是以極高的速度前進時，距離與時間的長度，相對於靜止的觀測者而言，會好像改變了。如果兩架太空船離開地球，以光速的一半往相反方向前進，那麼它們就會覺得對方以大約光速的五分之四的速度離開自己。如果它們把速度增加到光速的五分之四，那麼看對方離開的速度就是光速的百分之九十七。不管它們自己的速度有多快，它們永遠不會觀測到對方以超過光速的速度前進。

＊ OPERA 實驗被證明有誤，微中子的速度在經過修正之後，並沒有超過光速。

Q307 如果一個光子以光速前進，它應該不會經歷到任何時間的流逝。所以光子是永生的嗎？

阿格巴爾（威爾特郡，沙利斯柏立）、布蘭查（西索塞克斯，契赤斯特）

物體移動的速度愈快，相對於不移動的物體所經歷的時間就愈短。既然一個光子是以光速前進，那它就不會感受到任何時間的流逝。所以雖然我們認為光子花了八分鐘從太陽來到地球，但是從它的角度來看，這趟旅程根本沒有花任何時間。光子並不是真的永生，它只是不會感覺到時間存在。

Q308 如果光速是每秒三十萬公里，那「力」的速度有多快？如果太陽會突然「消失」，地球的公轉要多久會受到影響？

提姆司（索塞克斯）、普萊斯（赤夏，諾斯威治）

重力的速度就是光速，所以我們會在太陽消失的八分鐘後感覺到我們失去太陽。當然，地球上的任何人都會在太陽的重力效應消失的同時看見太陽消失，所以從我們的角度來看，這兩件事是同步發生的。

Q309 光子有質量嗎？

保羅（多塞特，威茅斯）、史戴芬森（昆布利亞，科克茅斯）

光子完全沒有質量。光子的確有動量，不過是和光子的能量有關，與質量無關——光子的動量就是它的能量除以光速。這就是所謂「輻射壓」現象的由來，光子的動量可以被轉移到吸收或反射光子的物體上，太陽光帆就是以這個原理運作的。

Q310 如果你知道地球在宇宙中與其他天體的相對位置，你能不能預測未來的地球會在哪裡？然後提前朝那個地方發出無線電波訊號？

杜威（索塞克斯，波格諾雷吉斯）

我們可以頗為精準地預測地球在宇宙中，未來——至少在人類的時間尺度裡 相對於其他天體的位置。以比較長的時間來看，比方說幾百萬年，來自太陽系裡小天體的小影響加總起來，也會對地球未來的位置產生巨大的不確定性。像是各大行星這些太陽系裡其他較大的天體，情況也是一樣。至於小行星和彗星這些比較小的天體，則特別容易受到小的效應影響，因此有時候我們會觀測到它們的位置和我們預期的有一點點不一樣，所以就算只是它們在幾年或幾十年後的位置，都很難預測。

無線電波是以光速前進，雖然不是無止盡的速度，但已經很快了。光速相當於每十億分之一秒前進三十公分。這表示，我們發出的每一個訊號都是和未來的有效溝通，我們收到的每一個訊號也都來自於過去。我們通常會使用光速來測量天文學上巨大的距離，以一光年為單位——也就是光前進一年的距——大約是十兆公里。還有一些例子可以用來測量比較短的距離。比方說月球大約在一光秒（光前進一秒的距離）之外，所以阿波羅任務的太空人傳遞資訊會有一秒的時間差，地面控制中心會在事情發生約一秒後才聽見。（在那一秒鐘裡，月球大約在軌道上移動了一公里，不過這個距離實在太小，不需要溝通設備額外彌補。）太陽大約在八光分鐘之外，所以來自太陽的無線電波是告訴我們八分鐘之前太陽發生了什麼事。最遙遠的行星是海王星，大約在四光小時之外。

然而光的速度實在太快了，所以要把有用的訊息送到未來根本是不可能的。我們想想：地球繞著太陽轉，所以六個月後，地球就會到達太陽的另外一邊。可是如果我們現在把無線電訊號往那個方向送，大約只要十六分鐘就會到了，然後這個訊號會繼續往前，穿過太陽系，過了六個月，我們傳出去的訊號已經到達與下一個最接近的恆星間距離的合理位置。

當然，如果你在一艘距離半光年以外的太空船，你的無線電訊號需要六個月才會到達地球，那麼當訊號到達太陽系時，地球就已經移動到太陽的另外一側了。這個情況有一點點複雜，因為你從地球得到的訊號會是六個月前所留下來的，所以你要測量的位置也要相差六個月才對。不過這還算不上是問題，然而我們發射出去的太空探測船目前都還在以光小時為單位的距離，就算是距離地球最遙遠的探測船航海家一號，也只不過是在十七光小時之外，和大部分的天文距離相比，都是相形失色的。

Q311 為什麼我們說光是以波的形式，而不是以直線前進的？

蓋（赫爾）

正確的說法是，一般所謂的「光」就是一種「電磁波」，是結合了上下震盪，像波一樣運動的電場和磁場。在連續的震盪裡，光移動的距離稱為「波長」，會決定我們看到的光的顏色。

然而波的確是以直線前進的。想像兩個人緊拉著一條線，然後這條線被扯了一下，形成一道波。這條線會上下震盪，創造一道波，但是這道波會沿著這條線以直線前進。

當然，光的路徑是可以彎曲的，比方說被鏡子反射或是透過鏡頭折射（或者任何其他有不同折射指數的物質），也可能會沿著鋒利的邊緣被分解。很多其他的波也是一樣，例如海裡的波會以直線前進，但是個別的水滴在每個點的移動都只是輕微的擺動而已。這就是為什麼一艘在海上的船不會被波浪推著走，而是會上下沉浮。水波就某方面來說也是「折射的」，因為接近海灘的淺水會彎曲路徑，直接往岸上前進。

Q312 既然我們觀測到最遙遠的星系看起來在加速，那它們的時鐘會跑得比較慢嗎？對於在最遙遠的星系的觀測者來說，宇宙的年齡是一百三十七億歲嗎？

瓊斯（倫敦，芬奇利）

遙遠星系的顯著加速是因為宇宙的擴張，不是因為它們真的以一般常識裡的物理上速率在遠離我們。因此，這裡並不適用一般的時間膨脹規則。當然，我們看到最遙遠的星系，是宇宙很年輕的時候的樣子，因為光花了很久的時間，才穿過宇宙空間來到我們這裡。如果我們可以接收到在最遙遠的星系用宇宙鬧鐘訊號，那上面顯示的時間還不到十億年。

任何住在那個星系裡的人情況也是一樣，他們看到的銀河是幾十億年前的銀河，不過他們測量出來的宇宙年齡，應該是和我們測量的一樣，是一百三十七億年。

Q313 時間在接近太陽的時候受到的重力影響，會讓它比在地球上的時間慢多少？

佛斯特（倫敦，克萊普漢）

在太陽表面的重力時間膨脹比地球表面上的大幾百萬倍，不過時鐘看起來只會慢了一點點而已。這樣的差異會讓太陽表面的時鐘每過十天，就多一秒鐘左右。

另外一個比較小的效應，是在地球軌道上與地球表面上經歷到的時間差異。根據目前的測量，這兩個地方的時間差別大約是十兆分之幾。雖然聽起來微不足道，但這代表全球定位系統（ＧＰＳ）的衛星每天會和地面時間相差約四十五毫秒，其中包括ＧＰＳ衛星因為移動得很快，所以一天會增加七毫秒左右。因為整ＧＰＳ是以計時為基礎的系統，所以抵銷這些時間差很重要，如果沒有加以調整，可能就會造成一天幾十公里的誤差！

重力

Q 314

如果光子沒有質量，那麼重力怎麼能讓它們的路徑彎曲，或者使它們無法離開黑洞呢？

伯格斯（格洛斯特）

重力的動作可以解釋成扭曲空間（與時間）。意思是，任何通過這個區域空間的東西，包括光子，都會通過一個彎曲的路徑。事實上，通過空間的物體質量根本就不重要。

一個經常被討論的物理想像實驗是，同時用槍側向發射一顆子彈及把一顆子彈往下丟，兩顆子彈應該會同時碰到地面，因為重力使它們經歷相同的加速，只是從槍發射出來的子彈在水平方向也前進了相當的距離。

光子會因為重力而經歷相同的加速，所以一束在旁邊發射的雷射基本上也會和那兩顆子彈同時碰到地面。問題是，光子移動的速度太快了，所以地板很快就不夠用。如果有足夠的地面，那它們就會像前面說的那樣。地面範圍不足，正是限制了這個實驗只能是「想像實驗」的原因，因為實際上無法實現。

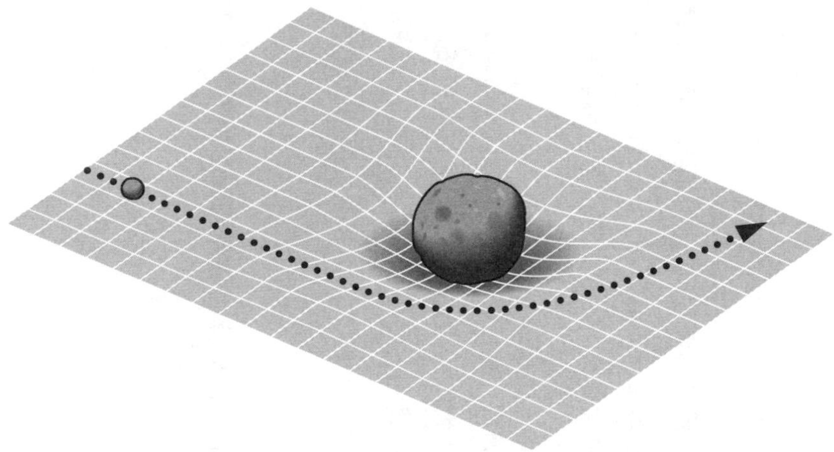

重力造成的時空扭曲，類似一片橡膠被重量扭曲的情況。所有的粒子都會通過彎曲的路徑，像是滾過這片橡膠的彈珠一樣。

Q 315 重力真的是一種力嗎？或者只是我們對空間被物質包圍的理解？

瓦格何姆（艾色克斯，海邊的利鎮）

不論怎麼看，在我們的日常生活裡，重力都可以被想成一種「力」，而且可以用牛頓早在十七世紀就寫下的定律清楚描述。不過，要完全了解這個作用，就必須考慮愛因斯坦的重力理論。比較好的想法是把它想成時空的扭曲，並且以兩個物體間的吸引力形式，表現出自己的存在。

就大部分的目的而言，牛頓理論裡的重力其實已經夠正確了，大部分的太空探測船都不需要把愛因斯坦的理論列入考慮。通常只有在處理非常強大的重力場——例如黑洞——才需要用到完整的愛因斯坦理論。

Q 316 我們怎麼知道重力在整個宇宙中的強度都一樣？

伯爾（布來頓）

我們不**知道**它的強度是不是一樣，但是所有證據顯示的確是如此。不管其他星系有多麼遠，它們看起來都和我們經歷相同的重力，這顯示不論是在宇宙遠處或是接近我們故鄉的地方，重力的作用都是一樣的。舉例來說，恆星的大小有一部分是由重力的強度所決定的，而在遙遠的星系裡的恆星尺寸，似乎和銀河裡的恆星尺寸範圍相同。

有些理論會加入重力在極大距離時的強度改變，不過這些和在某些特定情況下，兩個物體間的力有關，而不是在整個宇宙裡，重力強度必然會有的變化。這些理論也表示，重力的強度不會隨著距離的平方減少（所謂的「平方反比定律」），而是以別的方式改變。這些修改牛頓重力的理論也許能解釋我們歸因於暗物質的一些觀測結果，但是它們無法解釋所有的觀測結果。目前大部分的宇宙學家都排除了這些理論的可能性。

Q317 重力有速度嗎？有的話，又要怎麼測量？

霍華（比斯頓，諾丁罕）

就我們所知，重力的速度和光速一樣。這很難肯定，因為所有的觀測也只能以光速進行，所以測量任何比光速快的東西都很困難。

Q318 如果技術上許可，我們能不能前往太空中不受到重力影響的某一個點？

史蒂芬（大曼徹斯特，梅克菲爾德的阿希頓）

我們很難想像所有因為重力而導致的力，會在哪一個地方成為零。重力的範圍無遠弗屆，只是會愈來愈弱。雖然我們可以想像宇宙裡有一個地方，是所有方向的星系的重力剛好都互相抵銷的，但是這樣的地點確實存在的可能性是零。

Q 319 重力波只是為了符合我們的觀測結果想出來的方便理論嗎？

薩丁頓（西約克郡，哈德斯菲爾德）

重力波是重力理論的預測結果，不過這些都只是在理論物理學界的習作，而不是真的想要解釋特定的事實。我們從來沒有偵測到重力波，不過還是有相當多人在這方面進行努力。這些測量靠的是偵測空間因為重力波通過，而被拉長的細微變化。就像聲波會造成空氣（或是任何媒介）的擴張與壓縮，重力波也會造成時空本身的擴張與收縮。但是這樣的作用很微弱，就算測量幾公里的長度，我們所預測的拉長程度，也只有一個原子的幾分之幾那麼長而已。這樣的偵測也必須獨立於區域性的影響，除了不能有地震，或是大卡車通過之類的影響，甚至頭頂上有雲飄過都不行！

雖然我們還沒有偵測到任何的重力波，但是我們有很好的理由相信愛因斯坦的理論。在一九七〇年代，曾經有一項關鍵的觀測結果，就是發現了一顆特別的脈衝星。脈衝星是比太陽大很多倍的恆星的殘餘——恆星會先變成超新星，最後以中子星的型態留下來，而這顆中子星會從磁極發射無線電波束，當它沿著自己的軸心自轉時，其中一束無線電波會掃過地球。因此它每次自轉，都會使地球上偵測到的無線電波出現一次脈衝，所以這種天體被稱為脈衝星。而一九七〇年發現的那顆脈衝星，自轉的速度是快得驚人的每秒十七次。這種脈衝星自轉是我們目前所知最穩定的可預測效應，不過我們發現這顆脈衝星的計時結果並不完全規律，而這種脈衝時機的些微改變，讓天文學家推論這顆脈衝星其實和另外一顆中子星形成了一個雙星系統，隨著那顆中子星公轉，無線電脈衝到達地球的時間就會改變，有時候會比我們預期的早一點，有時候晚一點。第二顆中子星也可能會從磁極放射出類似的無線

星系團艾伯耳 1689 的巨大質量，扭曲了來自後方星系的光，將它們的影像拉長成長弧線。

電波，只是它的方向比較適合讓無線電波束指向地球。這兩顆中子星寬度都不到二十公里，互相公轉一次的時間不到八小時。

我們出乎意料地發現，兩顆脈衝星的公轉時間正在縮減，而這也適用於重力無線電波。縮減的速度很慢，大約每年減少不到千分之一秒。但是這種公轉縮減代表這個系統正在失去能量，而我們只能透過重力波知道這件事。它們失去能量的情況符合愛因斯坦的理論，強力地支持了廣義相對論。泰勒與哈爾斯因為發現這個稱為「波霎 1913+16」的雙脈衝星系統，獲得了一九九三年的諾貝爾物理獎。

Q320 如果光會被重力彎曲，那麼來自遙遠恆星與星系的光，一定和它們在天空中的實際位置無關。這會不會影響我們對大爆炸以及宇宙整體的理解呢？

托利（倫敦，亭克漢姆）

以極大的尺度來看，重力對光的影響的確存在，但影響程度其實很小。我們可以測量得出來，都是多虧了現在望遠鏡看到的細緻影像。光的扭曲稱為重力透鏡，與形成透鏡效果的那個物體的質量，有很密切的關係。重力透鏡通常是由一個星系或是星系團造成的，但是比較小的天體們也可能有相同的效果。一九一九年有兩項同步進行的探索活動，目的是仔細觀測一次日食，並偵測來自太陽後方恆星的光，會因為太陽出現什麼樣的偏斜。這次的探索活動大致上是成功的，也是最早證明愛因斯坦理論的實驗結果之一。

重力透鏡研究現在是我們測量暗物質分布的最佳方法之一，這些扭曲為我們對宇宙的了解，帶來非常深的影響。

黑洞

Q 321 黑洞的另外一邊是什麼？

阿格巴爾（威爾特郡，沙利斯柏立）、巴哲拉（倫敦）

老實說，我們不知道黑洞的另外一邊是什麼。不過也許有一天我們會知道答案。現在有些理論想解釋那邊會發生什麼事，不過都沒有被證實。舉例來說，我們預測時間和空間會逆轉，但這就是我們難以想像的事！

Q 322 如果所有物質都被吸進黑洞裡會怎麼樣？

帕爾（洛支旦，諾登）

我們不知道物質掉進黑洞裡到底會發生什麼事，因為我們沒有任何物理知識來解釋這件事。不過有一點要注意：黑洞不是只是像一台太空裡的吸塵器，只會把東西都吸進去，物質也可能會很高興地繞著黑洞公轉，就像地球繞太陽公轉一樣。只有當物質太接近黑洞時，才會掉下去，永遠回不來。

Q 323 在巨大黑洞的中心，比方說我們的銀河系的中央那一個，質量會被壓縮成怎樣的大小？

瑣爾（加地夫）

在說到黑洞的時候，唯一重要的尺寸就是事件視界，這是連光都無法逃脫的界限。事件視界的大小會根據黑洞的質量而定，我們可以看看幾個例子。首先，一個和地球質量相同的黑洞，事件視界大約是一公分寬。一個和太陽質量相同的黑洞，大約比地球質量多一百萬倍，事件視界大約是幾公里的範圍。

超級巨大的黑洞，比方說我們銀河系中央的那一個，質量相當於四百萬個太陽，所以那裡的事件視界範圍有數百萬公里，是太陽的好幾百萬倍大。

Q 324 不同的黑洞脫離速度是不是也不一樣？脫離速度有沒有可能擴張到連地球都受到影響？

達甘（愛爾蘭，朗福德郡）

我們說的黑洞的「邊緣」，通常指的就是事件視界。這是脫離速度達到光速的界限，所以沒有東西能夠逃離，連光都不行。黑洞似乎只有三個特徵會讓它們彼此出現顯著的差異：它們的質量、自轉的速度，以及電荷。

黑洞的質量會決定脫離速度到達光速的距離。這個距離可以將之視為黑洞的尺寸。記住，天體完全可以繞著黑洞公轉。如果太陽突然變成黑洞，它會往內縮成幾公里，不過質量不變。此時地球還是會像現在一樣繼續繞著它公轉，只不過會很黑就是了！

就像我們前面講過的，我們銀河系中央的黑洞質量相當於四百萬個太陽，這麼大的黑洞的事件視界，大約是幾百萬公里，是太陽的幾百萬倍大，所以還是比地球的公轉距離短。不過，接近事件視界還是會有一些奇異的效應出現。天體可以穩定地繞著黑洞公轉，距離可以近到只是事件視界的幾倍而已，不過物質可以安全繞著黑洞公轉的確切距離，是由黑洞自轉的速度而決定的。只要再近一點，它們的公轉就會衰減，物質也會掉進黑洞裡。

如果黑洞在更遙遠的地方，它對地球造成的負面效應會小得幾乎察覺不到。因為黑洞造成的重力效應，就像質量相同的恆星一樣。儘管黑洞對緊鄰的區域會有嚴重的影響，但我們附近並沒有任何足以對地球造成負面效應的黑洞。

Q325 重力場在黑洞的事件視界會怎麼樣？

斯巴葛（南威爾斯，卡馬森）

黑洞的事件視界沒有什麼特別的。重力只會變得強得足以讓脫離速度達到光速。既然沒有什麼特別的事會發生，原則上也可能毫無知覺地就通過了事件視界。

這聽起來也許很驚人，不過強大的重力不一定會是問題。真正會比較困難的問題是，發生在當天體某一端的重力，強過另一端的重力時，因為這時候會出現類似地球上潮汐的效果。不過重點不在於重力有多大，而是隨著與中心距離出現改變時，重力會出現多快的改變。這相當於宇宙版本的「痛的不是跌倒，而是撞到地上！」

大部分的黑洞是死亡恆星的殘餘物，而這些潮汐力會在物體越過事件視界之前，就變得非常強大。但是對於一個超級大的黑洞來說，事件視界也大很多，和黑洞的距離可能遠到潮汐力根本就不明顯。這可能表示經過黑洞的人，也可以完整無損地飛過事件視界，或者可能根本沒注意到經過黑洞這件事。當然，一旦進入了事件視界，他們可能就再也無法脫離這裡，最後潮汐力會強到把他們撕裂，這時候他們當然就會注意到了！

Q326 掉到黑洞裡會是什麼樣子？

菲尼根（斯羅普郡，士魯斯柏立）

關於這種經驗的最佳描述就是「義大利麵化」，簡單來說就是物體會被拉長到原子分崩離析為止。如果你是腳先掉下去，那麼接近你頭部的重力會比你的腳小很多，所以你被拉長的速率會比較快，讓你整個人變成一條義大利麵。當然，一旦你義大利麵化了，那你對自己情況的理解也撐不了多久的！

Q327 既然掉到黑洞裡的物質會在進入黑洞時經歷到達永恆的時間膨脹，從我們的觀點來看，就應該沒有東西真的掉進了黑洞裡。我的物理學哪裡出錯了？

帕普勒（斯羅普郡）

乍看之下好像是正確的，不過你也說對了，這是個似是而非的論點。當一個人接近黑洞的時候，在非常遙遠的觀察者眼中，他的確是移動地愈來愈慢，所以當他通過事件視界時，看起來不是應該是完全停止的嗎？試著從下面的角度來想，你應該會比較容易理解：想像一種監測時間的方法，就是去數某個人手錶的秒針滴答聲。當甲掉進黑洞時，坐在安全距離位置的乙聽見甲的手錶滴答聲愈來愈遠，因為時間膨脹的效果愈來愈強。但是在滴答聲持續了某段時間後，甲就會通過事件視界，此時就再也沒有滴答聲可以離開黑洞。所以乙只會聽見來自甲的最後一聲「滴答」。現在把滴答聲換成光子，那你就知道乙在甲通過事件視界之前，看見來自甲的光子數量很有限。

時間膨脹只是黑洞效應之一。黑洞的巨大質量代表光爬出黑洞的重力陷阱時會經歷重力紅移，所以滴答聲不只會愈來愈遠，訊號也會愈來愈微弱，也會被拉成愈來愈長的波長。所以黑洞的表面不會發光，因為所有離開黑洞的光子都微弱到不行，只帶著極少的能量。

Q 328 「黑洞」是宇宙學的誤稱嗎？其實應該是「黑球體」吧？有沒有規定黑洞都一定要是球體呢？

李查蒙（索立）

「黑洞」這個名字是美國物理學家惠勒提出來的，像很多天文學上的名詞一樣，這個名詞的確非常誤導人。首先，黑洞並不是洞，而是一個球體，因為它是由本身的重力場所定義的。再來，黑洞當然也不是黑的。但畢竟一個看不見的物體是不會有顏色的。如果你看向一個黑洞，你只能看到來自黑洞後方（不管是什麼東西）的扭曲光線。不過我們也必須承認，「黑洞」聽起來比「隱形球」更容易讓人記得！

Q 329 黑洞最後會不會吞沒周圍所有的星系，包括暗物質？如果會，那所有黑洞最後會不會結合在一起，然後合併，壓碎整個宇宙，讓一切回到「奇異點」？

亥維特（倫敦）

要討論這個問題，我們必須考慮我們只能推測的極遙遠的未來。黑洞最終會吞沒周圍大部分的物質，因為每一個粒子的公轉都會慢慢衰退，所以這個過程會非常緩慢。事實上，這個過程慢到在星系裡會有相當數量的恆星在被吸收之前，就先飛到星系間的太空裡了。這些飛走的恆星命運比較難以確定，當然它們最後也可能被另外一個黑洞吞沒。

就黑洞本身的合併來說，如果我們相信最近關於暗能量的理論，那麼在好幾十兆年之後，宇宙會擴張得非常大，所有剩下的黑洞會相距非常遙遠，幾乎不可能會互相影響。

Q330 每一個星系中央都有一個黑洞嗎？

古德（索美塞特）

目前就我們所知，每一個大星系的中央的確都有一個巨大的黑洞。我們認為甚至在一些比標準星系小一些的大型球狀星團裡，因為它們中央的密度還是很高，所以也可能有黑洞存在。半人馬座 ω 星團就是一個例子。

而在我們的銀河系中央有一個黑洞最好的證據，就是在緊鄰中央區域的恆星運動。這些恆星的公轉速度非常快，只能用這裡有一個比太陽大數百萬倍天體存在來解釋。既然我們在那裡什麼都沒看到，唯一的可能就是那裡有黑洞。

我們甚至在合併的星系核心裡，看到有兩個黑洞存在的證據。我們預期這兩個黑洞以天文學的標準來看，最終可能會在相對短暫的時間裡合併，所以要在恰到好處的時間點看到星系互撞是要憑運氣的。

Q331 如果宇宙中所有的物質和能量都聚集在單一個地方，創造出「超級巨大」的黑洞，那它的事件視界的直徑會是多少？

薛立登（倫敦）

這個問題的答案可能會讓人很驚訝，而且還有一點違反直覺。我們首先要澄清我們所謂的「事件視界」是什麼。嚴格來說，它的正式名稱是「史瓦西半徑」，因為最早推導出相關等式的是德國物理學家史瓦西。史瓦西半徑指的是，某個質量的物體的脫離速度達到光速的半徑。如果一個物體小於史瓦西半徑，那它就是一個黑洞。如果比史瓦西大，那就不是黑洞。舉例來說，以質量和太陽一樣的物體來說，它的史瓦西半徑大約是三公里；而既然太陽的半徑比三公里大很多很多，那太陽就不是一個黑洞，這對我們是一件好事。

整個可見宇宙大得不可思議，但可能還只是整個宇宙的一小部分而已——大部分的宇宙是我們看不見的，因為那裡的光還沒有足夠的時間到達我們這裡。我們可以估計，可見宇宙裡面大約有一兆個星系，每一個的質量都相當於一兆個太陽的總和。用這樣的數量去計算，史瓦西半徑可能是幾千億光年，比我們現在看得到的範圍還要大得多。針對這一點的解釋是，我們就處於宇宙的事件視界裡，這就代表我們永遠無法脫離宇宙！

雖然這種計算非常有意思，但是以整個可見宇宙這麼複雜的龐然怪物來說，實在是做了太多的假設了。史瓦西半徑的計算較適用於隔離存在的單一來源。而以研究天文學的大小尺度來看，史瓦西半徑是相對小了許多。當我們考慮到相當於史瓦西半徑或更小的尺度時，如果要討論宇宙的史瓦西半徑，我們就必須考慮一般相對論的複雜效應——但這樣的話題在這裡就不夠討論了。所以儘管這是很有意思的主題，但這些計算其實無法應用在整個宇宙上。

Q332 兩個黑洞會相撞嗎？如果會，那會發生什麼事？

昂德伍得（肯特，哈瑞斯坦姆）、史密斯（達勒姆）、阿格巴爾（威爾特郡，沙利斯柏立）

會的，就像兩顆行星或恆星會相撞一樣，黑洞也會相撞，只是發生的機率非常低，只有在兩個黑洞互相公轉的時候會發生，最有可能的是兩顆星都已經死亡的，只剩下殘餘的黑洞的雙星系統。這種雙黑洞會漸漸呈現朝彼此旋轉的螺旋狀，最後合併，創造出一個更巨大的黑洞。因為這樣會使它們發散出重力波，所以兩個黑洞的相撞，也是目前重力波偵測器專門尋找的跡象之一，不過目前還沒有被發現過。

我們所研究過的每一個巨大星系都有極端巨大的黑洞在中央。當兩個星系合併時，兩個黑洞最後也會合併。黑洞本身是看不見的，但是它們周圍極高熱的物質會散發出X光。二〇〇一年，錢卓X射線衛星觀測的結果顯示，螺旋星系 NGC 3393 的中央似乎有兩個巨大的黑洞，很有可能是十億年前兩個較小的星系合併的結果。

未解現象

Q333 帶領《聖經》裡的三個智者到達伯利恆的，到底是什麼現象？

米爾斯（肯特，黑登伯）

關於「伯利恆之星」，我們必須承認我們還沒有足夠的了解，我們也很不確定發生的日期。我們可以絕對肯定的是，耶穌並不是在西元一年十二月二十五日出生，祂也不會出生在西元零年，因為沒有零年。在我們的曆法中，西元前一年的下一年就是西元一年，這使得我們的時間感有點混淆，因為大部分人都相信新的千禧年是在二〇〇〇年一月一日開始。可以預期的是，政府也都掉入了這個陷阱，宣布一九九九年的最後一天為國定假日，可是事實上，新的千禧年是從二〇〇一年一月一號開始的。不論如何，這整個話題都沒有意義，只和基督教的信條有關。

那耶穌到底是什麼時候出生的呢？同樣的，這件事也沒有一個定論。英國天文學家暨史學家休斯可能是最關注這個問題的人吧，他認為耶穌最有可能出生的年份是西元前七年。如果我們用這一年當作最早的可能年份，西元前四年當做最晚的可能年份，那麼我們就能以中間的三年來討論，幫助我們找出任何天文現象。任何發生在西元前七年之前，或是西元前四年之後的天文現象大概都可以排除，讓我們的研究範圍縮小了很多。

不過真正的問題在於缺乏資訊。伯利恆之星在《聖經》裡只提到了一次，出現在〈馬太福音〉裡，別的地方都沒有了。所以我們引述一下〈馬太福音〉第二章第一到二節和第七到十節的內容：

[1]當希律王的時候、耶穌生在猶太的伯利恆．有幾個博士從東方來到耶路撒冷、說、[2]那生下來作猶太人之王的在那裏。我們在東方看見他的星、特來拜他。

[7]當下希律王暗暗的召了博士來、細問那星是甚麼時候出現的。[8]就差他們往伯利恆去、說、你們去仔細尋訪那小孩子．尋到了、就來報信、我也好去拜他。

[9]他們聽見王的話、就去了．在東方所看見的那星、忽然在他們前頭行、直行到小孩子的地方、就在上頭停住了。[10]他們看見那星、就大大的歡喜。

全部就只有這樣。其他的福音書什麼都沒提，這顆星也不曾在其他地方被提到過，所以我們一開始的資訊就非常有限。另外還有翻譯的問題，特別是看到那顆星「忽然在他們前頭行」，可能就只是「在東方」的意思而已。不知道曾經有多少理論想要解釋這顆星星？我（摩爾）認為這段話有幾種可能：

一、整個故事都只是神話，所以我們完全不知道來源。

二、這顆星是超自然現象。

三、這是馬太為了讓敘述增色而自己發明的故事，或者是其他作家之後添加上去的。

四、這顆星星是真正的天文現象。

五、這顆星星其實是不明飛行物體——或者你可以說是飛碟，是遙遠的外星文明派來地球的。

那智者呢？他們可能是西元前一千年成立的祆教教徒。祆教的創立者瑣羅亞斯德是一神論者，他相信會有一個國王把他的領土，改變成一個安穩、和平的地方。這種事呢，可惜還沒有發生。

東方三博士受到很大的尊敬，也很有影響力。當然他們也是占星家與天文觀測者，這是很重要的一點，因為對他們來說，那顆星星的出現——我們假設它真的出現了——基本上具有占星學的意義。

那麼我們來檢視一下這些可能。第一個可能（整個故事都是神話）對我們一點都沒有幫助。第二個可能（這顆星是超自然現象）老實說也脫離了這本書的範圍。第三個可能（馬太自己創作了這個故事）是可以理解的，但是感覺就不太可能。我們先不管第四個可能，先看看第五個可能（那是一艘太空船）；我們也不能說這是完全不可能的，因為宇宙裡一定有很多人是比我們更進步的，但這感覺發生的機率也不高。所以讓我們回到第四個可能：這顆星星是真正的天文現象嗎？

首先，我們可以排除這顆星是金星、木星或任何明亮恆星或行星的可能性。記住，這些智者大部分是觀星人，所以他們對天象瞭若指掌。如果他們會被金星給騙了，那他們實在說不上是「智」者。

所以我們要列出幾個條件：一、這顆星一定很特別；二、它一定很顯眼；三、可能只有智者才看得見它；四、它一定出現在西元前七年到前四年之間；五、它應該沒有維持很久，或者可能是出現以後先消失了，然後又在適當的時候再度出現；六、它的移動方式一定和一般的恆星或行星很不一樣。

老實說，夜空裡唯一符合這些條件的東西就是飛碟——但我們已經排除這一點了。所以我們得試著找到一個可以滿足大部分條件的東西。

這一定是個不尋常的東西，否則智者早就知道它會出現了。它也一定是顯眼的，可是只有智者能看見它的這個可能性，又是另一項限制。如果它出現的範圍很大，其他人就可能會看見。它移動的方式和其他恆星或行星很不一樣，這完全不符合很多選項的特徵，所以我們看看能不能再進一步挖掘下去。這顆星會是一顆彗星嗎？哈雷彗星是這個時間的十年後才出現，而且也不符合其他的條件。已經有很多人提過這可能是一顆極亮的超新星，但是超新星不會突然出現又消失。如果這真的是一顆超新星，那它會維持一段長時間，希律王就會看見了。它也不可能像伯利恆之星的描述那樣移動。

很多人（不包括我）都贊同的理論是，這是一顆因為行星會合而出現的星星，也就是看起來非常接近彼此的兩顆行星。這種事偶爾會發生，而且在西元前七年的確有木星和土星的會合。然而，我覺得這個可能性可以直接被排除，因為這會是非常壯觀的場面，而且會維持一段時間，大家都能看得見。此外，這兩顆行星根本從來沒有接近到肉眼看起來是一個合併的天體的距離。天空中最亮的兩顆行星是金星和木星，當它們互相接近的時候，會發生壯麗的景象，而且也確實如此。比方說在一九九九年二月二十三日，當兩顆行星的距離只有八弧分時，就曾出現壯麗的景象。金星早在一八一八年一月三日，就真的遮蔽了木星，但是卻沒有這方面的紀錄，因為當時這兩顆行星都太接近太陽了，而且部分原因也在於只有在人口稀疏的遠東地區才看得見這個現象。木星和金星的下一次掩星會在二一二三年九月十四日，與太陽夾角十度的延伸線上發生。

我們好像已經捨棄了大部分的可能性了，不過最關鍵的一點是，如果伯利恆之星真的存在，它也只出現了短暫的時間，而且只有特定區域的少數人可以看見。目前我認為唯一可以說明馬太說法的理論是：伯利恆之星可能是兩顆超亮的流星。流星可能在任何時間出現在任何方向，而且也會很亮。流星偶爾會蓋過月光，甚至太陽光。因此我們可以假設智者看到的是一顆極亮的流星（一顆火球）飛越天空，維持了數秒鐘，然後消失在伯利恆的方向。過了幾分鐘之後，也許是一兩個小時，另外一顆流星出現了，飛行的路徑一模一樣。這的確是非常罕見的情況，但的確符合上面的條件——除了這顆星後來停在耶穌出生地的上方以外。沒有流星會這樣。

我覺得我自己又回到了福爾摩斯說的那句話：「當你發現一個謎團時，先排除所有不可能。當你這麼做以後，剩下那個不可能性最低的，不管看起來多麼離譜，就一定是真相。」所以我要說的是，雖然有兩顆流星這個說法絕對不能解決伯利恆之星的所有問題，不過倒是比其他理論更成功。過了這麼久，我們現在要發現任何進一步的證據的機率根本是微乎其微。這表示這依舊會是未解之謎。你自己選擇你要相信什麼吧！

Q334 關於X行星，也就是尼比魯星的存在，或者它會對地球造成危險的說法到底是不是真的？

很多很多人，包括金蒂瑞茲（西約克郡，哈利法克斯）、巴特樂（肯特，拉克菲爾德），以及馬隆（魯格比）

這個問題背後的想法是：外太陽系有一顆行星或是比較小的天體，最終會與地球相撞。簡單來說，絕對沒有任何證據證明有這種行星存在，我也不知道尼比魯星這個名字是誰取的。如果真的有一顆這樣的行星存在，我們現在當然會知道它的存在，因為我們可以看到它對天體的重力，但是現在完全沒有這樣的跡象。而調查這些區域也是徒勞無功，除了觀測到一些大約和冥王星差不多大小的天體外，並沒有看到其他可疑的天體。而且這些天體都好好地待在太陽系外圍深處。當然也沒有任何伺機而動，即將對地球造成危險的行星。

對地球來說，太陽系裡最大的危險來自於接近地球公轉的天體，而這一類的天體數量是有一個合理的數目。這些都是小行星，但目前都還沒有任何一顆會造成真正的威脅。我們不能保證將來不會發現任何接近地球的小行星，不過現在地球上有眾多團體持續關注它們，勤奮不懈地掃視天空。

Q335 火衛一上曾經觀測到一個巨大的巨型獨石。你能解釋那是什麼嗎？

基庭（倫敦，圖廷）

那就只是一塊非常平凡的岩石，一點都沒什麼特別的。火衛一上到處都是岩石，有些看起來很方正，特別是連影子一起看的時候更是如此。看到一塊普通的岩石，然後把它想成一個很不尋常的東西，是很容易的事。有些人可以從很普通的特徵編造出很厲害的故事。最經典的例子就是「火星上的臉」，這是維京號太空船拍到的照片，從某一個角度看，很像一張臉。但這其實是因為影像的解析度相對低，光線條件也不好。如果從另外一個角度來看，這就一點都不像臉了。另外一個比較近期的例子也是一塊岩石，從精神號的角度看起來，超像一個人坐在火星表面上的樣子。

我們必須承認，有些人的想像力真的有如脫韁野馬！

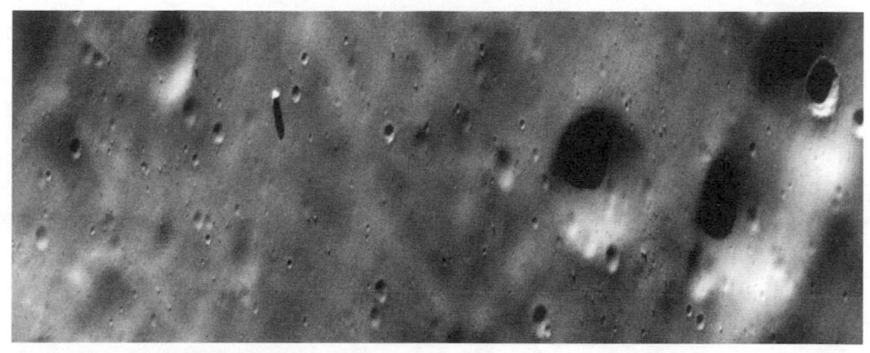

火衛一上這一塊看起來形狀規則的巨型獨石，其實只是光影的錯覺。

派崔克・摩爾與《仰望夜空》

Q336 是什麼導致你充滿熱忱地投入天文學？

伯納得（牛津郡，迪高特）

很簡單，因為我在七歲的時候看了一本書。書名是《太陽系的故事》，作者是錢伯斯。我把那本書從頭到尾看完了，從此深深著迷。那本書是我媽媽的，但她對這個主題沒那麼感興趣。那其實是一本給大人看的書，不過因為我的閱讀能力還不錯，所以沒有問題。此刻，在我坐的書房中，還能看到這本小書擺在壁爐架上面，旁邊還有它的姊妹作《恆星的故事》。這兩本都是一八九八年出版的！

Q337 你從望遠鏡看到的第一個東西是什麼？

沃金森（藍開夏，洛支旦）

月球！我們家的一個朋友大李文在塞爾西有自己的天文台，我現在也住在這裡（我小時候不是），當時他的六英寸望遠鏡讓我看到了月球上的坑洞。那時候我才七歲，而從那一刻起，月球就是我在天文學上最感興趣的主題了。

這是摩爾書房中眾多藏書的一小部分，裡面也包括開啟他天文學之路的那些書。

Q338 在多年的觀測後，天文學的哪一個方面讓你個人得到最大的滿足？

漢考克（西米德蘭茲郡，杜德利）

這個問題有兩個答案。首先，也是最重要的，用我的望遠鏡跟大家介紹天空讓我很愉快，尤其當對象是年輕人的時候。今天的初學者是明天的研究者，我知道很多青少年還有少年，都是從我的天文台開始接觸天文學，而他們後來的成就都把我遠遠拋在後頭。再來就是，觀測天象的興奮感永遠不會消失。總是有新東西可以用，也會有新東西會被發現。

Q339 你用自己的望遠鏡看到最令人興奮的觀測物是什麼？有什麼景象是你想再看一次的？

布萊特（艾色克斯，利特伯瑞）、夏曼（契赤斯特，杭斯頓）、布特（艾色克斯，隆福）

最令我興奮的觀察？我想是二〇〇四年的金星凌日吧。凌日現象的發生並不尋常。過去曾發生兩次，前後隔了八年，接著一整個世紀裡都再也沒發生過凌日現象。二〇〇四年的凌日就在我的塞爾西天文台上方發生，我們這裡有一場不小的聚會，有各式各樣的望遠鏡與天文學家齊聚一堂。金星大約出現在我家花園樹木頂端的位置，過了一兩分鐘後，就在太陽的圓盤上畫出一道黑色的圓圈。在接下來的二到三小時裡，我們一直看著金星通過太陽的圓盤，往另外一邊移動的過程。

所以金星凌日是很不得了的一天。我很想看看本世紀最後一次的金星凌日，它會發生在二〇一二年六月，不過從我在塞爾西的家看得並不清楚。雖然大部分人會往東去觀察了，但如果我身體夠好，我會往午夜還有太陽的北挪威去。可惜我想自己狀況應該會不夠好，但我會盡我所能。

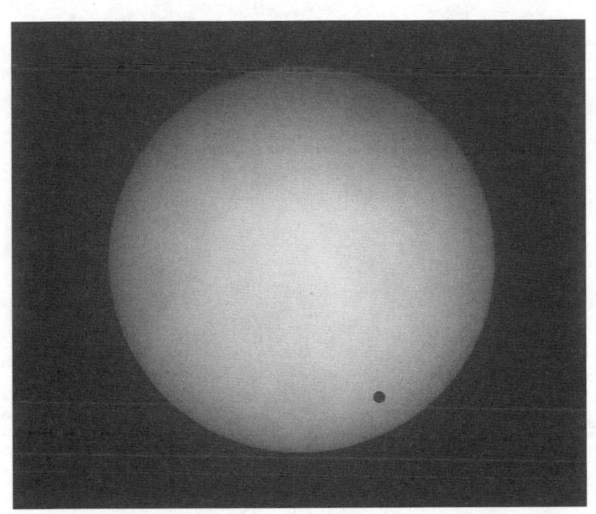

二〇〇四年金星凌日時通過太陽圓盤的畫面。拍攝者為諾森伯蘭的珍奈塔，使用工具為十英寸口徑天文望遠鏡與太陽濾鏡。

Q 340 觀測天空這麼多年後，你一定看過很多許多人無緣一見的驚人景象。你應該也曾帶著敬畏與驚喜之情，觀測天體與它們的狀態改變。這麼說來，天空裡的哪一個天體如果它消失了，你會最懷念？

菲文斯（漢普夏，朴次茅斯）

我看過最壯觀的東西是日全食，沒有什麼能比得上這個景象了。但我會最想念的天體？我最關注的天體一直都是月球，如果沒有月球，我們的夜空會是一片荒蕪。另外，我也不喜歡天空沒有土星和土星環！

Q 341 在世界各地你曾造訪的許多美妙的天文台與望遠鏡之中（包括專業與業餘的），你個人最喜歡的是哪一個？

皮爾賓（東索塞克斯，海爾斯罕）

我最喜歡的望遠鏡，除了我自己的之外，就是在亞利桑納州旗竿市的羅威爾望遠鏡。那是一架二十四英寸的折射式望遠鏡，羅威爾本人曾用這架望遠鏡觀測到火星上的「運河」等。我第一次用羅威爾的望遠鏡看火星的時候，我真懷疑我自己能不能看到那些運河。我很高興地說，我真的沒看到！我用羅威爾望遠鏡做了很多研究，特別是在人類第一次登陸月球之前那段時間。這絕對是我最喜歡的望遠鏡。

Q342 我爸爸說梅西爾八十一號（M81）星系比梅西爾八十二號好，但我強烈反對。梅西爾八十二號星系有很多很酷的塵埃，但是梅西爾八十一號有嗎？這兩個你喜歡哪一個？為什麼？

蘇菲，十一歲（赤爾滕納母）

這是一個很難回答的問題。梅西爾八十一號是一個比較完美的星系，梅西爾八十二號的形狀比較不規則，是鋸齒狀的。但是梅西爾八十二號的確有一些特殊、迷人的天體，所以我投它一票。不過這兩個星系都很值得觀測！

Q343 BBC的檔案室裡保留了幾集的《仰望夜空》？

何莫斯（德比夏）、福萊吉（密德瑟斯）

我想《仰望夜空》總共有七百一十五集，不過顯然這個數字每過一個月就會再加一！我們從一九五七年開始，一個月播出一集，還有不少次的「特別節目」，所以要數清楚還滿困難的。可惜不是每一集節目現在都還保存著，不過最近這幾年的記錄是完整的。

最早幾集的《仰望夜空》是現場播出的，而且沒有錄下來。後面的集數就都有錄影了，但是當時錄影帶很昂貴，所以我們經常把前面的節目洗掉，重複再錄。還有一些很可惜地消失在BBC檔案室的茫茫大海中，不過現在有一些已經重見天日了。我們在二〇一一年發現在一九六三年播出的一集，主題是訪問我的好朋友，著名科幻小說作家克拉克。我想在找得到的所有節目當中，這應該是我最喜歡的之一。

Q344 摩爾主持了從一九五七年開始的每一集節目嗎？如果是，他從來都沒放假嗎？

費爾霍（索立，區斯頓）

我從來沒有在《仰望夜空》的節目時間放假，而我只有一集沒有主持，因為那天我吃了一顆壞的鵝蛋，所以我去了醫院，而且病況很嚴重。我只有那一集無法去主持。如果我找到那隻該死的鵝，我一定會掐死牠。如果不是牠，我就一集也不會錯過了。

我曾經去旅行過，不過那不是放假，而是《仰望夜空》第五十五集的環遊世界特集。我們的其中一站是夏威夷，那裡有很多世界級的望遠鏡。我們的製作人把我們所有的飛機航班從頭到尾改了一遍，好讓我們能在夏威夷多待三天。很奇怪的是，這事還發生了兩次！

Q345 在所有《仰望夜空》節目當中，你有最喜歡的，或是最值得紀念的一集嗎？

艾略特（漢普夏，汎波羅）、艾科克（肯特，伯青頓）、羅傑斯（牛津）、帕亭頓（西班牙）

我覺得最值得紀念的一集《仰望夜空》對你來說可能很難理解。我一直都很投入於畫出月球上的「天秤動區」的地圖。「天秤動區」位在月球背對地球那一側的邊緣，很難觀測到。在某些極端的狀況下，比較遙遠的那一側會轉到我們的方向，此時人類就能觀測得到這一區，而我們曾在這樣的情況下拍攝過一集《仰望夜空》，而我當時真的在畫月球較遠端的一個坑洞——那是我永遠不會忘記的一集。

Q346 你在節目中曾經提過的所有歷史事件當中，你覺得哪一集《仰望夜空》是最重要的？為什麼？

貝爾（大令頓）

我只能就此提供我個人的答案。第一集的《仰望夜空》在一九五七年四月播出，我們正迎接阿蘭德羅蘭彗星的來臨。那是我第一次透過自己的望遠鏡看到彗星，而且我們是現場直播的。可惜我們再也見不到那顆彗星了，因為它在往遠離太陽系的方向途中，受到木星的重力影響，落入了雙曲線的軌道，再也不會回來了。我還蠻想知道它現在在哪了？我希望它一切都還好！

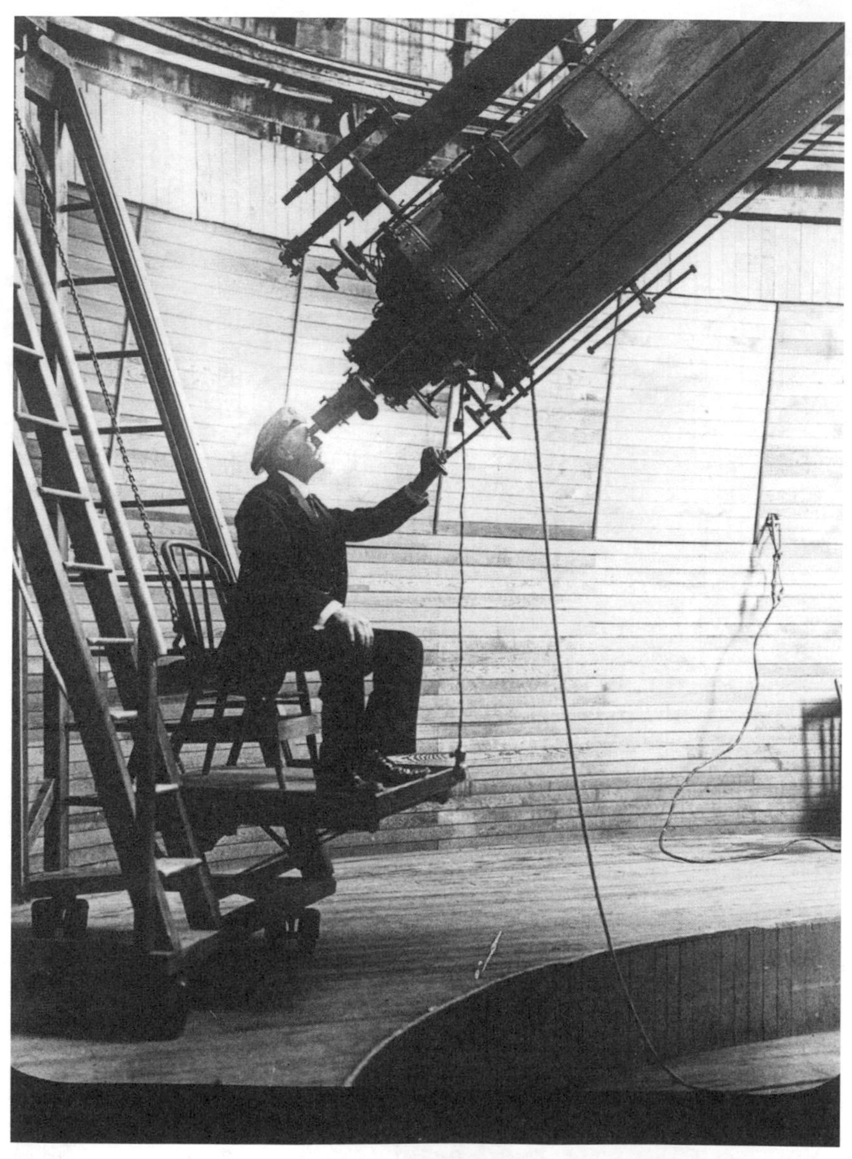

摩爾在亞利桑納州旗竿市附近，使用羅威爾天文台的二十四英寸望遠鏡的照片。

Q347 在所有播出的節目當中，你能選出你記得最令人興奮，並且希望能重播的一集嗎？

西爾（東命弗魯郡，奈爾斯頓）

我最興奮的時刻是在登陸月球的時候，我聽見阿姆斯壯說：「老鷹降落了」的那一刻。我們都知道太空人冒著多大的風險，有多少東西可能會出錯。那時我們全都大大鬆了一口氣！

Q348 有沒有哪一集節目出現了錯誤的預測或理論，最好大家都忘記呢？

李查德森（卡來爾）

就像大多數人一樣（當然，政治人物不算），我曾經犯過很多錯。其中一項就是與我最喜歡的主題——月球——有關。關於月球怎麼會有坑洞這個問題，曾經引發了很長一段時間的爭議：它們到底是隕石造成的，或是火山爆發引起的？我曾經是火山理論的熱情支持者。我記得我還曾經在一集節目中，提出了一些論證支持火山理論，因為我覺得那些說法都非常有說服力，但後來證明我是大錯特錯。這些坑洞其實是撞擊所造成的。

我記得在一九〇年代一集關於金星的節目中，我也嚴肅地說了一些關於金星的理論，在當時有許多最好的科學證據支持這些說法，可是其中一個後來卻被證實是錯的。活到老，學到老啊……

摩爾在書房裡，旁邊的天球模型是《仰望夜空》的道具之一。

Q349 在節目的歷史中，你一定曾訪問過一些大人物。有沒有人是讓你印象特別深刻的？

瓊斯（西索塞克斯，波格諾雷吉斯）

我曾在《仰望夜空》節目中訪問很多偉大的天文學家。如果要從中挑一位，我會選擇羅威爾爵士，他是一位偉大的電波天文學家，負責在卓瑞爾河岸的羅威爾望遠鏡。我也很高興可以告訴你，他今年已經九十八歲高齡，而且依然健在。*

Q350 你們節目提過的哪一個事件是最麻煩的？

布朗（肯特，惠斯塔布）

給我帶來最多麻煩的事件是日全食。當時是一九九九年，全食的地帶正好通過我所在的康瓦耳。不用說，在那前後的日子都陽光燦爛，日食發生的那天卻烏雲密布。我們在雨啪搭啪搭落下的時候開始播出，只能在節目中重複說著：「我的老天」、「滴答滴答」，還有「真是可惜」。

---

* 羅威爾爵士（Sir Bernard Lovell）於二〇一二年八月六日過世，享壽九十九歲。

Q351 在《仰望夜空》節目中的書房裡，摩爾身後的那些球體是什麼？

杭特（得文，奧克漢普頓）

是月球和其他行星的模型。月球的球體模型是俄國人送給我的，當時他們要把探測船送上月球，使用了我畫的一些月球地圖。在俄國人送給我的早期月球模型當中，有些在離地球較遠的那一端的表面上都還有空白的區域，因為那時候還沒有畫出那裡的地圖。後來靠著俄國和美國的軌道太空船才填補了更多細節。

其他的行星球體模型是我用各種方式得到的。有一個現在放在我壁爐架上，我得到它的過程真的非常奇怪。一九五四年，當時我還是空軍的一員，牛津大學邀請我去看看他們天文台圖書館裡的一些東西。我同意了，於是踏上旅程。當我準備離開時，我注意到字紙簍裡的這個小球體。我走回天文台，跟他們說：「這是一九一〇年的聶斯登火星模型。」他們說：「對，我們知道，但我們不想要了。」謝天謝地，我現在擁有它了——這是我引以為傲的收藏品！

Q352 在摩爾的書房裡，有時候會看見一些像漫畫的圖，那是什麼？它們看起來是一些奇怪生物的圖。那是出版的作品嗎？

賀廷哲（阿姆斯特丹）、衛菲爾德（德比夏）

說它們「奇怪」是對的！這些是我母親畫的圖，她是一位很有天分的藝術家，完全讓她的想像力天馬行空，不受控制。她畫過二十多張圖，掛在我家的四面八方。她曾經出版過一本書：《摩爾太太在太空》，裡面重現了這些無與倫比的圖畫。

我母親在音樂與藝術上都很有才華，我繼承了音樂的部分，但一點都沒有藝術細胞！

摩爾的母親畫的外星人生活的圖畫之一。

Q353 摩爾養了幾隻貓？牠們的名字都是有名的天文學家或是天體嗎？

蘿拉與強納森（赫特福夏）

我有一隻很喜愛的貓，叫做托勒密，顏色烏黑亮麗。我從牠還小的時候開始養牠，對我來說，什麼都無法取代牠。當時我們有一個朋友養貓，他的貓生了小貓。我和這隻小貓相遇時，牠把頭放在我的手上，我聽見牠說的每一個字。

為什麼叫做托勒密？這個嘛，托勒密是古希臘最偉大的天文學家，但我不是因為這樣才取這個名字。我的叔叔是一位律師，但除了站在法庭上之外，他也站在舞台上飾演歌劇《阿瑪希斯》的主角。這齣歌劇當時在倫敦演出，故事背景在希臘，劇情裡有一隻黑貓，名叫托勒密。所以我的小貓來到我家時，就叫做托勒密了。我經常告訴牠這個故事，我相信牠聽得懂——牠是一隻很聰明的貓！

Q354 摩爾真的是現在世界上活著的人當中，唯一一個見過第一個搭飛機的人、第一個上太空的人，還有第一個登陸月球的人嗎？如果是真的，那真是令人驚奇又了不起的事。

羅區（亞伯丁）

我不能確定我是不是唯一一個，但是我的確見過萊特、加蓋林，當然還有阿姆斯壯。我不知道還有沒有人也都見過他們三個。不過我覺得我不太可能是唯一一個。因為萊特死於一九四七年，所以他的有生之年與加蓋林和阿姆斯壯是有部分重疊的。

Q355 你在《卡德威目錄》裡挑選的天體有特殊原因嗎？或者那些都是你根據個人觀測兩個半球後，挑出自己最喜歡的天體？

強柏連（赫瑞福）

我必須要承認，《卡德威目錄》一開始只是無心插柳。我本來在我的天文台裡觀測木星，等到都搞定了之後，我想自己找點樂子，所以就開始觀測各種星團和星雲。我想，既然梅西爾只編錄了一百多個星團和星雲，那一定有很多被遺漏了。可能是因為這些星團或星雲沒有機會被誤認為梅西爾最感興趣的彗星，或者是因為它們的位置太南，從他住的法國無法觀測到。出於好玩的心理，我開始條列一份目錄，記錄所有用小型望遠鏡就能輕易看見的天體。和梅西爾不同，我先從最北方開始，然後再往南走。但是這份目錄要叫什麼名字呢？我不能說這是《摩爾目錄》，因為梅西爾目錄也是M開頭的。而我其實是雙姓，也就是卡德威——摩爾，所以我把這份目錄稱為《卡德威目錄》。

老實說，我根本沒想太多。我寄了一份給《天空與望遠鏡》雜誌，本來以為他們應該會把它丟進字紙簍，但他們沒有，還出版了這份目錄，而且還流行了起來。出乎我意料的，這份目錄現在受到廣泛的使用。

不過我犯了一個錯誤：我用我自己的名字命名。英國天文協會有一位嚴苛的先生指控我只想讓自己出名，但這完全不是我的本意，可惜已經太晚了。大家好像覺得這份目錄挺有用的，我也很高興他們這麼想。

Q356 你最偉大的生涯成就是什麼？

摩非（非曼納郡，恩尼斯基連）

我用我的書和我的節目所做的唯一一件事，就是試著引起其他人對天文的興趣，帶領他們進入這個領域。而我是否成功，就留給他人評斷了，但至少我試過了。如果我在科學界有任何成就，我想就是這件事了。

Q357 在你的有生之年裡，天文學或宇宙學最令人驚訝或重大的發現是什麼？

華勒斯（愛爾蘭，多尼戈爾郡）、科內爾（比利時）、凱斯（彭布羅克郡，彭布羅克碼頭）

我會說是「微波背景輻射」的發現，不過我覺得還是讓本書另外一位作者來進一步回答吧，因為他才是天體物理學家，而我不是。諾斯，交給你了！

宇宙微波背景（CMB），是彭齊亞斯和威爾遜在一九六五年意外發現的。他們本來試著利用在紐澤西州貝爾實驗室的大型電波望遠鏡，偵測從我們的銀河系發出的無線電波，結果卻發現除了星系發射出的電波之外，整個天空都還會散發出電波。在他們排除了所有他們想得到的可能原因（還做了一件很出名的事：把電波天線裡面的鳥屎清除乾淨！）後，剩下唯一可能發射出電波的，就是宇宙本身。

其實物理學家在一九四〇年代就已經預測到這些輻射線的存在，但是等到實際偵測到這些輻射線，大爆炸理論才第一次得到決定性的證據。為了肯定這個發現的重要性，彭齊亞斯和威爾遜在一九七八年以此獲得了諾貝爾物理獎。

針對宇宙微波背景的研究，數十年來的成果相當豐碩。在一九九〇年代，也就是發現ＣＭＢ過了三十年後，宇宙背景探測衛星的兩位領導科學家，司慕特和馬瑟爾也因為他們的研究而獲得二〇〇六年的同一獎項。

ＣＭＢ的研究還在繼續，普朗克衛星目前已經畫出了整個天空最精細的ＣＭＢ地圖，使得宇宙學家對於早期的宇宙有清楚的了解，加上許多其他實驗的測量結果，ＣＭＢ讓我們相當準確地了解宇宙的年齡與命運，並知道宇宙數十億年的演化，以及地球在太空中移動的速度。

Q358 在過去五十三年裡，促使我們對宇宙的知識與了解，有最大進展的科技進步是什麼呢？

戴維斯（西索塞克斯，雪爾漢濱海）

我想我們必須說，是電子學在天文學裡的發展。老派的攝影術已經出局，被電子裝置取而代之。而且電子裝置不只在天文學，在科學的各個領域都引起了驚人的進展。加上電子運算技術的發達，天文學家十年前只能夢想的發現，現在都得以成真。所以我必須說答案是，電子時代的來臨。

Q359 未來的天文學發展，哪一項是你覺得現在最想實現的？

凱利（曼徹斯特）

我最希望出現的發展，是人類接收到來自外太空的智慧生命發出的訊息。這樣就能確定我們在宇宙中不是孤單的，而且生命絕對是廣為分布的。我確定這是可能的，我也確定我們絕對不孤單。但說是一回事，要證明又是另外一回事。我希望在我有生之年可以看到證明，但我承認我真的不是很有信心。

Q360 你覺得再過七百集之後，或是《仰望夜空》的第一千集的節目會是什麼主題？

德伊（威爾特郡，斯文敦）、哈帕（曼島）

我希望《仰望夜空》第一千集會是從火星，或是另外一個世界的表面播送的。我會很想到那裡去，但恐怕這也是不太可能。我總覺得我們也許能從另外一個世界播送我們的節目，但不會是在我可預見的未來。因為我們必須先克服輻射的問題，但目前我們還不知道怎麼做。

Q 361

我之前在摩爾曾經任教的學校念書，我對天文學很有興趣。我曾經和摩爾一起在BBC《仰望夜空》十周年預告片中出現，從那時候起，就一直都對天文學有濃厚的興趣。我兒子現在大約和我那個時候差不多年紀，只是再小一點。你建議我怎麼激發他和同年齡的小孩對天文學的興趣？

班奈特（倫敦）

親愛的班奈特，我不確定你兒子現在幾歲，不過我建議可以做三件事。我會買一副雙筒望遠鏡給他，確認他有一些書可以看，然後帶他去天文館。這就是我建議你做的三件事。

如果你來到我在塞爾西的隱居處附近，就帶他來找我吧！如果能再和你見一次面就太好了，我想自從我們最後一次見面到現在，你一定改變了很多。祝福你，摩爾上。

Q 362

我受到《仰望夜空》鼓舞，上了大學，並且研究太空科學。三十年後，要怎麼樣才能繼續鼓勵下一個世代的人關心這個領域，不論是當作興趣，或是學術研究主題都好呢？

西德沃史密斯（列斯特）

我認為要讓未來的世代對這方面有興趣的方法，就和讓你們以及讓我對此有興趣的方法一樣。讓他們有東西可以讀，帶他們去最近的天文館，參加天文協會，給你自己一些光學設備，雙筒望遠鏡是最好的開始。

至於那些對天文學的學術研究有興趣的人，重要的是在物理學和數學方面打好基礎。不過研究也需要對研究主題有熱情才行，所以一定要繼續觀星。

字彙表

這份字彙表一點都不完整。只是提到我們在本書裡用的幾個常見的詞。讀者應該會覺得大部分都滿熟悉的，但可能不會全部都熟！

二分點：二分點是黃道與天球赤道的兩個交點。在二分點上，白天和夜晚的時間是一樣長的。

小行星：小的太陽系天體。大部分有名的小行星都在火星和木星的公轉軌道之間，繞著太陽移動。

方位角：天體在天空中的方位，從北方開始為零度，正東方為九十度，正南方為一百八十度，正西方為兩百七十度。

天球：對應恆星、行星、星系位置的球體。這些位置通常會以赤經和赤緯表示。天球的赤道和兩極對準地球的赤道與兩極，但不會轉動。

天球赤道：地球赤道在天球上的投影。

天秤動：和月球有關，是月球自轉時的晃動，讓我們得以藉此看見一般認為月球背對地球那面的一塊窄窄的區域。

天頂：觀測者頭頂正上方的點（九十度仰角高）。

日冕：太陽大氣層的最外層，由極稀薄的氣體組成。只有在日全食的時候才能用肉眼看見。

日食：當月球直接位在太陽和地球中間時，太陽被遮蔽的情況。在條件特別好的時候，全食可能維持超過七分鐘。在偏食的時候，太陽不會完全被遮蔽。日環食發生在月球位在軌道的較遠端，和太陽與地球排成一直線時，這時候月球看起來比太陽小，於是周圍會有一環的日光。嚴格來說，日「食」是太陽被月球掩星。

太陽日：太陽連續兩次經過中天子午線的間隔時間平均值。一個太陽日的長度在全年間都不一樣，平均是二十四小時。

太陽風：一束原子粒子流，從太陽流往各個方向。

太陽黑子：太陽表面的一個暗色區域，溫度比周遭稍微低一點點。

月食：月球通過地球投影的陰影區。月食通常是全食或是偏食。有些時候全食會維持約一・七五小時，不過大部分的時間都更短。

元素：帶有特定數量的質子、中子與電子的原子。

夫朗和斐譜線：太陽或任何恆星的光譜上暗吸收譜線，因為某些特定元素吸收光所造成，可以用來推論恆星的成分。

中子：不帶電荷的基本粒子，存在於原子核內。

中子星：巨大恆星爆炸成為超新星後的殘餘物。中子星的質量和太陽類似，但直徑大約是十到二十公里。

古柏帶：海王星的軌道附近，由繞著太陽移動的小天體組成的帶狀區域。

本星系群：星系的集合體，我們的銀河系也是成員之一。

白矮星：用盡核燃料的很小、密度很高的恆星，屬於恆星演變的極晚期。

地平高度仰角：在天文學上，地平高度仰角是指物體在地平線上方（有時候是下方）的高度仰角。天頂的地平高度仰角是九十度。

自動運送飛船：由歐洲太空總署建造發射的無人駕駛貨物船，任務是為國際太空站提供補給。

宇宙微波背景：簡稱ＭＢ。在大爆炸後大約四十萬年產生的微波輻射，當宇宙溫度低到足以成為透明的時候開始放射ＣＭＢ的微小波動讓我們知道早期宇宙的溫度與密度。

宇宙射線：從外太空以高速到達地球的粒子，比較重的宇宙射線粒子會在進入高層大氣層時分裂。

宇宙學：將宇宙視為一體的研究。

光年：光行進一年的距離。

光度：不論距離遠近的差別，天體固有的亮度。

光子：光的粒子，帶有能量但沒有質量。

光譜學：研究光譜的一門學科，通常有助於研究一個天體的組成。

光譜：一個天體放射出的光的波長或顏色的範圍。天體的光譜可以用來推論它的組成成分。

光球層：太陽或其他恆星可見的表面。

行星：一個繞太陽或其他恆星公轉的天體，有足夠的質量成為一個球體，並且已經將公轉軌道上的其他物質都清除掉。

行星地球化：透過調整氣候，讓另外一個行星或是天體變成人類可居住的地方的過程。

至點：太陽位在大約二十三·五度的最大傾斜角位置的時候，時間約是六月二十二日（夏至，此時太陽在北半球的天空），還有十二月二十二日（冬至，此時太陽在南半球的天空）。

角動量：一個物體繞著某一個點或是軸自轉或旋轉的量。它是由物體的質量、和軸的距離的平方，以及繞著點或軸的轉動速率三者相乘而計算出來的。

赤緯：天體在天球赤道上方的角距離，相當於地球上測量的緯度。

赤道儀：轉軸平行於地球的自轉軸之望遠鏡架台裝置。用這樣的裝置就只需靠一根軸的轉動（東往西），讓天體維持在視野當中。

赤經：用來讓天球定出位置的座標，類似地球上的經度。

系外行星：繞著太陽以外的恆星公轉的行星。

伽瑪射線：波長特別短而且能量特別高的輻射線。

事件視界：黑洞的「邊界」。沒有光能從事件視界裡面脫離。

近日點：行星或是其他天體公轉軌道上最接近太陽的位置。

氘：重氫，氫元素的同位素，也就是它的變體，它的原子核是由一個質子和一個中子所組成。

重力中心：一組天——例如地球和月球，太陽和其他行星——引力的中心。以地月系統來說，因為地球的質量是月球的八十一倍，所以重心就位在地球的球體裡。

重力波：一種和電磁射線不一樣的輻射線，由質量的移動所造成。重力波會以空間中的扭曲的現象顯現。

星座：星星在天空裡形成的圖形。在任何星座裡的星星互相間其實都沒有關連，因為它們和地球的距離不一。

星系：由恆星、星雲、星際間物質所組成的系統。很多都是螺旋狀的，但不是全部。

星系團：一群因為重力集結在一起的星系。

星雲：太空中的氣體微塵雲，新的恆星會從裡面形成。

星際物質：在星系的恆星間的物質，由氣體與塵埃組成。

紅外線：波長比可見光還長的輻射線，大約從七千五百埃到三百微米。

紅巨星：接近生命最後階段的恆星，會膨脹成原本大小的數十或數百倍。

紅移：光的波長被拉長的現象，可能是因為光的源頭在遠離觀察者，或是因為宇宙的擴張造成的。

恆星日：同一顆恆星連續兩次經過中天子午線，或說是到達天頂的間隔時間：二十三小時五十六分又四〇九一秒。這是地球真正的自轉速率。

恆星周期：行星以自轉軸自轉一圈的時間周期。

秒差距：恆星一角秒差距的距離：三．二六光年，兩萬六千兩百六十五個天文單位，或是三十．八五七兆公里。

軌道周期：行星或其他天體繞太陽公轉一周的時間周期，或者是衛星繞主星公轉一周的時間周期。

相對論：愛因斯坦提出的理論，描述一個物體以極高的速度或是極大質量移動時的行為。

流星：彗星等小天體的殘骸進入地球的大氣層時會燃燒，形成流星。

脈衝星：自轉的中子星，會從磁極噴射出電磁波，掃過地球。

凌日：天體通過較大天體前方的過程，會擋住部分或是全部的光。

造父變星：一種短期變星，行為非常固定，名字出自最早發現的原型恆星造父一（仙王座δ星）。造父變星在天文學上很重要，因為它們的變化周期和它們真正的光度之間是有關係的，所以只要透過純觀測就可以得到它們真正的距離。

球狀星團：由成千上萬的恆星組成的群體，彼此間因為重力而互相束縛。

疏散星團：也是由恆星組成的群體，但這些恆星最後都會分散開來。

彗星：一個小的、結冰的天體，繞著太陽公轉，是行星創造後的剩餘物。當彗星接近太陽的時候，會失去它們帶有的物質，形成獨特的彗尾。

視星等：天體在天空中觀測到的視亮度。愈亮的天體視星等愈低。天空裡最亮的是天狼星，視星等是負一；在夜空中肉眼所能看見最暗的視星等是六。太陽的視星等是負二十七。

國際太空站：繞著地球公轉的太空站，由美國、俄國、歐洲、日本、加拿大等國的國際合作所建造。一九九八年開始建造，二〇一一年完工。

黑洞：一個體積很小且質量非常高的物體。這樣的物體連光都無法逃脫它的引力。

黃道：太陽在星星之間一年中移動的路徑。更明確的定義是「地球投射在天球上的軌道」。行星在天空中通過時會很接近黃道面。

黃道帶：天空中一條在黃道兩側延伸的帶狀區域。在黃道帶裡任何時候都可以找得到太陽、月球，還有行星。（也因為如此，這些太陽系中的天體總會落在黃道十三個星座中的其中一個裡。）

黃道光：一道從地平面升起，沿著黃道延伸的圓椎狀的光，只有在太陽低於地平線一點點的時候能看見，也因此通常比較朦朧。是由接近太陽系主平面的行星間稀薄物質，反射太陽光所造成的。

尋星鏡：一個視野很廣的小望遠鏡，裝在大望遠鏡上，專門用來對準觀測範圍。

絕對星等：從三十二．六光年的標準距離觀測恆星的星等亮度。

超新星：一個巨大的恆星爆炸，可能與一、雙星系統內的白矮星完全毀滅，或是二、非常巨大的恆星崩塌有關。

經緯儀：一個可以對準視野的望遠鏡架台，裝在上面的望遠鏡可以自由地往任何方向轉動。

微中子：類似電子的基本粒子，但是沒有電荷，質量也非常小。微中子很難測量，因為它們和物質沒有強烈的交互作用。

極光：更明確說法是北極光與南極光。它們會出現在地球的高層大氣層，是由太陽散發的帶電荷粒子所造成。

暗能量：描述一種組成宇宙中三分之二能量密度的能量，看起來也是它造成了宇宙以不斷增加的速度在擴張。

暗物質：不會釋放、吸收或是散射光的物質，只有透過它對其他物體的重力影響才能觀測到。

棕矮星：小型恆星，質量不到太陽的十二分之一，木星的十三倍以上。棕矮星的核心無法維持核融合，但是可以燃燒重氫。

矮行星：太陽系裡的成員，和行星一樣會繞著太陽轉，但是比行星小很多。最被人熟知的矮行星就是冥王星。

電子：原子的一部分，是帶負電荷的基本粒子。

電漿：離子化的氣體，溫度通常非常高。太陽的表面是由電漿組成的，非常初期的宇宙也是。

脫離速度：物體在沒有任何外來推進力的情況下，要脫離行星或任何天體表面所需的最低速度。

歲差：旋轉的天體（例如行星）自轉軸的偏移。

銀河系暈：在星系的主要部分周圍的球狀雲體。主要由暗物質所組成，但也包括一些數量相對較少的恆星。

歐洲太空總署：一個提供歐洲各國在太空研究與科技方面合作平台的協議組織。

歐特雲：一個假想的佈滿彗星之球型雲體區域，在距離約一光年的地方環繞著太陽。

質子：一個基本的粒子，帶有正電荷，存在原子的原子核裡。氫原子的原子核是由單一個質子所組成的。

衛星：一個天然或是人造的物體，繞著行星之類的天體公轉。

都卜勒效應：發光天體相對於觀察者持續移動，其發出的光在波長上產生顯著變化的現象。

遠日點：行星或其他天體在公轉軌道上與太陽距離最遠的位置。

聯星：由兩個恆星組成的系統，兩者聯合繞著相同的重力中心移動。它們可以是相距非常遙遠，公轉周期長達數百萬年的可鑑別雙星；也可以是兩者幾乎可以互相接觸的那麼近，公轉周期不到半小時。如果是很近的一對雙星，上面的成分就無法分開鑑別，必須要用光譜學的方法才能偵測。

隕石：從太空降落到地球的固態物體。大部分的隕石都來自小行星帶。

濾鏡：在天文學上，是一種只讓某些波長的光通過的裝置。濾鏡可以是「寬頻」的，例如讓紅光波長範圍的光通過。也可以是「窄頻」的，只有讓小範圍波長的光可以通過，通常限於某種元素發出的光的範圍。

離子：失去或得到一個或一個以上電子的原子，所以可能帶正電或是帶負電。

離子化：原子增加或減少電子的過程，通常是因為輻射線的放射或是吸收所造成的。

類星體：一個非常強大、遙遠，又活躍的星系核心。也會用QSO（quasi-stellar object）來表示。

變星：光度會變化的恆星，有很多種類型。

參考資料

本書中引用學術論文的格式原則如下，期刊名稱以斜體表示，期別以粗體表示：作者（年份）、期刊名稱、集數（期別）、頁數：'篇名'

觀測

Antikythera Mechanism Research Project website: http://www.antikytheramechanism.gr/

British Astronomical Society webpage: http://www.britastro.org/dark-skies/bestukastrolocationmap1.html

Large Binocular Telescope Observatory website: www.lbto.org

延伸閱讀

British Astronomical Association website: http://britastro.org

Ian Ridpath (ed.), *Norton's Star Atlas and Reference Handbook* (20th edn., Addison Wesley, 2003)

Stellarium, freely downloadable planetarium software available from www.stellarium.org

月球

Hartung (1976) *Meteoritics* **11** (3), 187: 'Was the formation of a 20-km diameter impact crater on the Moon

observed on June 18, 1178?
Jutzi and Asphaug (2011) *Nature* **476**, 69: 'Forming the lunar farside highlands by accretion of a companion moon'

延伸閱讀

Lunar Reconnaissance Orbiter website: http://www.nasa.gov/lro

Patrick Moore, *Patrick Moore on the Moon* (Cassell Illustrated, 2006)

太陽系

Barucci et al. (2005) *Astronomy and Astrophysics* **439**, L1: 'Is Sedna another Triton?'

Callahan et al. (2011) *PNAS* **108** (34), 13995: 'Carbonaceous meteorites contain a wide range of extraterrestrial nucleobases'

Cornet et al. (2011) *LPI Science Conference Abstracts* **42**, 2581: 'Geology of Ontario

Dr Lucie Green, BBC *Sky at Night*, episode 700

Drouart et al. (1999) *Icarus* **140**, 129: 'Structure and Transport in the Solar Nebula from Constraints on Deuterium Enrichment and Giant Planets Formation'

Edberg et al. (2010) *Geophysical Research Letters* **37**, L03107: 'Pumping out the atmosphere of Mars through solar wind pressure pulses'

Hartogh et al. (2011) *Nature* **478**, 218-220: 'Oceanlike water in the Jupiter-family comet 103P/Hartley 2' http://www.nasa.gov/topics/solarsystem/features/dna-meteorites.html

IAU Resolution B5 (2006) 'Defi nition of a planet in our Solar System'

IAU Resolution B6 (2006) 'Pluto'

JPL small-body database browser: http://ssd.jpl.nasa.gov/sbdb.cgi

Kerr (2008) *Science* **319**, 21: 'Saturn's Rings Look Ancient Again'

Lacus on Titan: Comparison with a Terrestrial Analog, the Etosha Pans (Namibia)'

Marsden (1970) *Astronomical Journal* **75** (1), 75: 'Comets and nongravitational forces III'

Mainzer et al. (2011) *Astrophysical Journal* **743** (2), 156: 'NEOWISE Observations of Near-Earth Objects: Preliminary Results'

McDonaugh (2001) *International Geophysics* **76**, 3: 'Chapter 1. The composition of the Earth'

Morbidelli (2005) 'Origin and Dynamical Evolution of Comets and their Reservoirs' http://arxiv.org/abs/astroph/0512256

NASA Science website: http://science.nasa.gov/sciencenews/science-at-nasa/2003/29dec_magneticfi eld/

NASA Planetary Data System Standards Reference, Chapter 2: Cartographic Planetary Society blog post: http://planetary.org/blog/article/00002471/

Porco et al. (2005) *Science* **307**, 1226: 'Cassini Imaging Science: Initial Results on Saturn's Rings and Small Satellites'

Poulet et al. (2003) *Astronomy and Astrophysics* **412**, 305: 'Compositions of Saturn's rings A, B, and C from high resolution near-infrared spectroscopic observations'

Professor Alan Fitzsimmons, BBC *Sky at Night*, episode 700

Q61 Genda and Ikoma (2008) *Icarus* **194**, 42: 'Origin of the ocean on the Earth: Early evolution of water D/H in a hydrogen-rich atmosphere'

Sagan and Khare (1979) *Nature* **207**, 102: 'Tholins: organic chemistry of interstellar grains and gas'

Schroeder and Smith (2008) *MNRAS* **386**, 155: 'Distant future of the Sun and Earth revisited'

Scientific American Blog: http://blogs.scientifi camerican.com/basicspace/2011/07/26/jupiter-sneaked-uponasteroid-belt-then-ranaway/

Sedna: http://www.gps.caltech.edu/~mbrown/sedna/

Sekanina (1968) *Bulletin of the Astronomical Institutes of Czechoslovakia* **19**, 343: 'A dynamic investigation of Comet Arend-Roland 1957 III'

Sheppard and Jewitt (2003) *Highlights of Astronomy* **13**, 898: 'The Abundant Irregular Satellites of the Giant Planets'

Soderbolm et al. (2010) *Icarus* **208**, 905: 'Geology of the Selkcrater region on Titan from Cassini VIMS observations'

Standards: http://pds.nasa.gov/tools/standardsreference.shtml

Thommes, Duncan and Levison (2003) *Icarus* **161**, 431: 'Oligarchic growth of giant planets'

Thommes, Duncan and Levison (1999) *Nature* **402**, 635: 'The formation of Uranus and Neptune in the Jupiter±Saturn region of the Solar System'

Universe Today article: http://www.universetoday.com/14486/2012-no-planet-x/

USGS website: http://pubs.usgs.gov/gip/geotime/age.html

USNO website: http://aa.usno.navy.mil/faq/docs/minorplanets.php

Villaver and Livio (2007) *Astrophysical Journal* **661**, 1192: 'Can planets survive stellar evolution?'

W. McDonough 'The composition of the Earth', Chapter 1 in Earthquake Thermodynamics and Phase Transformation in the Earth's Interior, Volume 76 (2000), available online: quake.mit.edu/hilstgroup/CoreMantle/EarthCompo.pdf

延伸閱讀

Cassini Solstice Mission website: http://saturn.jpl.nasa.gov

Patrick Moore, *Mission to the Planets: The Illustrated Story of Man's Exploration of the Solar System* (Cassell Illustrated, 1995)

Solar Dynamics Observatory website: http://sdo.gsfc.nasa.gov

Voyager website: http://voyager.jpl.nasa.gov

恆星和星系

Galaxy Map: http://galaxymap.org

Herschel Space Observatory: http://herscheltelescope.org.uk and http://www.esa.int/herschel

Lintott et al. (2009) *MNRAS* **399**, 129: 'Galaxy Zoo: "Hanny's Voorwerp", a quasar light echo?'

Lord Martin Rees, BBC *Sky at Night*, episode 700

延伸閱讀

ESA's Hubble website: http://spacetelescope.org

Galaxy Zoo: http://www.galaxyzoo.org

John Bally and Bo Reipurth, *The Birth of Stars and Planets* (Cambridge University Press, 2006)

Patrick Moore and Robin Rees, *Patrick Moore's Data Book of Astronomy* (2nd edn., Cambridge University Press, 2011)

宇宙學

Adams and Laughlin (1997) *Reviews of Modern Physics* **69** (2), 337: 'A dying universe: the long-term fate and evolution of astrophysical objects'

Clowe et al. (2006) *Astrophysical Journal* **648**, 109: 'A Direct Empirical Proof of the Existence of Dark Matter'

Cooperstock, Faraoni and Vollick (1998) *Astrophysical Journal* **503**, 61: 'The Infl uence of the Cosmological Expansion on Local Systems'

Francis et al. (2007) *PASA* **24** (2), 95: 'Expanding Space: the Root of all Evil?'

John A. Peacock, *Cosmological Physics* (Cambridge University Press, 1998)

John A. Peacock (2008) 'A diatribe on expanding space' http://arxiv.org/abs/0809.4573

Kogut et al. (1993) *Astrophysical Journal* **419**, 1: 'Dipole Anisotropy in the COBE Differential Microwave Radiometers First-Year Sky Maps'

LHC: CERN Brochure 'LHC: The Guide' http://cdsweb.cern.ch/record/1092437/fi les/

Lord Martin Rees, BBC *Sky at Night*, episode 700

Markevitch et al. (2004) *Astrophysical Journal* **606**, 819: 'Direct Constraints on the Dark Matter Self-Interaction

Cross Section from the Merging Galaxy Cluster 1E 0657-56'

National Solar Observatory webpage: http://www.cs.umass.edu/~immerman/stanford/universe.html

Ned Wright's Cosmology Calculator: http://www.astro.ucla.edu/~wright/CosmoCalc.html

Penzias and Wilson (1965) *Astrophysical Journal* **142**, 419: 'A Measurement of Excess Antenna Temperature at 4080 Mc/s'

Perlmutter et al. (1999) *Astrophysical Journal* **517**, 565: 'Measurements of Omega and Lambda from 42 High-Redshift Supernovae'

Professor Brian Cox, BBC *Sky at Night*, episode 700

Reiss et al. (1998) *Astronomical Journal* **116**, 100: 'Observational Evidence from Supernovae for an Accelerating Universe and a Cosmological Constant'

Rubin, Ford and Thonnard (1980) *Astrophysical Journal* **238**, 471: 'Rotational properties of 21 SC galaxies with a large range of luminosities and radii, from NGC 4605 (R = 4kpc) to UGC 2885 (R = 122 kpc)'

Square Kilometre Array website: http://www.skatelescope.org

Steven Weinberg, *The First Three Minutes: A Modern View of the Origin of the Universe* (Basic Books, 1993)

Zwicky (1937) *Astrophysical Journal* **86**, 217: ‘On the Masses of Nebulae and of Clusters of Nebulae’

延伸閱讀

John Gribbin, In search of Schrodinger’s Cat: Quantum Physics and Reality (revised edn., Black Swan, 2012)

Professor Peter Coles’s blog ‘In the Dark’: http://telescoper.wordpress.org

Steven Weinberg, *The First Three Minutes: A Modern View of the Origin of the Universe* (Basic Books, 1993)

WMAP website: http://wmap.gsfc.nasa.gov

其他的世界

Anglada-Escude and Dawson (2010) arXiv pre-print: ‘Aliases of the fi rst eccentric harmonic : Is GJ 581g a genuine planet candidate?’: http://arxiv.org/abs/1011.0186

Borucki et al. (2011): ‘Kepler-22b: A 2.4 Earthradius Planet in the Habitable Zone of a Sun-like Star’: http://arxiv.org/abs/1112.1640

Direct Imaging: Marois et al. (2008) *Science* **322**, 1348: ‘Direct Imaging of Multiple Planets Orbiting the Star HR 8799’

Dr Lewis Dartnell, BBC *Sky at Night*, episode 700

Fressin et a. (2011) ‘Two Earth-sized planets orbiting Kepler-20’: http://arxiv.org/abs/1112.4550

Habitable Planet: Kaltenegger, Udry and Pepe (2011) 'A Habitable Planet around HD 85512': http://adsabs.harvard.edu/abs/2011arXiv1108.3561K

Vogt et al. (2010) *Astrophysical Journal* **723**, 954: 'The Lick-Carnegie Exoplanet Survey: A 3.1 M_Earth Planet in the Habitable Zone of the Nearby M3V Star Gliese 581'

延伸閱讀

Fabienne Casoli and Therese Encrenaz, *The New Worlds: Extrasolar Planets* (Springer, 2007)

NASA Kepler website: http://kepler.nasa.gov

The Extrasolar Planets Encyclopaedia: http://exoplanet.eu

人類的太空探索

Astronaut biographies http://www11.jsc.nasa.gov/Bios/

ESA's ATV website: http://www.esa.int/atv

NASA Astronaut Selection and Training http://spacefl ight.nasa.gov/shuttle/reference/factsheets/asseltrn.html

Piers Sellers, BBC *Sky at Night*, episode 700

Professor David Southwood, BBC *Sky at Night*, episode 700

延伸閱讀

NASA International Space Station website: http://www.nasa.gov/station

NASA Orbital Debris website: http://orbitaldebris.jsc.nasa.gov

太空任務

Benefi ts of the Space Program: http://techtran.msfc.nasa.gov/at_home.html

Deep Impact webpage: http://www.nasa.gov/deepimpact

JAXA Ikaros website: http://www.jspec.jaxa.jp/e/activity/ikaros.html

National Goegraphic 'Fifty Years of Exploration': http://books.nationalgeographic.com/map/map-day/2009/10/29

NASA Dawn website: http://dawn.jpl.nasa.gov

New Horizons website: http://www.nasa.gov/newhorizons/

Professor David Southwood, BBC *Sky at Night,* episode 700

Venera 13 webpage: http://nssdc.gsfc.nasa.gov/nmc/masterCatalog.do?sc=1981-106D

延伸閱讀

NASA's Voyager website: http://voyager.jpl.nasa.gov

Patrick Moore, *Mission to the Planets: The Illustrated Story of Man's Exploration of the Solar System* (Cassell Illustrated, 1995)

異聞與未解之謎

Bradley (1729) *Philosophical Transactions of the Royal Society of London* **35**, 637: 'Account of a new discovered Motion of the Fix'd Stars'

Fabbiano et al. (2011) *Nature* **477**, 431: 'A close nuclear black-hole pair in the spiral galaxy NGC3393'

Hulse and Taylor (1975) *Astrophysical Journal* **195**, L51: 'Discovery of a pulsar in a binary system'

Lord Martin Rees, BBC *Sky at Night*, episode 700

NASA WMAP website: http://wmap.gsfc.nasa.gov

Nobel Prize website: http://www.nobelprize.org/nobel_prizes/physics/laureates/1993/press.html

Patrick Moore, *The Star of Bethlehem* (Canopus Publishing Limited, 2001)

Professor Brian Cox and Lord Martin Rees, BBC *Sky at Night*, episode 700

Resolution 1 of the 17th meeting of the CGPM http://www.bipm.org/en/CGPM/db/17/1/

Romer and Cohen (1940) *Isis* **31**, 328: 'Roemer and the First Determination of the Velocity of Light (1676)'

Taylor, Fowler and McCullock (1979) *Nature* **277**, 437: 'Measurements of general relativistic effects in the binary pulsar PSR1913+16'

The Bible, New Revised Standard Version (1989)

延伸閱讀

Jim Al-Khalili, Black Holes, *Wormholes and Time Machines* (2nd edn., Taylor & Francis, 2012)

Russell Stannard, *The Time and Space of Uncle Albert* (Faber and Faber, 2005)

派崔克・摩爾與《仰望夜空》

Gertrude L. Moore, *Mrs Moore in Space* (Creative Monochrome, 2002)

Nobel Prize website: http://www.nobelprize.org

延伸閱讀

Patrick Moore, *80 Not out: The Autobiography* (Contender Books, 2003)

致謝

寫這一類書的挑戰性驚人地大，因為非常容易發生粗心的錯誤。但就我們所知，本書並沒有犯這類的錯誤，這都要歸功於完成本書的編輯與設計小組。本書源自於《仰望夜空》第七百集的節目，而這個節目的大成功，也都多虧了整個節目團隊的努力。我要特別感謝喜格兒為節目與本書所做的努力。如果沒有她，我們很懷疑這本書什麼時候能見到天日。

而就節目本身而言，定期與摩爾爵士出現在螢幕上的還有林托特博士、艾伯、勞倫斯，以及諾斯博士。不過節目的成功關鍵，是所有和我們分享他們的專業研究，或是業餘天文活動等工作的來賓。在第七百集的節目中，我們很幸運能邀請到達特尼爾、費茲蒙斯教授、葛林博士、梅伊博士、皇家天文學家芮斯、懷特豪斯教授，更不能忘記我們的問題大師克勞蕭。

《仰望夜空》的製作團隊不大，預算更是不多，所以我們「瞄準」了必要的人才，才能完成節目。在幕後，我們仰賴執行製作人里昂斯，以及BBC伯明罕辦公室的製作團隊：芙萊薇、貝格蕾、瑪瓦哈、鄔婷恩、絲黛黎阿諾斯、布麗登、絲東，以及普藍提斯。當然也不能忘記攝影、燈光以及音效的工作團隊——霍梭、藍斯、杭特利，以及戴維司——他們每個月都把摩爾的書房變成一間攝影棚。接著要感謝技巧非常好的各位編輯，特別是吉克斯、克黎克、董威爾、普蘭提斯，他們將過去幾個月的節目拼湊在一起，並挑出我們的失誤和錯誤！

我們也很感謝幫忙檢查事實準確度的讀者，特別是艾伯、費茲蒙斯、戈梅茲、葛蘭傑、勞倫斯、林托特、洛威、諾司，以及諾爾斯。

特別感謝每一位慷慨提供壯麗照片與優質插圖讓我們使用的人，如果沒有他們，《仰望夜空》和這本書都不可能如我們所期望的成功。

圖片提供

BBC出版社（BBC Books）想感謝下列提供照片，並允許重製版權素材的個人與團體。雖然我們已經盡全力追蹤並告知版權所有者，但若有任何錯誤或缺漏，我們還是要在此致上最高的歉意。

第四十三頁 Patrick Moore
第四十七頁 Richard Palmer Graphics
第五十三頁 Ralf Vandenbergh
第五十八頁 Richard Palmer Graphics
第六十三頁 Photo courtesy of Aaron Ceranski and the Large Binocular Telescope Observatory (The LBT is an international collaboration among institutions in the United States, Italy and Germany
第六十五頁 Patrick Moore
第六十七頁 Patrick Moore
第七十頁 Stewart Watt
第七十七頁 Anthony Wesley

第九十四頁 Jamie Cooper
第九十七頁 Richard Palmer Graphics
第一〇一頁 Richard Palmer Graphics
第一〇七頁 Alan Clitherow
第一一七頁 Julian Cooper
第一二三頁 Richard Palmer Graphics
第一三一頁 NASA/NSSDC Photo Gallery
第一三八頁 NASA
第一五八頁 NASA/JPL/Space Science Institute
第一六五頁 NASA/JPL/Space Science Institute
第一六八頁 NASA/JPL
第一九六頁 Richard Palmer Graphics
第二〇三頁 NASA/JPL-Caltech
第二四三頁 M. Blanton and the Sloan Digital Sky Survey (SDSS) Collaboration, www.sdss.org
第二四九頁 Richard Palmer Graphics
第二五八頁 Smithsonian Astrophysical Observatory/Gellar & Huchra (1989)
第二六〇頁 Richard Palmer Graphics
第二八四頁 Richard Palmer Graphics

第三五八頁　NASA (Image ID number AS17-148-22727)

第三六三頁　STS-119 Shuttle Crew/NASA

第四〇〇頁　Richard Palmer Graphics

第四〇二頁　Richard Palmer Graphics

第四〇八頁　NASA (Image ID number: YG06847)

第四三〇頁　Richard Palmer Graphics

第四三四頁　NASA, N. Benitez (JHU), T. Broadhurst (The Hebrew University), H. Ford (JHU), M. Clampin (STScI), G. Hartig (STScI), G. Illingworth (UCO/Lick Observatory), the ACS Science Team and ESA

第四五一頁　NASA/Mars Global Surveyor

第四五五頁　BBC Books;

第四五七頁　Adrian Janetta

第四六二頁　Patrick Moore

第四六四頁　Patrick Moore

第四六七頁　Patrick Moore

索引

文獻

四至六畫

八至九畫

十四畫

人名

三畫

四畫

五畫

十畫

十一畫

十二畫

十三畫

地名與組織

十二畫

十三畫

十四畫

十五畫

十六畫

十八畫

十九畫

其他

一至二畫

三畫

四畫

五畫

六畫

七畫

九畫

十畫

十一畫

十二畫

十三畫

十四畫

十五畫

十六畫

十七畫

The Sky at Night: Answers to Questions from Across the Univverse
by Sir Patrick Moore and Dr Chris North

This book is published to accompany the BBC series entitled The sky at Night, first broadcast in 1957.
Series Producer: Jane Fletcher
Executive Producer: Bill Lyon

First published in 2012 by BBC Books, an imprint of Ebury Publishing.
A Random House Croup Company.

貓頭鷹書房 242

關於夜空的 362 個問題：
從天文觀測、太陽系的組成到宇宙的奧祕，了解天文學的入門書

作　　者　摩爾（Patrick Moore）、諾斯（Chris North）
譯　　者　鍾沛君
責任編輯　吳欣庭、曾琬迪（一版）王正緯（二版）
協力編輯　楊佩雯
校　　對　魏秋綢
版面構成　張靜怡
封面設計　蔡宛如

行銷業務　鄭詠文、陳昱甄
總 編 輯　謝宜英
出 版 者　貓頭鷹出版

發 行 人　凃玉雲
發　　行　英屬蓋曼群島商家庭傳媒股份有限公司城邦分公司
104 台北市中山區民生東路二段 141 號 11 樓
畫撥帳號：19863813；戶名：書虫股份有限公司
城邦讀書花園：www.cite.com.tw　購書服務信箱：service@readingclub.com.tw
購書服務專線：02-2500-7718~9（周一至周五上午 09:30-12:00；下午 13:30-17:00）
24 小時傳真專線：02-2500-1990；25001991
香港發行所　城邦（香港）出版集團／電話：852-2877-8606／傳真：852-2578-9337
馬新發行所　城邦（馬新）出版集團／電話：603-9056-3833／傳真：603-9057-6622
印 製 廠　中原造像股份有限公司
初　　版　2013 年 9 月
二　　版　2019 年 4 月　四刷 2022 年 4 月
定　　價　新台幣 600 元／港幣 200 元
I S B N　978-986-262-378-7

讀者意見信箱　owl@cph.com.tw
投稿信箱　owl.book@gmail.com
貓頭鷹知識網　www.owls.tw
貓頭鷹臉書　facebook.com/owlpublishing

【大量採購，請洽專線】(02) 2500-1919

城邦讀書花園
www.cite.com.tw

國家圖書館出版品預行編目資料

關於夜空的 362 個問題：從天文觀測、太陽系的組成到宇宙的奧祕，了解天文學的入門書 / 摩爾 (Patrick Moore), 諾斯 (Chris North) 著 ; 鍾沛君譯 . -- 二版 . -- 臺北市 : 貓頭鷹出版 : 家庭傳媒城邦分公司發行 , 2019.04
面 ;　公分 . -- (貓頭鷹書房 ; 242)
譯自 : The sky at night : answers to questions from across the universe
ISBN 978-986-262-378-7 (平裝)

1. 天文學 2. 宇宙 3. 通俗作品

320　108004179

本書採用品質穩定的紙張與無毒環保油墨印刷，以利讀者閱讀與典藏。